"十四五"职业教育国家规划教材

高等院校
数字艺术精品课程系列教材

3ds Max 游戏场景设计与制作实例教程

第4版 微课版

李瑞森 旭日纳 编著

人民邮电出版社
北京

图书在版编目（CIP）数据

3ds Max游戏场景设计与制作实例教程 ：微课版 / 李瑞森，旭日纳编著. -- 4版. -- 北京 ：人民邮电出版社，2023.9
高等院校数字艺术精品课程系列教材
ISBN 978-7-115-62541-0

Ⅰ. ①3… Ⅱ. ①李… ②旭… Ⅲ. ①游戏－三维动画软件－程序设计－高等学校－教材 Ⅳ. ①TP391.41

中国国家版本馆CIP数据核字(2023)第159011号

内 容 提 要

本书共 7 章，分为概论、基础知识和实例制作 3 部分内容。第 1 章为概论部分，主要讲解游戏图像及游戏美术技术的发展，游戏公司美术团队的职能分工和游戏项目的研发制作流程；第 2～3 章为基础知识部分，主要讲解使用 3ds Max 进行游戏场景制作时的操作方法和模型贴图技术；第 4～7 章为实例制作部分，通过具体的游戏场景制作实例来讲解游戏场景道具模型、游戏场景建筑模型、复合游戏场景和游戏室内场景的具体制作流程和方法。全书以实例制作为主线，旨在提高读者的实战能力，帮助读者尽快熟悉游戏场景设计与制作。

本书可作为高等院校游戏相关专业的教材，也可以作为对 3ds Max 和游戏制作感兴趣的读者的参考书。

◆ 编　　著　李瑞森　旭日纳
责任编辑　王亚娜
责任印制　王　郁　焦志炜

◆ 人民邮电出版社出版发行　　北京市丰台区成寿寺路 11 号
邮编　100164　　电子邮件　315@ptpress.com.cn
网址　https://www.ptpress.com.cn
北京天宇星印刷厂印刷

◆ 开本：787×1092　1/16
印张：16.25　　2023 年 9 月第 4 版
字数：344 千字　　2025 年 1 月北京第 6 次印刷

定价：59.80 元

读者服务热线：(010)81055256　印装质量热线：(010)81055316
反盗版热线：(010)81055315
广告经营许可证：京东市监广登字 20170147 号

前言
Preface

党的二十大报告从国家发展、民族复兴高度，提出“推进文化自信自强，铸就社会主义文化新辉煌”的重大任务，就“繁荣发展文化事业和文化产业”做出部署安排，为做好新时代文化工作提供了根本遵循、指明了前进方向。在党的二十大精神的指引下，未来我国游戏产业的发展也必将迎来新的辉煌，发展为面向现代化、面向世界、面向未来的“高精尖”文化产业。

从任天堂的FC和SFC，到世嘉的MD和DC，再到索尼的PS系列及微软的Xbox，游戏经历了几十年的发展和变革，无论是硬件技术还是软件制作技术都有了翻天覆地的变化。我们不会忘记那些令我们感动的游戏作品，开启一个游戏的瞬间就仿佛是打开了一个宝盒，抑或是进入了一个奇幻世界。在被游戏的精美画面和跌宕起伏的情节所吸引的同时，我们领悟到游戏也可以如此震撼人心，它不只是幼稚孩童的“玩伴”，它同样可以感动成年人。这也许就是游戏的魅力所在。

如今的游戏已经发展为跨平台的数字艺术作品，其兼容平台除游戏机和计算机外，还有手机、掌上电脑等移动平台，游戏的运行方式也从之前的单机方式逐步发展为联网在线互动方式。这些发展变化直接决定了如今游戏制作行业的发展方向，现在的游戏再也不是单凭几个人就可以完成的简单程序，而是需要众多专业技术人员通过分工有序的团队配合才能完成的高级数字艺术作品。

现在的游戏制作领域对制作人员的要求越来越高，对制作人员的需求也日益增加。成为一名游戏设计师并不是遥不可及的梦想，但求学之路必定充满艰辛。现在有不少高校都开设了与游戏设计相关的专业，但专业教材的缺乏已成为影响游戏设计教育的一个重要因素。目前图书市场中的相关教材多以软件操作讲解为主，缺乏对游戏设计背景的讲解，实用性较低，改变这一现状是本书创作的初衷。

本书以培养实战能力为主旨，介绍大量游戏制作公司实际研发项目的行业设计标准和专业技术要求。本书以介绍实例的制作步骤为主要讲解方式，同时配以大量形象、具体的制作过程截图，让学生学习起来更加直观、便捷。作为职业游戏美术设计师，编者在此把多年来在这个领域中积累的专业知识和技术系统地收集、汇总并呈现出来，希望能够对同样怀揣梦想的学生有所帮助，也希望对当下的游戏教育事业尽绵薄之力。

本次修订的主要工作如下。

（1）在每一章前面增加素养目标，对学生的综合素养提出了与时俱进的要求。

（2）更新原创课程系统教学视频。书中重点内容都有相应的微课视频，扫描书中二维码即可观看，让学生学习起来更加系统、直观。

（3）丰富教学辅助资料（如拓展图库等），以培养学生的自学兴趣，帮助学生更好地体验学习的乐趣。

此外，本书附赠书中所有实例的源文件、PPT课件、教学大纲、教案等丰富的教学资源，授课教师可登录人邮教育社区（www.ryjiaoyu.com）免费下载。

编者

2023年5月

目录
Contents

第1章 游戏美术概论

第2章 3ds Max操作基础

第3章 3ds Max模型贴图技术详解

第4章 游戏场景道具模型实例制作

第5章 游戏场景建筑模型实例制作

第6章 复合游戏场景实例制作

第7章 游戏室内场景实例制作

附录 3ds Max常用快捷键列表

第1章

游戏美术概论

本章主要讲解游戏场景的概念、游戏图像及游戏美术技术的发展，同时以一线游戏设计团队为参考，介绍游戏公司美术团队中的职能分工；以真实游戏项目为基础，介绍游戏项目的研发制作流程。此外，本章对游戏美术设计中的常用软件、插件及游戏美术行业的前景进行简要介绍。

知识技能目标

- 了解我国游戏美术发展概况。
- 了解游戏美术团队职能分工。

素养目标

- 培养团队合作意识。
- 提高查阅资料、检索文件的能力。

1.1 游戏场景的概念

游戏场景是指在游戏作品中除角色以外的周围一切空间、环境、物件的集合。就如同话剧表演中演员的舞台、竞赛中选手的赛场、动画片中角色的背景一样，游戏场景在整个游戏作品中起到了十分重要的作用。相较于舞台、赛场和背景，游戏场景的作用更是有过之而无不及。在虚拟的游戏世界中，制作细腻、精致的游戏场景不仅可以提升游戏整体的视觉效果，让游戏在第一时间吸引玩家的眼球，将玩家快速带入游戏设定的情景当中，而且优秀的游戏场景设计还可以传递出制作者所要表达的游戏内涵和游戏文化，提升游戏的艺术层次。

在游戏中，尤其是在网络游戏中，玩家通常会以第一人称的视角出现在虚拟世界中。这时的游戏场景往往会成为玩家视野中的主体对象，玩家首先看到的是游戏场景所构成的虚拟空间，其次才是这个空间中的其他玩家和角色。在"三维游戏时代"的今天，我们很难想象如果一款游戏没有优秀的场景设计，它将如何吸引玩家，如何占领市场。所以从这个角度来看，游戏场景设计在游戏作品的研发制作中是至关重要的环节，甚至超越游戏角色设计成为游戏美术设计中开启成功之门的"金钥匙"。那么，游戏场景在整个游戏作品中究竟起到了怎样的作用？下面从5个方面来分析、讲解。

1. 交代游戏世界观

在游戏制作公司中，一个游戏项目立项后，公司的企划人员首要的工作内容就是为该游戏设定世界观。那么什么是游戏世界观呢？笼统地说，游戏世界观就是整个游戏的世界背景，是通过物种、科技、建筑、服饰等具象的游戏设定所阐释出的游戏虚拟世界中的历史、经济、文化等背景框架。

任何一款游戏作品都有属于它自己的游戏世界观，大到大型多人在线角色扮演游戏（Massive Maltiplayer Online Role-Playing Game，MMORPG），小到一些桌面小游戏，无一例外。游戏中所有的元素都可以看作游戏世界观的构成部分，而在这些元素中最能直接体现游戏世界观的就是游戏场景。例如，玩家众多的MMORPG《魔兽世界》的开场动画，通过雪原之地的丹莫罗、幽暗静谧的夜歌森林、黄金草原的莫高雷、战火点燃的杜隆塔尔等几段不同场景和角色的影片剪辑，为玩家展现了游戏庞大的世界体系，影片中各具特色的游戏场景直观地展现出了不同种族的生活、信仰和文化背景。又如日本SQUARE ENIX（史克威尔艾尼克斯）公司的《最终幻想》系列游戏，每一代的开场计算机图形（Computer Graphics，CG）动画都通过精致、唯美的游戏场景为玩家展示出那个介于幻想和现实之间的独特世界。

2. 体现游戏美术风格

游戏场景在游戏作品中的另一个重要作用就是体现游戏美术风格。这里所说的美术风格并不是狭义上的画面视觉风格，它有更加广泛的分类。

从题材上看，美术风格可以分为幻想和写实两类，例如日本FALCOM公司的《英雄传说》系列游戏就属于幻想风格的游戏，游戏中的场景和建筑都要根据游戏世界观的设定进行想象和艺术加工；而战争类游戏《使命召唤》则属于写实风格的游戏，其中的游戏场景要参考现实中的环境，有时甚至要复制现实中的城市、街道和建筑来制作。前面提到的《最终幻想》系列游戏就具备介于幻想和写实之间的一种独立风格。

从题材上看，美术风格又分为西式和中式，例如《魔兽世界》和《龙与地下城》就属于西式魔幻风格的游戏，虽然它们是幻想风格的游戏，但游戏中的场景和建筑都符合西方国家的特点；《仙剑奇侠传》和《轩辕剑》这类游戏则属于中国武侠题材，游戏场景中的建筑基本都是中国古代建筑（见图1-1）。

· 图1-1 |《仙剑奇侠传》中的中国古代建筑场景

另外，从画面风格上看，美术风格又分为写实和卡通两类。这里的写实是针对卡通而言的，主要指游戏中的场景、建筑和角色的设计制作符合现实中人们的常规认知；而卡通风格中较常见的是Q版风格，通常对建筑、角色和道具进行艺术化的夸张处理，如Q版角色常是4头身、3头身甚至2头身的比例，Q版建筑（见图1-2）常为倒三角形或者倒梯形的设计。如今众多的网络游戏都是Q版风格，其可爱的特点能够迅速吸引众多玩家。

· 图1-2 | Q版建筑

3. 配合剧情发展

在某些情况下，特定的游戏场景是在配合游戏剧情发展的需要，例如《最终幻想X》中的一些场景（见图1-3）。这就是游戏在剧情和情感的发展下通过特定场景的配合所产生的强烈艺术效果。

· 图1-3 | 《最终幻想X》中的画面

4. 烘托整体氛围

在特定的情境下，游戏场景还能起到烘托整体氛围的作用，例如MMORPG中的村落通常是安静、祥和的，主城则大气、繁华，而“大反派”所在的场景常是阴森、恐怖的。不同环境中的情境氛围主要是靠不同的场景设计来烘托的，游戏场景是在第一时间传递给玩家不同视觉感受的重要载体。

5. 人机互动的需要

以上提到的4点我们可以归纳为游戏场景在游戏作品中客观性作用的体现，但从某种意义上来说，游戏场景也具备一定的主观性。在早期的“红白机”（Family Computer，FC）上有一款风靡全球的动作（Action，ACT）游戏——《超级马里奥》（见图1-4）。这款游戏的玩法十分简单，玩家需要操控游戏角色，从关卡的起点经过“重重磨难”，到达终点来获得最终的胜利。虽然该游戏中还有其他“怪物”角色，但这里我们将其抛开，仅仅从玩家和关卡场景的关系来看，会发现其实游戏中玩家大部分时间是在与关卡场景进行互动，包括打通障碍、越过陷阱、触动机关等。这时场景不再只是一个仅供观赏和起烘托作用的客观背景，它变成了游戏中的主体角色，已经实实在在地参与到了游戏的人机互动当中。这也是其具备的区别于以上4点的独特作用。

在早期“FC时代”的游戏当中，尤其是横版过关类的游戏，如《魂斗罗》《超级马里奥》《索尼克》《洛克人》等，游戏场景所发挥的作用大多是满足人机互动的需要。限于技术条件，在早期游戏制作中，角色与场景的互动远比角色与角色的互动要简单得多。随着计算机游戏制作技术的发展，现在游戏更加注重的是玩家与非玩家角色（Non-Player Character，NPC）之间以及玩家与玩家之间的互动关系。但如今在一些大型网络游戏的副本关卡或者次世代动作过关游戏当中，游戏场景的人机互动特点仍然存在，可见人机互动是游戏场景在游戏作品中发挥的不可缺少的一个重要作用。

· 图1-4 | 《超级马里奥》游戏画面

1.2 | 游戏图像及游戏美术技术的发展

游戏美术行业是依托于计算机图像技术发展起来的领域，而计算机图像技术是计算机游戏技术的核心内容，决定计算机图像技术发展的主要因素则是计算机硬件技术的发展。从计算机游戏诞生之初到今天，计算机图像技术基本经历了“像素图像时代”“精细二维图像时代”“三维图像时代”3个发展阶段。与此同时，游戏美术技术伴随着计算机图像技术的发展经历了“程序绘图时代”“软件绘图时代”“游戏引擎时代”3个对应的发展阶段。下面我们就来简单讲解游戏图像及游戏美术技术的发展。

1.2.1　像素图像时代/程序绘图时代

在计算机游戏发展之初，受硬件的限制，计算机只能用像素来显示图形画面。所谓“像素”，就是用来计算数码影像的一种单位，如同拍摄的照片一样，数码影像也具有连续的浓淡色调。我们若把影像放大数倍，会发现这些连续色调其实是由许多色彩相近的小方点组成的，这些小方点就是构成影像的最小单位——像素（Picture Element，Pixel）。

由于计算机分辨率的限制，当时的像素画面在今天看来或许更像是一种意向图形，因为如今再看这些画面，已很难分辨出它们的外观，这些像素画面更多的是用来代表某种事物。一系列优秀的游戏作品在这一时期诞生，其中有《创世纪》系列，有国内第一批计算机玩家较早接触的《警察捉小偷》《掘金块》《吃豆子》，还有动作游戏《波斯王子》的前身《决战富士山》。大宇公司于1987年在苹果平台上制作的《屠龙战记》，是最早的中文角色扮演游戏（Role-Playing Game，RPG）之一。

由于技术上的诸多限制，在这个时代，游戏的显著特点就是在保留完整的游戏核心玩法的前提下，尽量简化其他一切美术元素。游戏美术技术此时处于程序绘图时代。所谓的程序绘图时代，大概就是从计算机游戏诞生之初至MS-DOS发展到中后期这个时间段。之所以将其定义为程序绘图，就是因为最初的计算机游戏图像技术落后，加上游戏内容的限制，游戏图像绘制工作都由程序员完成，游戏中所有的图像均为程序代码生成的低分辨率像素图像，而计算机游戏制作行业在当时还是一种只属于程序员的行业。

随着计算机硬件的发展和图像分辨率的提升，游戏画面相较于之前有了显著的提高，像素图形再也不是大面积色块的意象图形，这时的像素有了更加精细的表现。尽管用今天的眼光来看，我们仍然很难接受这样的图形画面，但在当时看来，一个属于计算机游戏的辉煌时代正悄然来临。

计算机硬件和图像分辨率的提升带来的是创意的更好呈现，游戏研发者可以把更多的精力放在游戏规则和游戏内容的体现上。也正是在这个时代，不同类型的计算机游戏纷纷出现，并确立了计算机游戏的基本类型，如ACT游戏、RPG、冒险游戏（Adventure Game，AVG）、策略游戏（Simulation Game，SLG）、即时战略（Real-Time Strategy，RTS）游戏等，这些概念和类型的定义如今仍在使用。而这些游戏类型的代表作品也都是在这个时代产生的，像AVG的代表作《猴岛小英雄》、《鬼屋魔影》系列、《神秘岛》系列；ACT游戏中的《波斯王子》《决战富士山》《雷曼》；SLG中的《三国志》系列、席德·梅尔（Sid Meier）开发的《文明》系列；RTS游戏中的《魔兽争霸》系列（见图1-5）及Westwood公司的《命令与征服》系列。

· 图1-5 | 《魔兽争霸》游戏画面

随着种种因素的升级与变化，这时的计算机游戏制作流程和技术也有了进一步的发展，计算机游戏不再是最初仅仅遵循简单的规则去控制像素色块的单纯游戏。技术的整体提升使计算机游戏制作需要满足更为复杂的内容设定要求，在规则与对象之外甚至需要剧本，这也使得整个游戏需要更多的图像内容来保证其完整性。在程序员不堪重负的前提下，便衍生出了一个全新的职业角色——游戏美术师。

关于游戏美术师，通俗的说法是计算机游戏中所能看到的一切图像元素的制作都属于游戏美术师的工作范畴，其中包括地形、建筑、植物、人物、动物、动画、特效、界面等。随着游戏美术师工作量的不断增大，游戏美术又逐渐细分为原画设定、场景制作、角色制作、动画制作、特效制作等不同的工作。此时虽然游戏美术已经有了如此细的分工，但总体来说游戏美术仍旧是处理像素图像这样相对单一的工作。

1.2.2 精细二维图像时代/软件绘图时代

1995年，微软公司的Windows 95操作系统问世，这在个人计算机（Personal Computer，PC）发展史上具有划时代的意义。在Windows 95操作系统诞生之后，越来越多的DOS游戏陆续推出了Windows版本，越来越多的主流计算机游戏公司相继停止了DOS平台下游戏的研发，转而投入Windows平台下的图像技术研发和游戏开发。这个转折时期的代表游戏就是暴雪公司的《暗黑破坏神》（*Diablo*）系列，其精细的图像、绝美的场景、华丽的游戏特效，在很大程度上要归功于暴雪公司对于微软公司应用程序接口（Application Programming Interface，API）DirectX技术的应用。

在计算机图像技术继续迅猛发展的大背景下，像素图像技术日益进化和升级。随着计算机图像分辨率的提高，计算机游戏的分辨率从最初DOS时期的480像素×320像素，发展到Windows时期的640像素×480像素，再到后来的800像素×600像素、1024像素×768像素等。游戏的画面日趋华丽、丰富，同时游戏中加入了更多的图像特效技术。这时的像素图像已经精细到肉眼很难分辨其图像边缘的像素化细节，最初的大面积像素色块的游戏图像被华丽、精细的二维游戏图像所取代。从此，游戏画面进入了精细二维图像时代。

RPG在这时呈现出了前所未有的百花齐放的局面，欧美三大RPG——《创世纪》系列、《巫术》系列和《魔法门》系列，广受玩家的好评。而这一系列经典的RPG从Apple Ⅱ转战PC平台后，更是受到各大游戏媒体和全世界玩家的交口称赞。广阔而自由的世界，传说中的英雄，丰富多彩的冒险旅程，志同道合的伙伴，正是这些元素和极强的带入感把大批玩家拉入RPG的“世界”中，和故事的主人公一起冒险。

这一时代的中文RPG也引领了国内游戏制作行业的发展，从早期的《屠龙战记》开始，到1995年的《轩辕剑外传：枫之舞》和《仙剑奇侠传》（见图1-6），国产中文RPG经历了一个前所未有的发展高峰，吸引了大量玩家投入其中。而其中的佼佼者《仙剑奇侠传》则通过中华优秀传统文化的深厚内涵、极具个性的人物、出色的剧情、动听的音乐在玩家心中留下了一个几近完美的中文RPG的印象。

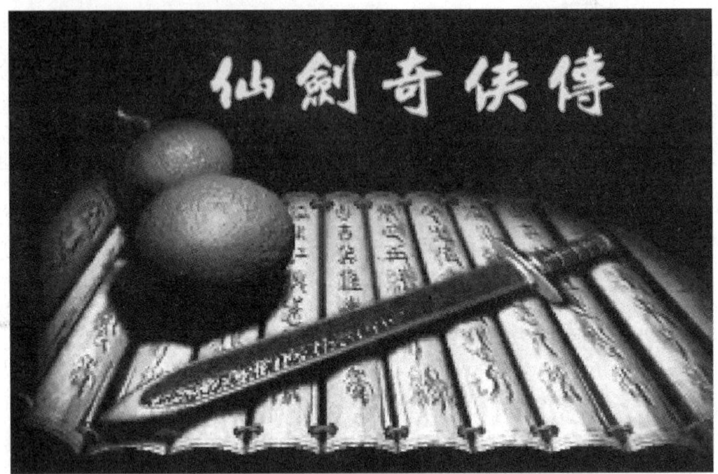

拓展阅读

国产游戏的崛起

· 图1-6 | 《仙剑奇侠传》

这时的游戏制作不再是仅靠程序员就能完成的工作了，游戏美术师的工作量日益增加。游戏图像从先前的程序绘图时代进入软件绘图时代，游戏美术师逐渐成为游戏图像开发必不可少的重要岗位。游戏美术师需要借助专业的二维图像绘制软件，利用自己深厚的艺术修养和美术功底来完成游戏图像的绘制工作。真正意义上的游戏美术场景设计师也由此出现，这也是最早的游戏二维场景美术设计师，以CorelDRAW为代表的像素图像绘制软件和后来的综合型绘图软件Photoshop逐渐成为主流的游戏图像制作软件。

由于游戏美术师的出现，游戏图像等方面的工作变得更加独立，程序员也有更多的时间来处理和研究游戏图像跟计算机硬件之间的复杂问题。在DOS时期，程序员最为头疼的就是和硬件设备打交道，简单来说，程序员写程序时不仅要告诉计算机做什么，还要告诉计算机怎么做，而针对不同的硬件设备，做法还各有不同。在Windows时期，对程序员来说，最大的好处之一就是API的广泛应用，这使编程变得更为简单。

1.2.3 三维图像时代/游戏引擎时代

1995年，Windows 95操作系统诞生。虽然Windows 95操作系统并没有太多的独创功能，但它把当时流行的功能较好地结合在了一起，让用户对计算机的学习和使用变得非常直观、便捷。计算机功能的扩充伴随的就是计算机的普及，而计算机普及的最大障碍就是不具备通俗易懂的学习方式和使用方式。Windows 95操作系统的出现改变了计算机枯燥、单调的形象，使其拥有了像画图板一样的图形操作界面。

1996年，3Dfx公司在计算机业界掀起了一场前所未有的技术革命风暴，使计算机进入了三维图像时代。3Dfx公司推出的Voodoo是计算机发展史上意义深远的一款3D加速显卡（见图1-7）。

拥有6MB EDO RAM显存的Voodoo尽管只是一块三维图形子卡，但它却不可思议地占领了约85%的市场份额。Voodoo的独特之处在于它对三维游戏的加速并没有降低其二维性能。在1996年的春天，计算机内存价格大跌，第一块Voodoo芯片上市，大受欢迎。1996年2月，3Dfx公司和Allinace半导体公司联合宣布，在API方面开始支持微软公司的DirectX。这意味着3Dfx公司使用Glide后计算机可以很好地运行Direct3D编写的游戏。

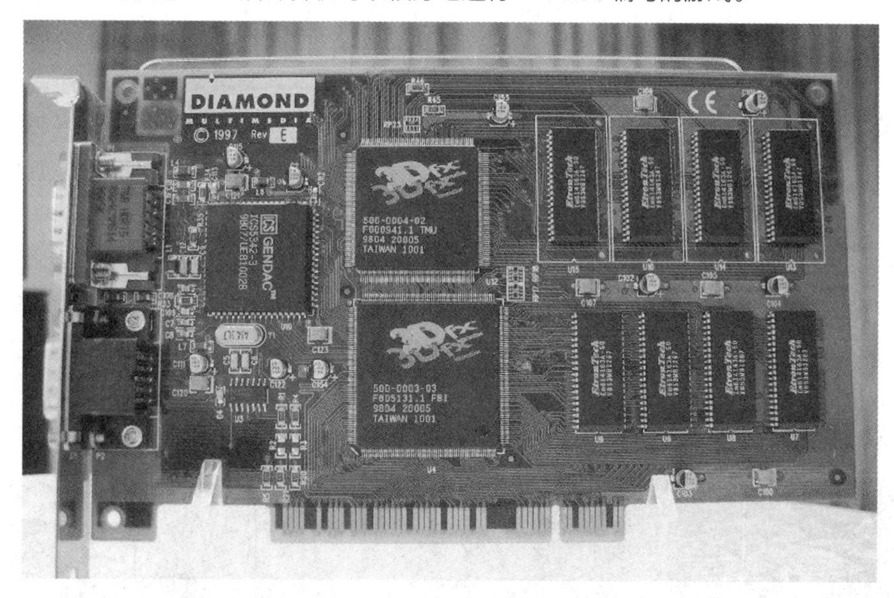

· 图1-7 | Voodoo 3D加速显卡

第一款正式支持Voodoo的游戏作品是《古墓丽影》。3Dfx公司在相继推出Voodoo2、Banshee和Voodoo3等几款非常受欢迎的产品后，几乎所有的三维游戏，如《极品飞车》《古墓丽影》《雷神之锤》等都基于Voodoo系列显卡进行了优化。

在微软公司推出Windows 95操作系统的同时，绝大多数主流图形芯片公司都有自己的API，如3Dfx公司的Glide、PowerVR公司的PowerSGL、ATI公司的3DCIF等。这混乱的竞争局面让软/硬件的开发效率大大降低，因此微软公司决定开发一套通用的业界标准。

对三维游戏的发展影响较大的公司是成立于1990年的ID Software公司，这家公司在1992年推出了游戏史上的第一款第一人称射击（First Person Shooter，FPS）游戏。这款FPS游戏并不是真正的三维游戏，限于当时的计算机技术，技术人员只能通过二维贴图、缩放和旋转来营造三维环境。虽然今天再看这款游戏显得很粗糙，但就是这款游戏带动了显卡技术的革新和发展。

1996年6月，真正意义上的三维游戏诞生了——ID Software公司制作的《雷神之锤》是计算机游戏进入三维图像时代的一个重要标志。在《雷神之锤》里，所有的背景、人物、物品等图形都是由数量不等的多边形构成的，这是一个真正的三维虚拟世界。《雷神之锤》中出色的三维画面在很大程度上得益于3Dfx公司的Voodoo加速子卡，这让游戏更为流畅，色彩也更加绚丽，同时让Voodoo加速子卡成了《雷神之锤》梦寐以求的升级目标。除了三维画面，《雷神之锤》在连网功能方面也得到了加强，由过去的4人对战增加到16人对战。TCP/IP等网络协议让玩家有机会和世界各地的玩家一起在互联网上共同对战。与此同时，ID Software公司还组织了各种比赛。可以说，正是ID Software公司和《雷神之锤》开创了当今电子竞技运动的先河。

《雷神之锤》系列作为三维游戏史上优秀的系列游戏，其创造者——游戏编程大师约翰•卡马克（John Carmack），对游戏引擎技术的发展做出了卓越的贡献，从《雷神之锤Ⅰ》到《雷神之锤Ⅱ》，再到后来的《雷神之锤Ⅲ》，《雷神之锤》系列的每一次更新换代都把游戏引擎技术推向了一个新的高度。这一时期，Epic公司开发的Unreal引擎问世，两年之内就有众多游戏公司与Epic公司签订了许可协议。Unreal引擎的应用范围不限于游戏制作，还涵盖教育、建筑等领域：Digital Design公司采用Unreal引擎制作了巴黎圣母院的内部虚拟演示；Zen Tao公司采用Unreal引擎为空手道选手制作了训练软件；Vito Miliano公司采用Unreal引擎开发了一套建筑设计软件，用于房地产的演示。如今Unreal引擎已经从激烈的引擎竞争中脱颖而出，成为主流的游戏引擎之一（见图1-8）。

· 图1-8 | Unreal引擎

从Voodoo到NVIDIA，再到ATI、Intel的发展，计算机图像技术进入了三维图像时代，而计算机游戏图像技术也翻开了新的篇章。此外，伴随着三维技术的兴起，游戏美术技术经历了程序绘图时代、软件绘图时代，最终迎来了游戏引擎时代。无论是二维游戏还是三维游戏，无论是RPG、RTS、AVG还是ACT游戏，哪怕是一个大小只有1MB的小游戏，都有一段起控制作用的代码，这段代码可以笼统地称为引擎。

随着计算机图像技术的发展，如今的游戏引擎已经发展为一套由多个子系统共同构成的复杂系统。从建模、动画到光影、粒子特效，从物理系统、碰撞检测到文件管理、网络特性，还有专业的编辑工具和插件，游戏开发过程中几乎所有重要环节构成的集合系统才是今天真正意义上的“游戏引擎”。过去单纯依靠程序、美工的游戏时代已经结束，以游戏引擎为中心的集体合作时代已经到来，这就是当今游戏技术领域所说的游戏引擎时代。

在精细二维图像时代，游戏美术师只负责根据游戏内容的需要，将自己创造的美术元素提供给程序员，然后由程序员将所有元素整合到一起，形成完整的计算机游戏作品。随着游戏引擎被越来越广泛地应用于游戏制作领域，如今的计算机游戏制作流程和职能分工也在逐渐发生变化。现在要制作一款三维计算机游戏，需要更多的人员和部门通力协作，即使是游戏美术的制作也不再是一个部门就可以独立完成的工作。

随着游戏引擎和更多专业设计工具的出现，游戏美术师的岗位要求呈现出专业化、高端化的特点，要求游戏美术师不仅要掌握更多的专业技术知识，还要广泛地学习与游戏设计有关的学科知识，并磨炼自己的美术基本功。

1.3 | 游戏公司美术团队的职能分工

游戏公司职业岗位架构

随着计算机硬件技术和软件技术的发展，计算机游戏的开发设计变得越来越复杂，游戏的制作已不再是以前仅凭几个人的力量就能完成的工作，游戏制作更加趋于团队化、系统化和复杂化。一款游戏的设计开发，尤其是三维游戏，动辄就要几十人的研发团队。研发团队只有通过细致的分工和协调的配合，才能制作出一款完整的游戏作品。所以在进入游戏制作行业前，全面地了解游戏制作中的职能分工和游戏制作流程是十分必要的。这有助于职场新人提升与游戏设计相关的素质，而且对新人日后融入游戏研发团队将起到重要作用。下面就针对游戏公司内部的职能分工及游戏产品的整体制作流程进行讲解。

图1-9所示为游戏公司常见的职能结构。从主体来看，公司下设研发部、管理部和市场部三大部门，而其中体系最为庞大和复杂的是研发部，这也是游戏公司最为核心的部门。研发部下属的制作部，根据不同的技术分工又分为企划部、美术部、程序部，且每个部门都有更加详细的职能划分。下面就专门针对游戏公司中美术团队的职能分工进行详细介绍。

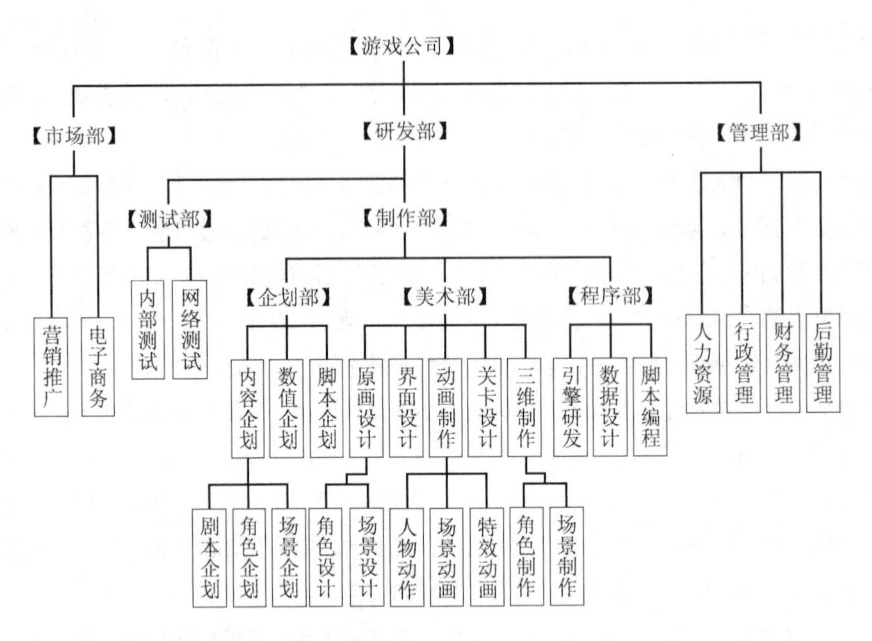

· 图1-9｜游戏公司常见的职能结构

1.3.1 游戏美术原画师

游戏美术原画师（原画设计师）是指在游戏公司美术团队中负责游戏美术原画设计的人员。在进行实际的游戏美术元素制作前，首先要由美术团队中的游戏美术原画师根据游戏策划人员的文案描述进行原画设计的工作。原画设计是对游戏整体美术风格的设计和对游戏中所有美术元素的设计。游戏原画可分为概念类原画和制作类原画两种类型。

概念类原画是指游戏美术原画师根据游戏策划人员的文案描述进行整体美术风格和游戏环境基调设计的原画类型（见图1-10）。游戏美术原画师会根据策划人员的构思和设想，对游戏中的环境、场景和角色进行创意设计和绘制。概念类原画不要求绘制得十分精细，但要综合游戏的世界观、剧情、环境色彩、光影变化等因素，确定游戏的整体风格和基调。相对于制作类原画的精准设计，概念类原画更加笼统。

在概念类原画确定之后，游戏的基本美术风格就确立了，之后就进入实际的游戏美术元素制作阶段，这时就需要进行制作类原画的设计和绘制。制作类原画是指对游戏中美术元素的细节进行设计和绘制的原画类型。制作类原画又分为场景原画、角色原画（见图1-11）和道具原画，分别表示对游戏场景、游戏角色以及游戏道具的设计和绘制。制作类原画不仅要在整体上表现出设计对象清晰的结构，更要对设计对象的细节进行详细描述，这样才便于后期美术制作人员进行实际美术元素的制作。

· 图1-10｜游戏场景的概念类原画

· 图1-11｜游戏角色原画设计

首先，游戏美术原画师需要有扎实的绘画基础和美术表现能力，要具备深厚的手绘功底和很强的美术造型能力，同时能熟练运用二维美术软件对文案描述的内容进行充分的美术还原和艺术再创造。其次，游戏美术原画师必须具备丰富的想象力，因为游戏原画与传统的美术绘画不同，游戏原画并不要求对现实事物进行客观描绘，它需要在现实元素的基础上进行虚构的创意和设计。最后，游戏美术原画师还必须掌握一定的相关学科知识。以游戏场景原画设计为例，如果要设计一座欧洲中世纪哥特风格的建筑，那么游戏美术原画师就必须掌握一定的建筑学知识和欧洲历史文化知识，对其他类型的原画设计来说也是如此。

1.3.2 二维美术设计师

二维美术设计师（界面设计师）是指在游戏公司美术团队中负责制作平面美术元素的人员，这是游戏公司美术团队中不可或缺的职位，无论是二维游戏项目还是三维游戏项目，都必须要有二维美术设计师参与。

一切与二维美术相关的工作都属于二维美术设计师的工作范畴，所以严格来说，游戏美术原画师也是二维美术设计师。另外，用户界面（User Interface，UI）设计师也可以算作二维美术设计师。在游戏的二维美术设计中，二维美术设计师和UI设计师都属于设计类的岗位。除此之外，二维美术设计师更多负责的是实际制作类的工作。

通常二维美术设计师要根据策划人员的文案描述或游戏原画设计来进行制作。在二维游戏项目中，二维美术设计师主要负责制作游戏中的各种美术元素，包括游戏平面场景、游戏地图、游戏角色形象以及游戏中用到的各种二维素材。例如，在像素游戏或二维游戏中，游戏地图是由一定数量的图块（Tile）拼接而成的。其原理类似于铺地板，每一个Tile中包含不同的像素图形，通过不同Tile的自由组合拼接就构成了画面中不同的美术元素。通常来说，在平视或俯视角度下，二维游戏地图中的Tile是矩形的，而2.5维游戏地图中的Tile是菱形的（见图1-12）。二维美术设计师的工作就是负责绘制每一个Tile，并通过它们的组合制作出各种游戏场景素材。

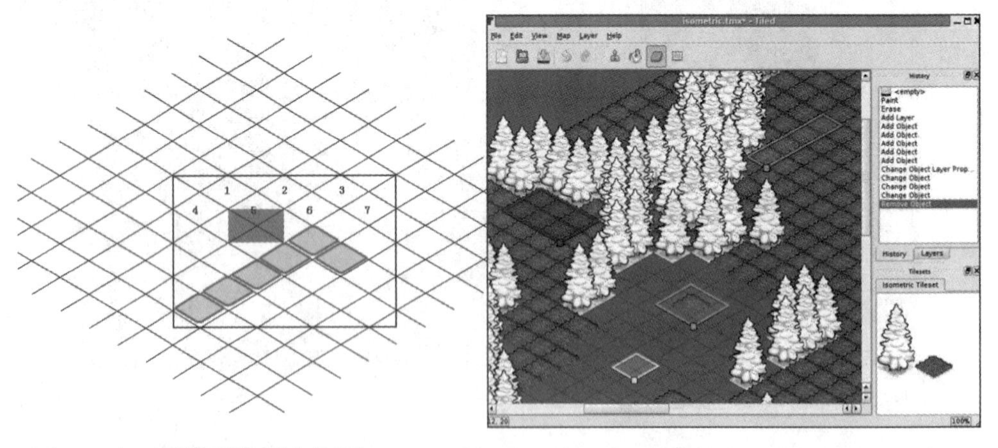

· 图1-12 | 2.5维游戏地图中的Tille

对像素或二维游戏中的角色来说，通常我们看到的角色行走、奔跑、攻击等动作都是利用关键帧动画来制作的，这需要分别绘制出角色每一帧的姿态图片，然后将所有图片连续播放来实现角色的运动效果。以角色行走为例，不仅要绘制出角色行走的动态，还要分别绘制出角色往不同方向行走的姿态，通常包括上、下、左、右、左上、左下、右上、右下这8个方向的行走姿态。所有动画序列中每一个关键帧的角色素材图都需要二维美术设计师来制作。在三维游戏项目中，二维美术设计师主要负责平面地图的绘制、角色平面头像的绘制及各种模型贴图（见图1-13）的绘制等。

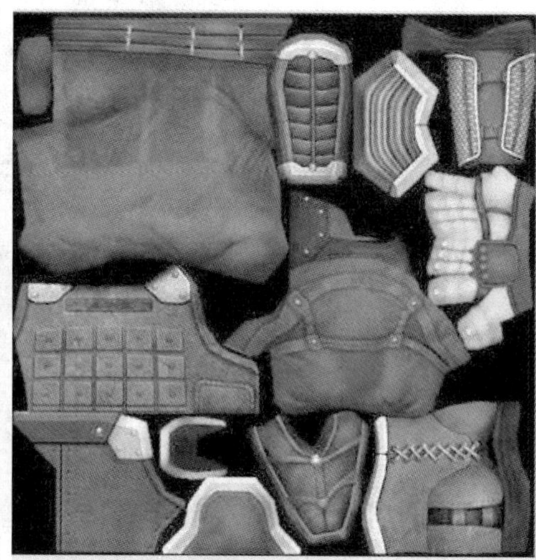

· 图1-13｜三维角色模型贴图

UI设计是指对软件的人机交互过程、操作逻辑、用户界面的整体设计。具体到游戏制作中，UI设计通常是指对游戏画面中的各种界面、窗口、图标、角色头像、游戏字体等（见图1-14）美术元素的设计和制作。优秀的UI设计不仅要让游戏画面变得有个性、有风格、有品位，更要让游戏的操作和人机交互过程变得舒适、简单、自由和流畅。

· 图1-14｜游戏UI

1.3.3 三维美术设计师

三维美术设计师是指在游戏公司美术团队中负责三维美术元素制作的人员。三维美术设计师是在三维游戏出现后才出现的制作类岗位，是三维游戏开发团队中的核心制作岗位。三维美术设计师要求具备较高的专业技能，不仅要熟练掌握各种复杂的高端三维制作软件的操作技巧，更要有极强的美术塑型能力（见图1-15）。专业的三维美术设计师大多是美术系、雕塑系或建筑系出身。除此之外，三维美术设计师还需要具备大量的相关学科知识，如建筑学、物理学、生物学、历史学等。根据项目的不同，三维美术设计师可分为三维模型师和三维动画师。

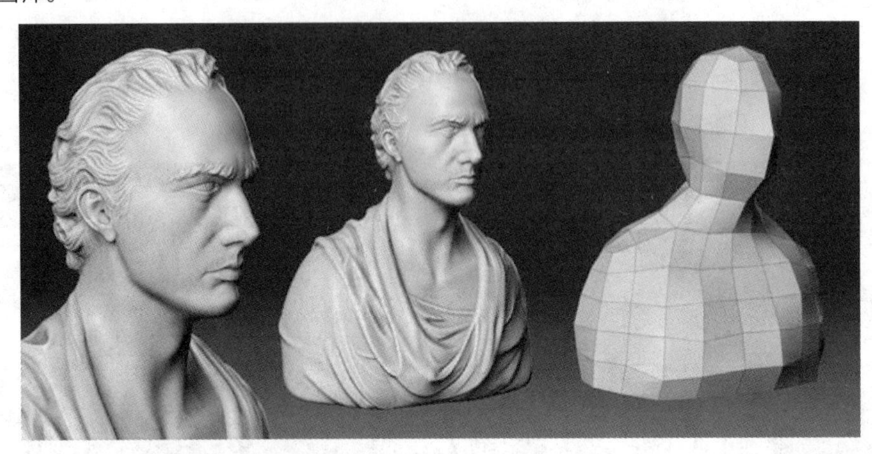

· 图1-15｜利用Zbrush雕刻角色模型

在三维游戏制作领域，三维模型师的人员需求量较大。对一款三维游戏来说，最主要的制作流程就是三维模型的设计与制作，包括三维场景模型、三维角色模型及各种游戏道具模型等。在三维游戏制作的前期就需要基于三维模型来制作原型，在中后期更需要大量的三维模型来充实和完善整个游戏的主体内容。以上就是三维模型师的主要工作内容。

三维动画师中的动画并不是指游戏片头动画或过场动画等预渲染动画内容，而是指游戏中实际应用的动画内容，包括角色动作和场景动画等。角色动作主要指游戏中所有角色（包括主角、NPC、怪物、BOSS等）的动作。游戏中每一个角色都有大量已经制作完成的规定套路动作，通过不同动作的衔接组合就形成了一个个具有完整能动性的游戏角色，而由玩家控制的主角的动作中还包含大量人机交互的内容。三维动画师的工作就是负责角色的每个独立动作的调节和制作，例如角色的跑步、走路、挥剑、释放法术等。场景动画主要是指游戏场景中的动画内容，如流水、落叶、雾气、火焰等环境氛围动画，还包括场景中指定物体的动画效果，如门的开闭、宝箱的开启、触发机关等。

1.3.4 游戏特效美术师

一款游戏产品除了要注重基本的互动娱乐体验，还要注重整体的光影视觉效果，游戏中的光影效果就属于游戏特效的范畴。游戏特效美术师（动画制作师）的主要工作就是制作和丰富游戏中的光影视觉效果，包括角色技能特效（见图1-16）、刀光剑影、场景光效、火焰闪电及其他各种粒子特效等。

· 图1-16 | 游戏角色华丽的技能特效

游戏特效美术师在游戏公司美术团队中有一定的特殊性，既难以将其归类于二维美术设计师，也难以将其归类于三维美术设计师。这是因为游戏特效的设计和制作同时涉及二维和三维美术设计，而且在具体制作流程上又与其他美术设计有所区别。

对三维游戏特效的制作来说，首先要利用3ds Max等三维制作软件创建粒子系统，然后将事先制作的三维特效模型绑定到粒子系统上；接着针对粒子系统进行贴图的绘制，贴图通常要制作为带有镂空效果的Alpha贴图，有时还要制作贴图的序列帧动画；最后将制作完成的素材导入游戏引擎特效编辑器，对特效进行整合和细节调整。如果是制作角色技能特效，则还要根据角色的动作提前设定特效施放的流程，如图1-17所示。

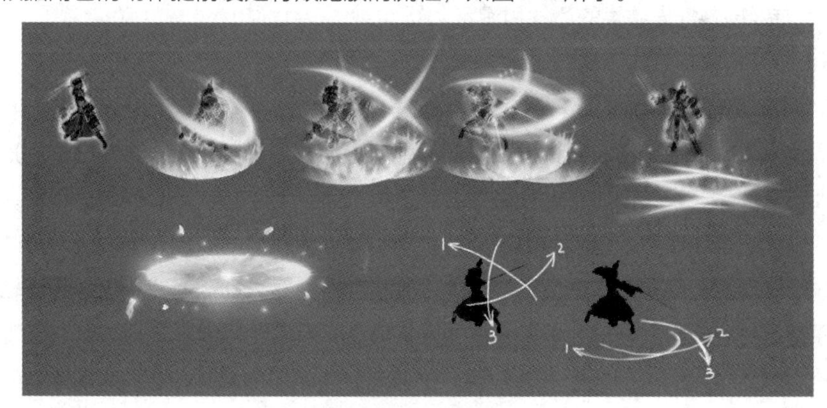

· 图1-17 | 角色技能特效的设计思路和施放流程

对游戏特效美术师来说，不仅要熟练掌握三维制作软件的操作技能，而且要对三维粒子系统进行深入研究，同时要具备良好的绘画功底和修图能力，并掌握游戏动画的设计和制作方法。所以，游戏特效美术师的入门门槛比较高，需要从业者具备较高的专业能力。在一线游戏研发公司中，游戏特效美术师通常是具有多年游戏制作经验的资深从业人员。

1.3.5 地图编辑美术师

地图编辑美术师（关卡设计师）是指在游戏公司美术团队中利用游戏引擎地图编辑器来编辑和制作游戏地图场景的美术设计人员，也称为地编设计师。在早期的三维游戏开发中，游戏场景中所有美术元素的制作都是在三维软件中完成的，不只是场景道具、场景建筑，就连游戏中的地形山脉都是利用模型来制作的。而一个完整的三维游戏场景本身就包含众多的美术元素，所以用这种方法制作的游戏场景模型会产生较多的多边形面数，这样不仅会使导入游戏的过程十分烦琐，而且会使三维软件承担巨大的负载，因此经常会出现系统崩溃、软件跳出的现象。

随着技术的发展，在进入游戏引擎时代之后，以上所有的问题都得到了较好的解决。利用游戏引擎地图编辑器不仅可以制作出地形和山脉效果，还可以制作出水面、天空、大气、光效等利用三维软件很难制作出的效果。尤其是制作野外游戏场景时，地图编辑美术师只需要利用三维软件来制作独立的模型元素，其余80%的场景工作任务都可以通过游戏引擎地图编辑器来完成。

地图编辑美术师利用游戏引擎地图编辑器来制作的游戏地图场景主要包括以下6个方面的工作。

（1）游戏场景地形的编辑和制作。

（2）游戏场景模型元素的添加和导入。

（3）游戏场景环境效果的设置，包括日光、大气、天空、水面等。

（4）游戏场景灯光效果的添加和设置。

（5）游戏场景特效的添加和设置。

（6）游戏场景物体效果的设置。

地图编辑美术师的工作主要集中在游戏场景地形的编辑和制作上。游戏场景地形其实可分为两大部分——地表和山体，地表是指游戏虚拟三维空间中起伏较小的地面模型，山体则是指起伏较大的山脉模型。地表和山体是对游戏引擎地图编辑器所创建的同一地形的不同区域进行编辑制作的结果，两者是统一的整体，并不存在对立。利用游戏引擎地图编辑器制作山脉的原理是将地表平面划分为若干分段的网格模型，然后利用笔刷进行控制，实现垂直拉高形成的山体效果或塌陷形成的盆地效果，接着通过类似于Photoshop的笔刷绘制的方法来对地表进行贴图材质的绘制，最终制作出自然的场景地形效果（见图1-18）。

利用游戏引擎地图编辑器制作游戏场景的第一步就是要创建场景地形。场景地形是游戏场景制作和整合的基础，它为三维虚拟空间搭建了具象的平台，所有的场景美术元素都要依托这个平台来进行编辑和整合。所以，地图编辑美术师在如今的三维游戏开发中有着十分重要的作用。一个出色的地图编辑美术师不仅要掌握三维场景制作的知识和技能，而且要对自然环境和地理知识有深入的了解和认识，只有这样才能使制作的地图场景更加真实、自然，达到游戏需要的效果。

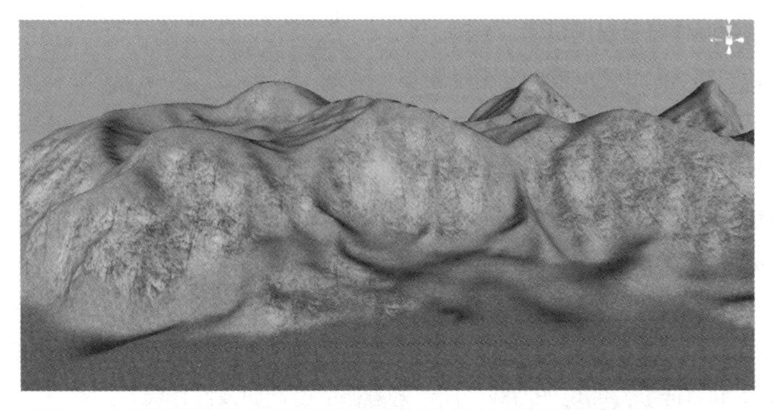

· 图1-18 | 利用游戏引擎地图编辑器制作出的场景地形效果

1.4 | 游戏项目的研发制作流程

在三维技术出现以前，计算机游戏的制作流程相对简单，职能分工也比较单一，如图1-19所示。虽然早期的游戏制作部门与现在的游戏制作部门相似，都分为企划、美术、程序三大部门，但其每个部门中的工种职能并没有进行严格细致的划分，在人力资源分配上也比现在的游戏制作部门要少得多。

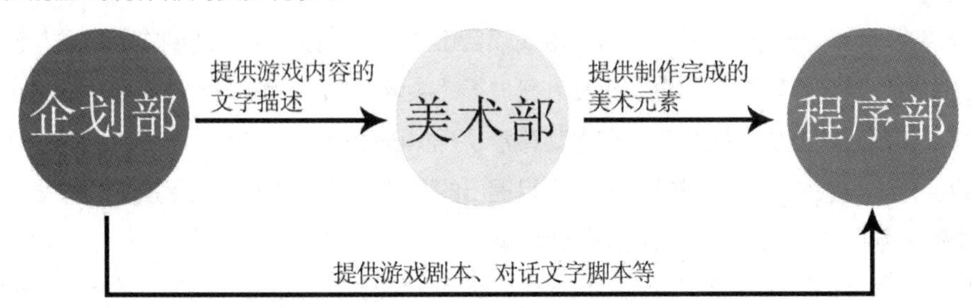

· 图1-19 | 早期的游戏制作流程和职能分工示意

其中，企划部和美术部的工作任务基本都属于前期制作，到了中后期，程序部会承担大部分工作任务。所以当时游戏制作的核心技术人员就是程序员，而计算机游戏的研发制作也被看作程序员的工作领域，如果把企划部、美术部、程序部的人员配置比例假定为a：b：c，那么早期一定是a<b<c这种金字塔式的人员配置结构。

三维技术出现之后，计算机游戏制作行业发生了巨大的变化，特别是职能分工和制作流程都与早期有了较大的不同，主要体现在以下4个方面。

（1）职能分工更加明确、细致。

（2）对制作人员的技术要求更高、更有针对性。

（3）整体制作流程更加科学、合理。

（4）要求制作团队之间的配合更加默契、协调。

特别是在三维游戏引擎技术被开发出来，并且越来越多地应用于游戏制作领域后，这种行业变化更加明显。企划部、美术部、程序部3个部门的结构主体依然存在，但从制作流程来看，三者早已摆脱了过去单一的线性结构。随着三维游戏引擎技术的引入，3个部门紧紧围绕着游戏引擎这个核心开展工作。除了部门间相互协调配合的工作关系，3个部门还要同时通过游戏引擎检测才能最终完成游戏的研发制作。可以说当今游戏制作的核心就是游戏引擎，游戏公司只有开发出属于自己团队的强大游戏引擎技术，才能在日后的游戏研发制作中事半功倍。下面将详细介绍现在游戏公司普遍遵循的游戏研发制作流程。

1.4.1 立项与策划阶段

立项与策划是整个游戏项目开始的第一步，这个阶段大致会占整个项目开发周期20%的时间。在一个新的游戏项目启动之前，游戏制作人必须要向公司提交一份游戏项目可行性报告书，只有这份报告书被游戏公司决策层集体审核通过，游戏项目才能正式确立和启动。游戏项目可行性报告书并不涉及游戏本身的实际研发内容，它侧重于商业行为的阐述，主要讲解游戏项目的特色、营利模式、成本投入、资金回报等方面的内容，用来向公司股东或投资者说明对该游戏项目进行投资的意义。这与其他商业项目的可行性报告书的概念基本相同。

当游戏项目可行性报告书通过后，游戏项目正式启动，接下来游戏制作人需要与游戏项目的策划总监及制作团队中的核心研发人员进行“头脑风暴”会议，为游戏整体的初步概念进行设计和策划，其中包括游戏的世界观背景、视觉画面风格、游戏系统和机制等。通过多次的会议讨论，集中所有人员针对游戏项目提出的各种意见和创意，之后由项目策划总监带领游戏策划部门进行项目策划文档的设计和撰写。

项目策划文档不仅是整个游戏项目的内容大纲，还涉及游戏设计和制作的各个方面，包括世界观背景、游戏剧情、角色、场景设定，游戏系统规划，游戏战斗机制设定，各种物品道具的数值设定，游戏关卡设计等。如果将游戏项目比作一个生命体，那么项目策划文档就是这个生命体的灵魂，这也间接说明了游戏策划部门在整个游戏制作团队中的重要地位和作用。图1-20所示为立项与策划阶段的流程示意。

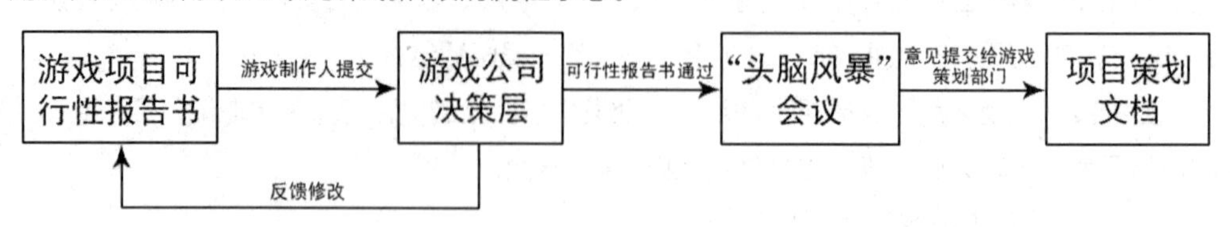

· 图1-20 | 立项与策划阶段的流程示意

1.4.2 前期制作阶段

前期制作阶段大致会占整个项目开发周期10%～20%的时间。在这一阶段会有少量的游戏制作人员参与项目制作，虽然人员数量较少，但仍然需要各部门人员配比合理。这一阶段也可以看作整体微缩化流程的游戏研发阶段。

这一阶段的目标通常是制作游戏Demo。所谓游戏Demo，是指游戏的试玩样品。微缩型游戏团队制作的游戏Demo虽然并不是完整的游戏，它可能只包含一个角色、一个场景或关卡，但它的游戏机制和实现流程却与完整游戏基本相同，二者之间的差别只有游戏内容的多少。游戏Demo的制作可以为后面的游戏研发阶段积累经验。游戏Demo制作完成后，后续研发就可以复制Demo的设计流程，然后进行大量游戏元素的制作、添加与游戏内容的扩充。

在前期制作阶段需要完成和解决的任务还包括以下5点。

1. 研发团队的组织与人员安排

这里所说的并不是参与游戏Demo制作的人员，而是后续整个实际项目研发团队的人员。在前期制作阶段，游戏制作人需要对研发团队进行合理和严谨的规划，为之后进入实质性研发阶段做准备，其中包括研发团队的初步建设、各部门人员的配置、具体员工的职能分配等。

2. 制订详尽的项目研发计划

这同样是由游戏制作人来完成的工作，项目研发计划包括研发团队的配置、项目研发日程的规划、项目任务的分配、项目阶段性目标的确定等方面的内容。项目研发计划与项目策划文档相辅相成，从内外两个方面来规范和保障游戏项目的推进。

3. 确定游戏的美术风格

在游戏Demo的制作过程中，游戏制作人需要与项目美术总监及游戏美术部门共同研究和发掘符合游戏项目的视觉走向，确定游戏项目的美术风格。要达成这一目标需要反复实验和尝试，甚至在游戏进入实质性研发阶段后美术风格仍有可能改变。

4. 固定技术方法

在游戏Demo的制作过程中，游戏制作人要与项目程序总监以及程序技术部门一起研究和设计游戏的基础程序构架，包括各种游戏系统和机制的运行和实现，对三维游戏项目来说也就是游戏引擎的研发设计。

5. 游戏素材的积累和游戏元素的制作

在前期制作阶段，游戏制作人需要积累大量的游戏素材，包括照片参考、贴图素材、概念参考等。例如，如果要制作一款古风游戏，那么游戏制作人就需要搜集大量的特定年代风格的建筑照片、人物服饰照片等。同样从前期制作阶段开始，游戏美术部门就可以开始进行大量游戏元素的制作，如基本的建筑模型、角色模型、各种游戏道具模型等。游戏素材的积累和游戏元素的制作，都是为后面进入实质性研发阶段打下基础并提供必要的准备。

1.4.3 游戏研发阶段

游戏研发阶段大致会占整个项目开发周期 50%的时间。这一阶段是游戏制作中耗时最长的阶段，也是整个项目开发周期的核心所在。从这一阶段开始，大量的制作人员加入游戏研发团队，在游戏制作人的带领下，企划部、程序部、美术部等研发部门按照先前制订的项目研发计划和项目策划文档开始进行有条不紊的制作研发。项目研发团队中的人员配置通常为项目管理人员约占5%，项目企划人员约占25%，项目程序人员约占25%，项目美术人员约占45%。游戏研发阶段的流程示意如图1-21所示。

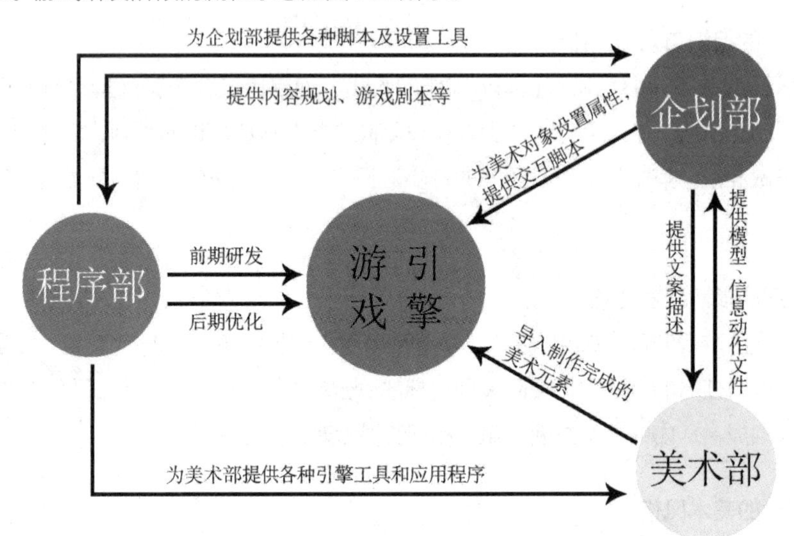

· 图1-21 | 游戏研发阶段的流程示意

游戏研发阶段又可细分为制作前期、制作中期和制作后期。

1. 制作前期

在制作前期，企划部、美术部、程序部3个部门同时开工。

企划部开始撰写游戏剧本和游戏内容的整体规划。

美术部的游戏美术原画师开始设定游戏整体的美术风格，三维美术设计师根据既定的美术风格制作一些基础模型，这些模型大多只用于前期引擎测试，并不是以后真正游戏中会大量使用的模型，所以制作细节上并没有太多要求。

程序部在制作前期的任务最为繁重，因为他们要进行游戏引擎的研发，一般在整个项目开始之前他们就已经进入了游戏引擎研发阶段。在这个阶段他们不仅要搭建游戏引擎的主体框架，还要开发许多引擎工具以供日后企划部和美术部使用。

2. 制作中期

在制作中期，企划部进一步完善游戏剧本，同时开始编撰游戏角色和场景的文字描述文档，包括主角背景设定、不同场景中NPC和怪物的文字设定、BOSS的文字设定、不同场景风格的文字设定等，各种文档要同步传给美术部以供其参考使用。

美术部在这个阶段要承担大量的制作工作，游戏美术原画师在接到企划部的文档后，要根据企划部的文字描述开始设计和绘制相应的角色和场景原画设计图，然后把这些图片交给模型组来制作游戏中需要使用的大量三维模型。同时，模型组还要尽量配合动画组以完成角色动作、技能动画和场景动画的制作。之后美术部要利用程序部提供的引擎工具把制作完成的各种角色和场景模型导入游戏引擎。另外，地图编辑美术师要利用游戏引擎地图编辑器着手各种场景或关卡地图的绘制工作，而二维美术设计师也需要在这个阶段开始进行游戏整体界面的设计与绘制。图1-22所示为游戏制作中期美术部的具体工作流程示意。

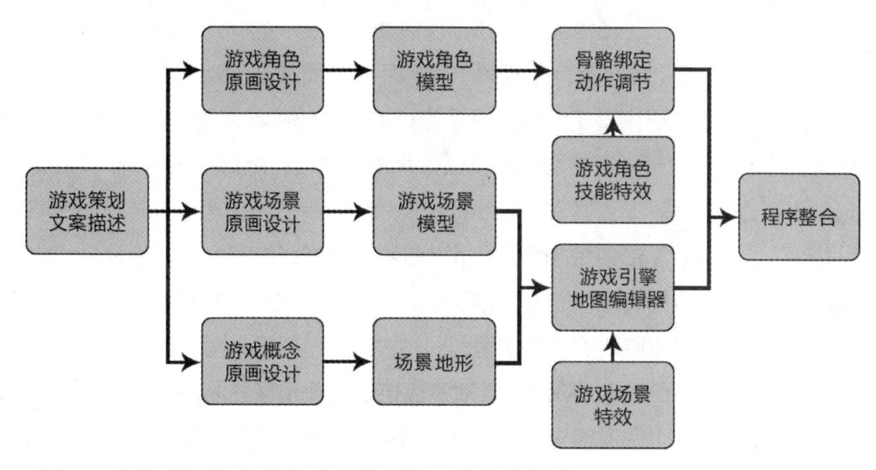

· 图1-22 | 游戏制作中期美术部的具体工作流程示意

由于已经初步完成了游戏引擎的研发，程序部在这个阶段的工作量相对减少，但仍需继续完善游戏引擎和编写相关程序，同时解决美术部和企划部反馈的问题。

3. 制作后期

在制作后期，企划部利用程序部提供的引擎工具赋予已经制作完成的角色模型相应的属性。脚本企划组要配合程序部进行相关脚本的编写，数值企划组则要通过不断的演算测试调整角色属性和技能数据，并不断对其中的数值进行平衡化处理。

美术部中的原画组、模型组、动画组则延续制作中期的工作任务，要继续完成相关的原画设计以及三维模型和动画的制作，同时要配合地图编辑美术师进一步完善关卡和地图的编辑工作，并加入大量的场景效果和后期粒子特效，二维美术设计师则继续对游戏界面的细节部分进行完善和修改。

程序部在这个阶段要对已经完成的所有游戏内容进行最后的整合，完成大量人机交互内容的设计与制作，同时要不断优化游戏引擎，并配合另外两个部门完成相关工作，最终制作出游戏的初级测试版本。

1.4.4 游戏测试阶段

游戏测试阶段是游戏发布前的最后阶段，大致会占整个项目开发周期10%～20%的时间。游戏测试阶段的主要目的是寻找和发现游戏运行过程中存在的各种问题和漏洞，既包括游戏美术元素以及程序运行中存在的各种直接性漏洞，也包括因策划问题而导致的游戏系统和机制的漏洞。

事实上，对于游戏产品的测试工作并不只在游戏测试阶段才开展，测试工作贯穿产品研发的全程。研发团队中的内部测试人员随时都要对已经完成的游戏内容进行测试，并且每天都要向研发团队中的企划部、美术部、程序部反馈测试中发现的问题。这样游戏中存在的问题才能及时得到解决，不会让所有问题都堆积到最后，从而减小游戏测试阶段的任务压力。

游戏测试阶段的任务更侧重于对游戏整体流程的测试和检验，通常该阶段分为Alpha测试和Beta测试两个阶段。当游戏的初级测试版本基本完成后，就可以宣布进入Alpha测试阶段了。该阶段测试的游戏基本上具备了游戏预先规划的所有系统和功能，游戏的情节内容和流程也基本到位。Alpha测试阶段的目标是将以前所有的临时内容全部替换为最终内容，并对整体游戏体验进行最终的调整。随着内部测试人员对问题的反馈和整理，研发团队要及时修改游戏内容，并不断更新游戏的版本序号。

正常情况下，处于Alpha测试阶段的游戏不应该出现大规模的漏洞，如果在这一阶段研发团队还面临大量的问题，则说明先前的研发阶段存在重大的漏洞。如果出现这样的问题，应该终止测试游戏，并且重新进入研发阶段。当Alpha测试基本通过后，就可以进入Beta测试阶段了。一般处于Beta测试阶段的游戏不会再添加大量新内容，此时的工作重点是对游戏的进一步整合和完善，因此Beta测试阶段所用的时间通常要比Alpha测试阶段的短。该阶段结束之后即可对外发布游戏。

如果是网络游戏，在封闭测试阶段之后，还要在网络上招募大量的游戏玩家进行游戏内测。在内测阶段，游戏公司邀请玩家对游戏运行性能、游戏设计、游戏平衡性、游戏漏洞以及服务器负载等多方面进行测试，以确保游戏正式上市后顺利运行。内测结束后将进入公测阶段，进入公测后内测资料通常不会被保留，但现在越来越多的游戏公司为了奖励内测玩家，采取公测奖励措施或直接进行不删档内测。对计时收费的网络游戏而言，公测阶段通常是免费的，而对免费网游而言，公测即代表游戏正式发布。

1.5 | 游戏美术设计的常用软件

二维制作软件在动漫游戏制作中主要用于原画的设定和绘制、UI设计及模型贴图的绘制等。常用的二维制作软件主要有Photoshop和Painter。Painter拥有强大的笔刷功能，主要用于原画的绘制；Photoshop作为通用的标准化二维图形设计软件，主要用于UI像素图形的绘制和二维模型贴图的绘制；另外也可以利用Deep Paint 3D等插件来绘制三维模型贴图（见图1-23）。

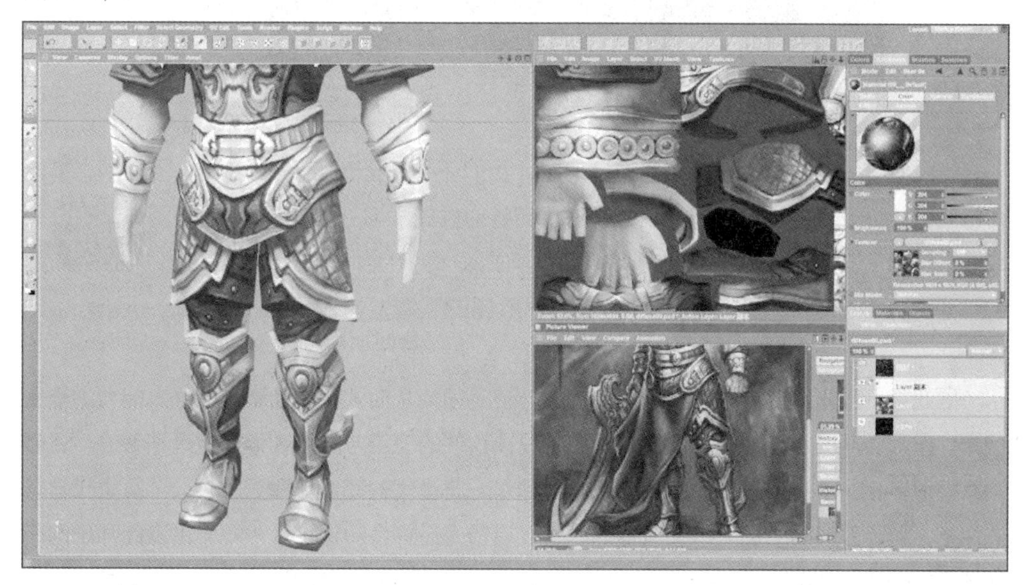

· 图1-23 | 三维模型贴图的绘制

常用的三维制作软件主要有3ds Max和Maya，这两款软件都是Autodesk公司旗下的核心三维制作软件。国外的游戏公司制作三维动画通常使用Maya，而国内的大多数游戏公司则选择3ds Max作为主要的三维模型制作软件，这主要是由游戏引擎技术和程序接口技术所决定的。虽然这两款软件同为Autodesk公司旗下的产品，但它们在功能界面和操作方式上仍有很大的不同。

近几年随着游戏引擎技术的飞速发展，以法线贴图技术为主流技术的游戏大行其道，同时成为未来游戏美术制作的主要方向。所谓的法线贴图是可以应用于三维模型表面的特殊纹理，它可以让平面的贴图变得更加立体、真实。法线贴图作为凹凸纹理的扩展，它包括每个像素的高度值，内含许多细节的表面信息，能够在平淡无奇的物体上创建出许多种特殊的立体外形。可以把法线贴图想象成与原表面垂直的另一个表面。在该表面特定位置上应用光源，可以生成精确的光照方向和反射方向，再通过ZBrush深化模型细节使之成为具有丰富细节的三维模型，然后通过映射烘焙出法线贴图，并将其贴在低端模型的法线贴图通道上，即可使之拥有法线贴图的渲染效果（见图1-24）。这样可以大大降低渲染时需要的面数和计算量，从而达到优化动画渲染和游戏渲染的目的。

· 图1-24｜法线贴图技术

当掌握了一定的软件知识和操作技巧后，我们还必须全面了解一线的制作行业和领域，确立自己的职业目标并进行有针对性的学习。游戏公司中的职能分工明确，我们不可能掌握全部的技术，成为一名“全才”，我们要做的就是成为专业领域的“螺丝钉”，在自己所属的领域发挥自己的特长和才干。

拓展阅读

国产自研3D设计软件Sunvega 3D

除此之外，丰富的外延学科知识也是提升游戏领域从业人员职业素养和个人能力的重要因素。作为游戏美术设计师，仅仅掌握美术设计软件的使用方法和制作技能是不够的，还必须掌握很多相关学科的知识。例如，如果要制作一座唐代的都城，我们就必须了解唐代建筑的风格、特点及当时的历史人文背景等，所以具备大量综合知识也是游戏美术设计师走向成功的必要条件。

1.6｜游戏美术行业前景分析

拓展阅读

国内游戏产业的未来

我国的游戏业起步并不算晚，20世纪80年代中期就出现了专业的游戏公司。早期游戏行业中从业人员的流动基本属于“圈内流动”，很少有新人进入这个领域，或者说新人很难进入这个领域。

2000年之后，我国网络游戏开始兴起并迅速发展为游戏行业内的主流力量，国内大多数游戏公司开始转型为网络游戏公司，同时出现了许多大型的专业网络游戏代理公司，如盛大、九城等。由于计算机技术的发展，网络游戏的研发不再是单凭几人就可以完成的项目，它需要大量专业的游戏制作人员，之前的“圈内流动”模式显然已不能满足市场的需求。游戏行业第一次降低了入门门槛，于是许多相关领域（如建筑设计、动漫设计及软件编程等领域）的从业人员开始转行进入了这个朝气蓬勃的新兴行业。然而对许多大学毕业生或完全没有相关经验的人来说，游戏制作行业的入门门槛仍较高，所以国内游戏行业的从业人员开始了另一种形式的“圈内流动”。

从2004年开始，由于世界动漫及游戏产业发展迅速，国家和政府高度关注和支持国内相关产业的发展，大量民办培训机构如雨后春笋般出现，一些高等院校也陆续开设了动画设计和游戏设计类专业。这使那些怀揣游戏梦想的人更容易接受专业培训，之前的“圈内流动”现象彻底被打破，国内游戏行业的入门门槛也随之降低了。

近年来，我国的游戏行业一直保持着飞速发展的势头，因此对专业人才的需求量也一直居高不下。面对广阔的市场前景，游戏美术设计人员可以根据自己的特长和所掌握的专业技能来选择合适的就业方向，只要不断努力，最终都会实现理想。

第2章

3ds Max操作基础

本章主要讲解三维游戏美术设计中的常用软件——3ds Max，包括3ds Max的安装、3ds Max的主界面和快捷按钮、3ds Max视图操作及3ds Max模型的创建与编辑等内容。

知识技能目标

- 熟练掌握3ds Max的基本操作方法。

素养目标

- 培养科学、严谨的工作态度。
- 培养自学能力，养成自主学习、终身学习的习惯。

在Windows NT出现以前，工业级的CG制作被SGI图形工作站所垄断，“3D Studio Max + Windows NT”组合的出现降低了CG制作的门槛。3ds Max的全称为3D Studio Max，是Autodesk公司开发的基于PC的三维动画渲染和制作软件，其前身是基于DOS的3D Studio系列软件。

作为元老级的三维制作软件，3ds Max和Maya都是具有独立、完整的设计功能的三维制作软件，广泛应用于广告、影视、工业设计、建筑设计、多媒体制作、游戏、辅助教学及工程可视化等领域。在影视、广告、工业设计方面，3ds Max的优势相对来说可能没有那么明显，但由于其堆栈操作简单、便捷，再加上强大的多边形编辑功能，3ds Max在建筑设计方面显示出独一无二的优势。Autodesk公司较为完善的建筑设计解决方案——Autodesk Building Design Suite建筑设计套件选择3ds Max作为主要的三维制作软件，由此可见3ds Max在三维建筑设计领域的优势和地位。而在国内发展相对比较成熟的建筑效果图和建筑动画制作领域中，3ds Max更是占据了很大的优势。

由于游戏引擎和程序接口等方面的原因，国内大多数游戏公司选择3ds Max作为主要的三维游戏美术设计软件，对三维游戏场景美术制作来说，3ds Max更是首选软件。在进一步强化Maya整体功能的同时，Autodesk公司并没有停止对3ds Max的研究与开发，每一代的更新都在强化原有系统的基础上增加了实用的新功能。3ds Max还应用了Maya的一些优秀理念，逐渐成为更加专业和强大的三维制作软件。本章将带领大家详细了解3ds Max操作基础。

2.1 | 3ds Max的安装

用户可以登录Autodesk公司的官方网站，下载3ds Max的最新版安装程序（新版软件可以免费试用30天），并根据计算机的硬件配置和操作系统来自行选择安装合适的版本。

与其他图形设计类软件一样，3ds Max的安装程序也采用了人性化、便捷化的安装流程，安装方法和步骤十分简单。下面以3ds Max 2019为例来讲解3ds Max的安装过程。

（1）双击3ds Max安装程序的图标，启动安装程序，在弹出的界面中包含安装说明、安装工具和实用程序等选项。单击“安装”按钮即可开始安装（见图2-1）。

（2）接下来会弹出“许可及服务协议”界面，选择“我接受”单选按钮（见图2-2）并单击“下一步”按钮，继续软件的安装。

· 图2-1 | 3ds Max软件安装程序的启动界面

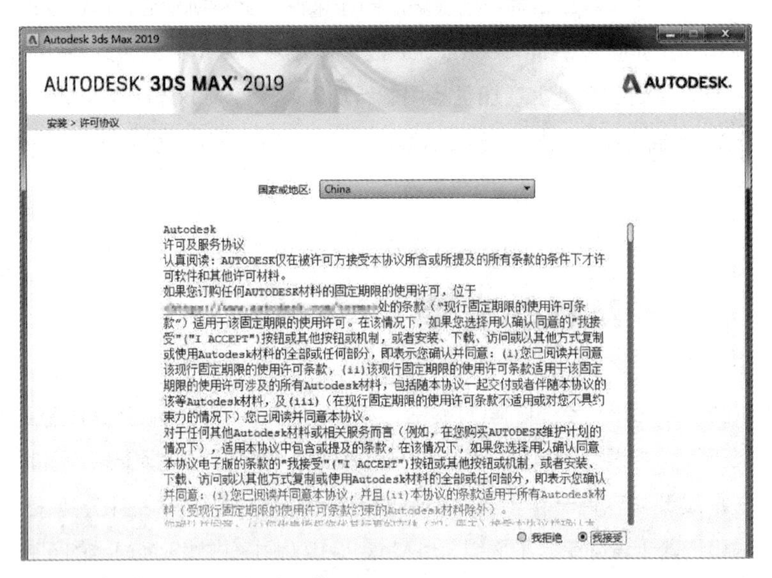

· 图2-2 | “许可及服务协议”界面

（3）此时会弹出产品信息界面，需要选择购买产品的注册认证类型，包括单机版和联机版，使用PC的用户通常选择单机版。下面是产品信息的注册，需要填写正版软件产品的序列号及产品密钥。如果还没有购买正版软件，可以选择免费试用。

（4）在接下来的界面中可选择软件的安装路径及3ds Max附带的各种类型的材质库，默认状态下将全部安装，也可以自行选择安装（见图2-3）。之后单击“安装”按钮即可正式开始安装。

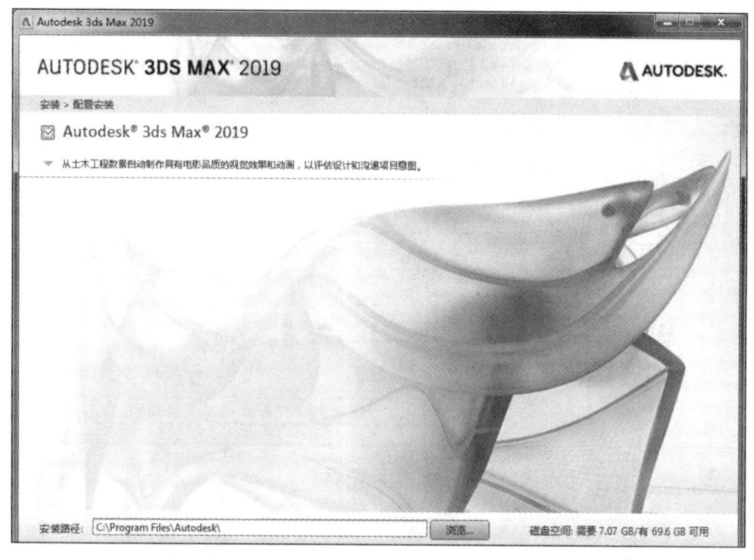

· 图2-3 | 配置安装界面

（5）等软件安装完成后，在“开始”菜单中找到3ds Max，选择相应的语言版本，如“Simplified Chinese”或“English”（见图2-4）。

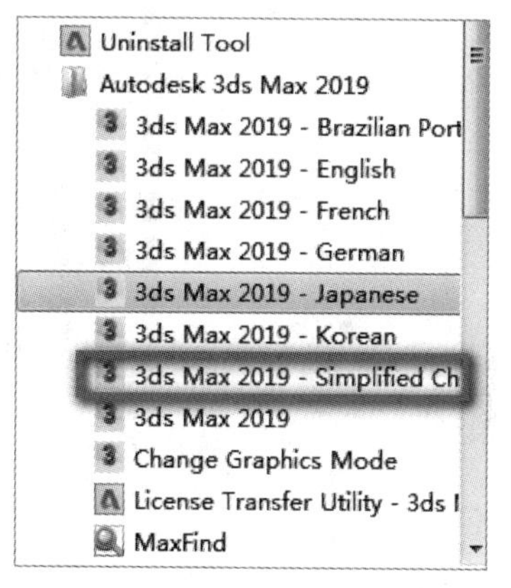

· 图2-4 | 选择语言版本

（6）在“AutoCAD隐私保护政策”界面中勾选“我已阅读Autodesk隐私保护政策，并同意我的个人数据依照该政策使用、处理和存储（包括该政策中说明的跨国传输）。”复选框并单击“继续”按钮（见图2-5）。

（7）此时将弹出3ds Max正版注册及激活界面，由于之前已经输入了产品序列号及密钥，所以可以直接选择“立即连接并激活！（建议）”单选按钮，也可以在下方输入Autodesk提供的激活码来激活软件（见图2-6）。

到此已完成软件安装的所有步骤，接下来就可以启动3ds Max开始使用了（见图2-7）。

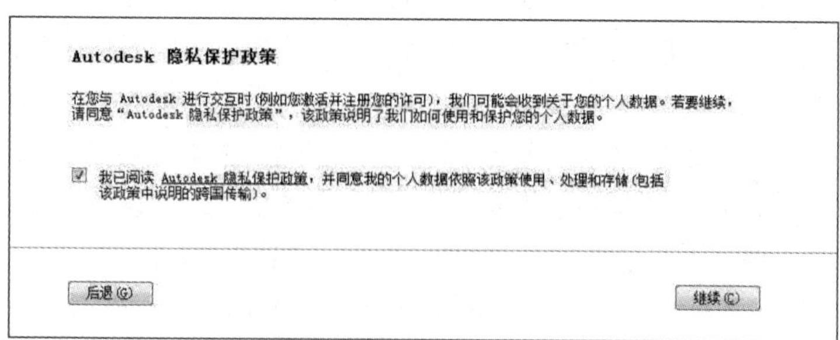

· 图2-5 | “Autodesk隐私保护政策”界面

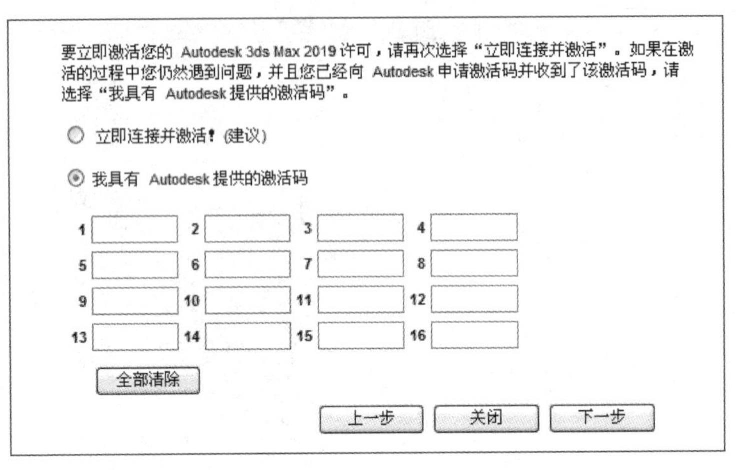

· 图2-6｜3ds Max正版注册及激活界面

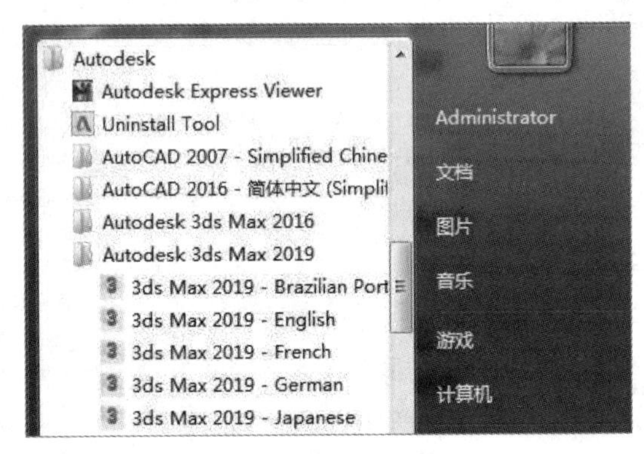

· 图2-7｜从“开始”菜单中启动3ds Max

2.2｜3ds Max的主界面和快捷按钮

启动3ds Max后打开的窗口就是软件的主界面。3ds Max的主界面主要分为菜单栏、快捷按钮区、快捷工具菜单、工具命令面板区、动画与视图操作区及视图区6部分（见图2-8）。其中，快捷工具菜单也称为“石墨”工具栏，是在3ds Max 2010中才加入的。

3ds Max 2010在建模、材质、动画、场景管理及渲染方面较之前都有了大幅度的提升。其窗口及UI界面较之前的软件版本变化也很大，但基本的多边形编辑功能并没有较大变化，只是在界面和操作方式上进行了一定的改动。所以在选择软件版本时，并不一定要用最新版本，还是要综合考虑PC的配置，实现性能和稳定性的协调。

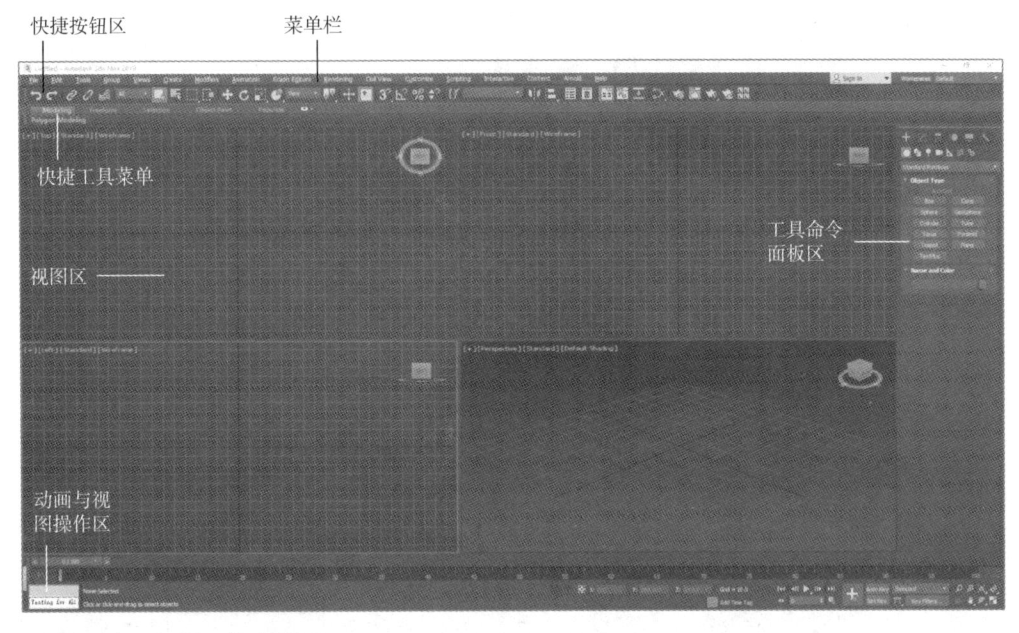

· 图2-8 | 3ds Max的主界面

对三维游戏场景美术制作来说，3ds Max主界面中最常用的区域是快捷按钮区、工具命令面板区及视图区。菜单栏虽然包含众多的命令，但在实际建模操作中用到的很少，而且其中常用的几个命令在快捷按钮区中也基本能实现，只有“File”（文件）和“Group”（组）菜单比较常用。

“File”菜单就是主界面左上角的3ds Max 的“Logo”按钮，单击后弹出“File”菜单（见图2-9）。“File”菜单包括“New”（新建场景文件）、“Reset”（重置场景）、“Open”（打开场景文件）、“Save”（存储场景文件）、“Save As”（另存场景文件）、“Import”（导入）、“Export”（导出）、“Send to”（发送文件）、“References”（参考）、“Manage”（项目管理）、“Properties”（文件属性）等命令。其中，“Save As”命令可用于大型场景制作时的当前场景文件备存；“Import”和“Export”命令可用于不同文件格式模型的导入和导出。另外，“File”菜单右侧会显示用户最近打开过的3ds Max文件。

3ds Max菜单栏中的第四项是“Group”菜单（见图2-10），在菜单列表中有8个命令，其中前6个是常用命令，分别为“Group”（编组）、“Ungroup”（解组）、“Open”（打开组）、“Close”（关闭组）、“Attach”（结合）、“Detach”（分离）。

（1）Group：选中想要编辑成组的所有物体，然后选择“Group”命令就可以将其编辑成组。所谓的组是指物体的集合，成组后的物体将变为一个整体，遵循整体命令操作。

（2）Ungroup：与“Group”命令相反，“Ungroup”命令用于将选中的组解体。

（3）Open：如果在物体编辑成组以后，还想对其中的个体进行操作，那么可以执行该命令。选择“Open”命令之后，物体的集合周围会出现一个粉红色的边框，可以对其中的个体进行编辑操作。

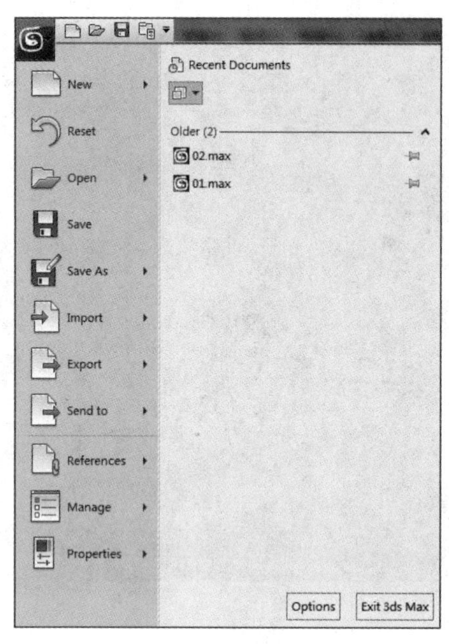

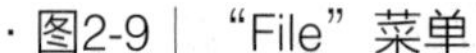
·图2-9 | “File”菜单

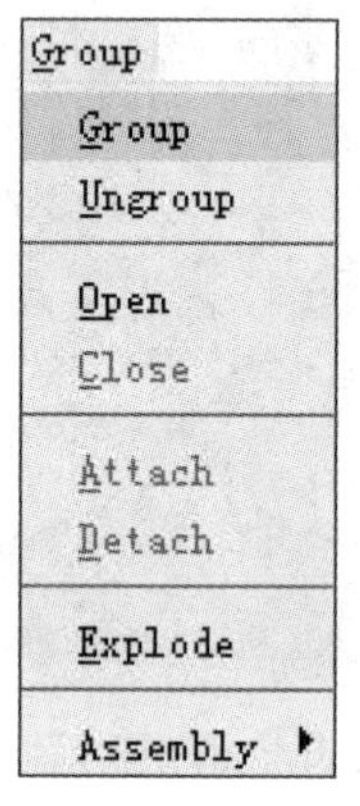

·图2-10 | “Group”菜单

（4）Close：与“Open”命令相反，“Close”命令用于将已经打开的组关闭。

（5）Attach：如果想把一个物体加入已经存在的组，可以执行该命令。具体操作为，先选中想要加入组的物体，选择“Attach”命令，然后单击组或组周围的粉红色边框，这样选中的物体就加入了已存在的组。

（6）Detach：与“Attach”命令相反，“Detach”命令是将物体从组中分离的操作命令。首先需要将组打开，选中想要分离出组的物体，然后选择“Detach”命令，这样物体就从组中分离出去了。

“Explode”（炸组）和“Assembly”（组装）命令在游戏制作中很少使用，这里不做过多讲解。“Group”菜单中的命令在制作大型场景的时候非常有用，用户可以利用这些命令对场景中的大量物体进行整体和局部操作。接下来针对快捷按钮区中的每一组按钮进行详细讲解。

2.2.1 撤销与物体绑定按钮组

撤销与物体绑定按钮组如图2-11所示。

·图2-11 | 撤销与物体绑定按钮组

（1）“Undo”（撤销）按钮：该按钮用于取消上一步操作，当操作有误想取消上一步操作时可以执行该命令，快捷键是【Ctrl+Z】。默认的最大撤销步数为20步，这个数值是可以设置的，在菜单栏的“Customize”（自定义）菜单列表中选择“Preferences”（参考设置）选项，在

"General"（常规）选项卡的"Scene Undo"（撤销场景步数）选项组中可设置需要的"Levels"（步数）数值（见图2-12）。

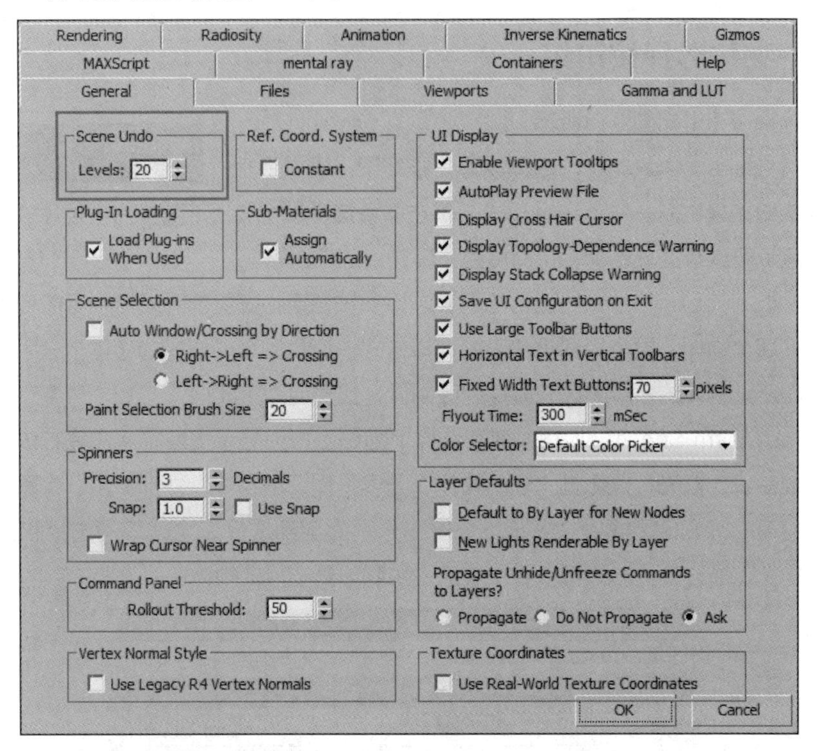

· 图2-12 | 设置撤销步数

（2）"Redo"（取消撤销）按钮：当执行撤销命令后，想取消撤销操作并返回最后一步操作时可以单击该按钮，快捷键为【Ctrl+Y】。

（3）"Select and Link"（物体选择绑定）按钮：假设在场景中有A物体和B物体，如果想让B物体成为A物体的子级物体，并且在A物体移动、旋转、缩放时B物体也随之进行，就可应用该按钮。具体操作为，先选中B物体，单击"Select and Link"按钮，然后将鼠标指针移动到B物体上，这时会出现绑定图标，按住鼠标左键将B物体拖曳到A物体上即可完成绑定操作。此时B物体成为A物体的子级物体，对应的A物体就成为B物体的父级物体，在层级关系列表中可查看两者的关系。父级物体能影响子级物体，但子级物体不能影响父级物体。

该按钮在游戏场景制作中十分重要。例如，在一个复合建筑场景中，可以把一座宫殿和附属的回廊、阙楼及相关建筑绑定在一起，这将使场景的整体操作变得更方便、快捷。

（4）"Unlink Selection"（取消绑定）按钮：假设A物体和B物体之间存在绑定关系，如果想要取消它们之间的绑定关系则可以应用该按钮。具体操作为，先同时选中A物体和B物体，再单击该按钮即可将二者的绑定关系取消。

（5）“Band to Space Warp”（空间绑定）按钮：该按钮主要针对3ds Max的空间和力学系统，在游戏场景制作中较少涉及，所以这里不做详细讲解。

2.2.2 物体选择按钮组

物体选择按钮组如图2-13所示。

·图2-13｜物体选择按钮组

（1）“Select Object”（选择物体）按钮：通常鼠标指针为箭头时的模式就是物体选择模式，单击即可选择单个物体，拖曳鼠标可进行区域选择，快捷键为【Q】。

（2）“Select by Name”（物体列表选择）按钮：在复杂的场景中可能包含几十、上百甚至几百个物体，要想用通常使用的选择方式快速找到想要选择的物体十分困难，单击该按钮输入所选物体的名字即可立即找到该物体，快捷键为【H】。

“Select Form Scene”（物体列表选择）窗口上方为显示类型，从左往右依次为几何模型、二维曲线、灯光、摄像机、辅助物体、力学物体、组物体、外部参照、骨骼对象、容器、被冻结物体及隐藏物体，右侧的3个按钮分别为全部选择、全部取消选择和反向选择（见图2-14）。通过分类选择可以更加快速地找到想要选择的物体。

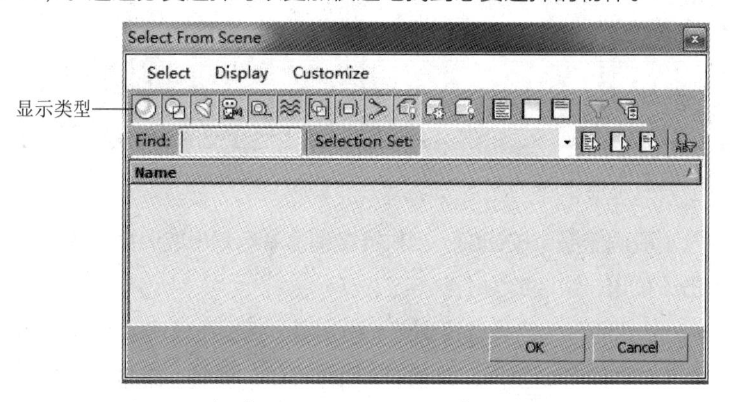

·图2-14｜“Select Form Scene”窗口

（3）“Rectangular Selection Region”（区域选择）按钮：在物体选择模式下拖曳鼠标即可出现区域选择框，可对多个物体进行整体选择。按住“Rectangular Selection Region”按钮会出现下拉列表，在其中可以选择不同的区域选择方式，包括矩形选区、圆形选区、不规则直线选区、曲线选区和笔刷选区（见图2-15）。

（4）“Window/Crossing”（半选/全选模式）按钮：默认状态下为半选模式，即与选框接触就可以被选中。单击该按钮进入全选模式，在全选模式下物体必须全部纳入选框内才能被选中。

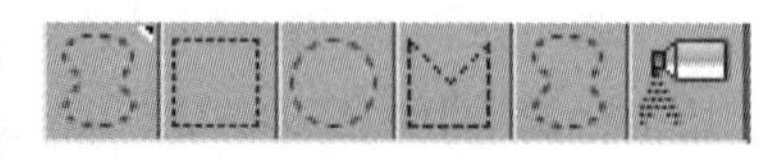

·图2-15｜区域选择方式

2.2.3 物体基本操作与中心设置按钮组

物体基本操作与中心设置按钮组如图2-16所示。

· 图2-16 | 物体基本操作与中心设置按钮组

（1）“Move”（移动）按钮：选择物体并单击该按钮可在x轴、y轴、z轴3个轴向上完成物体的移动操作，快捷键为【W】。

（2）“Rotate”（旋转）按钮：选择物体并单击该按钮可在x轴、y轴、z轴3个轴向上完成物体的旋转操作，快捷键为【E】。

（3）“Scale”（缩放）按钮：选择物体并单击该按钮可在x轴、y轴、z轴3个轴向上完成物体的缩放操作，快捷键为【R】。

以上3种操作是在3ds Max中对物体进行的最基本的3种操作。在3个按钮上右击会出现参数设置窗口，在其中可以通过数值控制的方式对物体进行更为精确的移动、旋转和缩放操作。

（4）“Use Povit Point Center”（中心设置）按钮：按住该按钮会出现下拉列表，其中包括将全部物体的中心设为物体各自轴心的中心点、将全部物体的中心设为整体区域的中心、将全部物体的中心设为参考坐标系原点等命令。

如果物体的轴心出现偏差不在原来自身轴心的位置怎么办？这里有一个小技巧，在主界面右侧的工具命令面板区中选择“Hierarchy”（层级）面板，然后在“Pivot”（轴心）选项卡下进行相应设置就可以重置物体的轴心（见图2-17）。

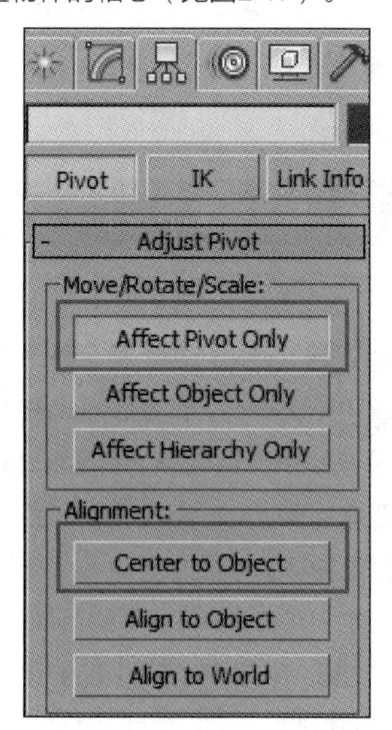

· 图2-17 | 物体轴心的设置

2.2.4 捕捉按钮组

捕捉按钮组如图2-18所示。在每种捕捉中都可以捕捉到一些特定的元素，比如在标准捕捉中可以捕捉顶点、中点、面、垂足等。可以在“Grid and Snap Settings”（栅格和捕捉设置）对话框中对这些元素进行设置（见图2-19），其中较常使用的是“Angle”（角度）选项。通过设置可以让选中的物体按设定角度的倍数进行旋转，这对于模型操作中的大幅度旋转和精确旋转非常有用。

· 图2-18 | 捕捉按钮组

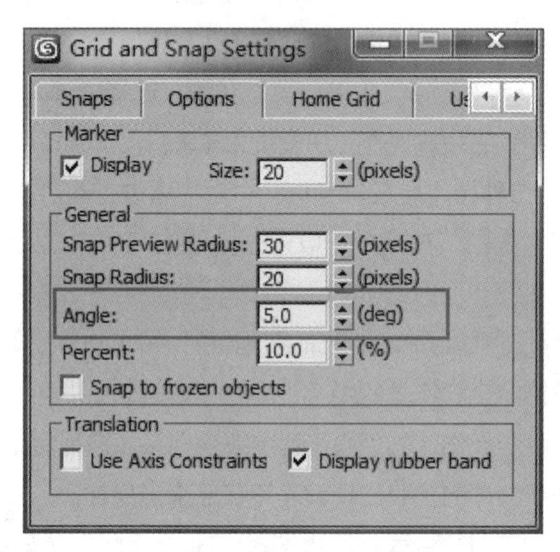

· 图2-19 | 设定旋转角度

2.2.5 镜像与对齐按钮组

镜像与对齐按钮组如图2-20所示。

· 图2-20 | 镜像与对齐按钮组

（1）“Mirror”（镜像）按钮：该按钮用于将选择的物体进行镜像复制。选择物体后单击此按钮会出现镜像设置窗口（见图2-21），在该窗口中可以设置镜像的“Mirror Axis”（参考轴向）、“Offset”（镜像偏移）及“Clone Selection”（克隆方式）等。如果在“Clone Selection”选项组中选择“No Clone”（不进行克隆）单选按钮，那么最终将选择的物体进行镜像复制后不会保留原物体。如果想要对多个物体进行整体镜像操作，可以将全部物体编辑成组后再进行镜像操作。

（2）“Align”（对齐）按钮：假如有A物体和B物体，选择A物体后单击“Align”按钮，再单击B物体会出现对齐设置窗口，在该窗口中可以设置对齐轴向和对齐方式（见图2-22）。“Align Position”（对齐位置）下方的3个复选框分别表示选中后按照*x*轴、*y*

轴、z轴3个相应轴向进行对齐操作。“Current Object”为当前选择物体，“Target Object”为目标对齐物体，两个选项组中的选项分别为不同的对齐方式，常用的为“Pivot Point”（轴心点）对齐。

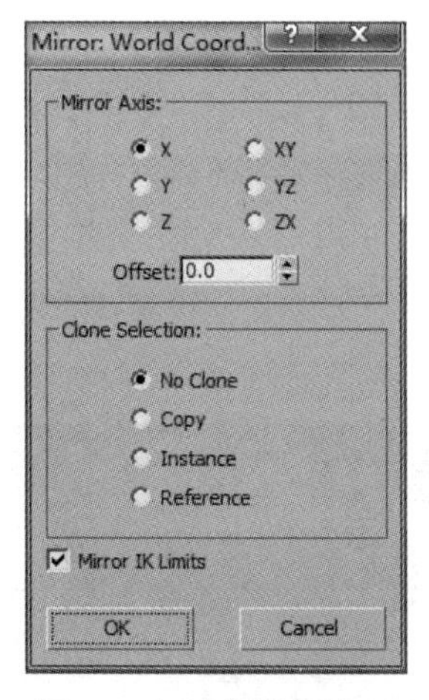

·图2-21 | 镜像设置窗口

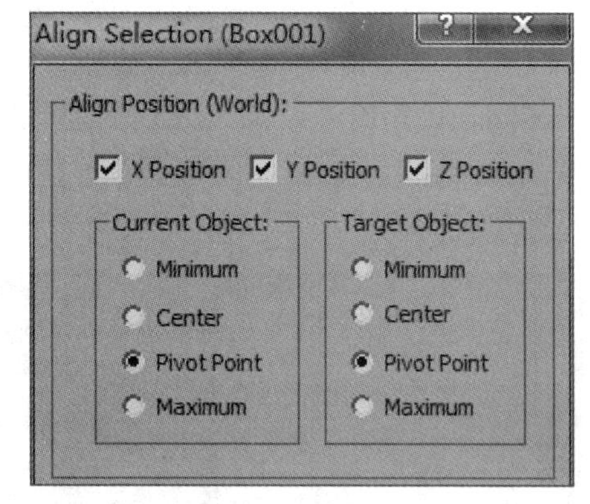

·图2-22 | 对齐设置窗口

（3）“Graphite Modeling Tools”（石墨）工具：该按钮用于打开和关闭石墨工具栏，即快捷工具菜单，可以以更加快捷、直观的操作方式来进行模型的编辑和制作。

（4）“Material Editor”（材质编辑器）按钮：该按钮用于开启材质编辑器，对物体的材质和贴图进行设置，快捷键为【M】。

（5）“Quick Render”（快速渲染）按钮：该按钮用于将所选视图中的物体用渲染器进行快速预渲染，快捷键为【Shift+Q】。

其他按钮在游戏场景制作中较少使用，这里不做过多讲解。

2.3 | 3ds Max视图操作

视图区作为3ds Max中的可视化操作窗口，是其最主要的工作区域。熟练掌握3ds Max视图操作是三维游戏美术设计师必备的基础技能，而设计师操作的熟练程度也直接影响着项目的进度。

在3ds Max主界面的右下角是视图操作按钮，涵盖了几乎所有的基本视图操作，但在实际制作中这些按钮的实用性并不大，因为如果仅靠按钮来完成视图操作，那么整体的制作效率将大大降低。在实际的三维设计和制作中更多的是用快捷键来代替按钮操作，能熟练运用快捷键来操作3ds Max也是三维游戏美术设计师的基本要求之一。

3ds Max视图操作大致可概括为以下几个方面：视图选择与快速切换、单视图窗口的基本操作及视图中右键菜单的操作。下面将针对这几个方面做详细讲解。

2.3.1 视图选择与快速切换

3ds Max中默认的视图模式是四视图模式，四视图即Top（顶视图）、Front（正视图）、Left（侧视图）和Perspective（透视图）。但这种四视图模式并不是唯一的、不可变的。单击视图左上角的“+”，在出现的菜单中选择“Configure Viewports”（视图设置），会出现视图设置窗口，在“Layout”（布局）选项卡中可以针对自己喜欢的视图样式进行选择（见图2-23）。

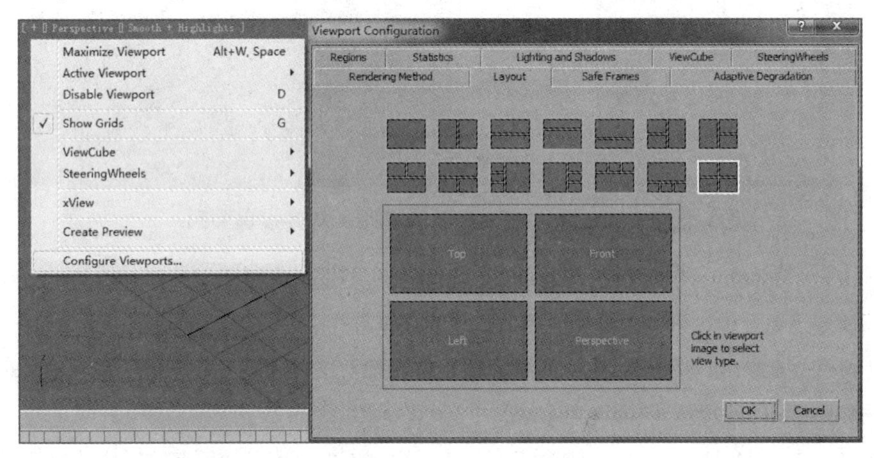

· 图2-23 | 视图设置窗口

在四视图模式下，不仅能显示透视或用户视图窗口，还能显示不同视角的视图窗口，让针对模型的操作更加便捷、精确。在选定的多视图模式中，把鼠标指针移动到视图框体边缘可以自由调整各视图的大小；如果想恢复原来的设置，只需要把鼠标指针移动到所有分视图框体交接处，在出现移动符号后右击，在弹出的快捷菜单中选择“Reset Layout”（重置布局）命令即可。

下面简单介绍一下不同的视图角度：经典四视图模式中的顶视图是指从模型顶部正上方俯视的视角（见图2-24左上图）；正视图是指从模型正前方观察的视角（见图2-24右上图）；侧视图是指从模型正侧面观察的视角（见图2-24左下图）；透视图是以透视角度来观察模型的视角（见图2-24右下图）。除此以外，常见的视图还包括Bottom（底视图）、Back（背视图）、Right（右视图）等。

在实际的模型制作中，透视图并不是最合适的显示视图，最常用的为Orthographic（用户视图）。它与透视图最大的区别是，用户视图中的物体没有透视关系，这样更利于在编辑和制作物体时对其进行观察（图2-25左图所示为透视图，右图所示为用户视图）。

· 图2-24 | 经典四视图模式

· 图2-25 | 透视图与用户视图的对比

在视图左上角“+”的右侧有两个选项，单击分别可以显示视图模式菜单（见图2-26左侧）和视图显示模式菜单（见图2-26右侧）。视图模式菜单主要用于设置当前视图窗口的模式，包括透视图、用户视图、顶视图、底视图、正视图、背视图、侧视图、右视图等。无论是在选中的当前视图模式下，还是在单视图模式下，都可以直接通过快捷键来快速切换不同角度的视图。切换多视图和单视图的默认快捷键为【Alt+W】，当然所有的快捷键都是可以设置的。

在多视图模式下要想选择不同角度的视图，单击相应视图即可，被选中的视图周围会出现黄色边框。这里会涉及一个问题：在复杂的包含众多物体的场景中选择了一个物体，同时想要切换视图角度，如果直接单击其他视图，那么在其他视图被选中的同时会丢失对该物体的选择。如何避免出现这个问题？其实很简单，右击想要选择的视图即可，这样既不会改变物体的选择状态，同时能激活想要切换的视图。这是在实际操作中经常用到的一个技巧。

视图显示模式菜单主要用于切换当前视窗中物体的显示模式，包括5种显示模式：Smooth + Highlights（光滑高光）、Hidden Line（屏蔽线框）、Wireframe（线框）、Flat

（自发光）及Edged Faces（线面）。

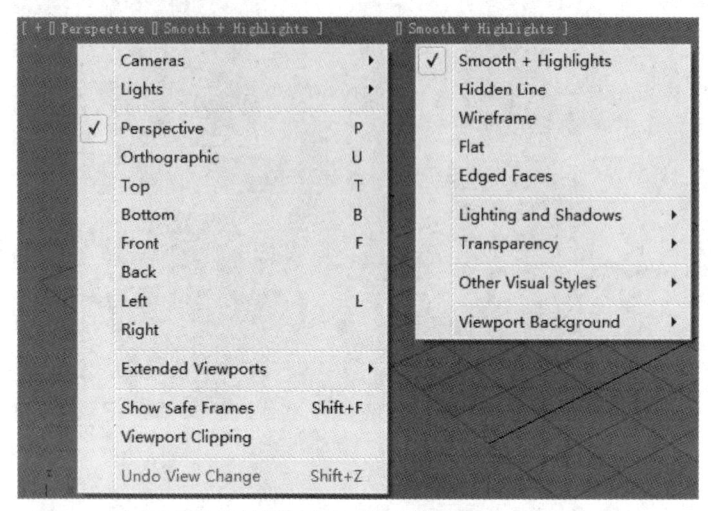

· 图2-26 | 视图模式菜单和视图显示模式菜单

Smooth + Highlights模式是物体的默认显示模式，在这种模式下物体受3ds Max场景中内置灯光的影响；在Smooth + Highlights模式下可以同步激活Edged Faces 模式，这样可以同时显示物体的线框；Wireframe模式就是隐藏物体，只显示线框的显示模式。不同显示模式之间可以通过快捷键切换，按【F3】键可以切换到Wireframe模式，按【F4】键可以激活Edged Faces模式。通过合理地切换与选择显示模式，可以使物体的制作更加便捷。图2-27所示分别为其中3种显示模式。

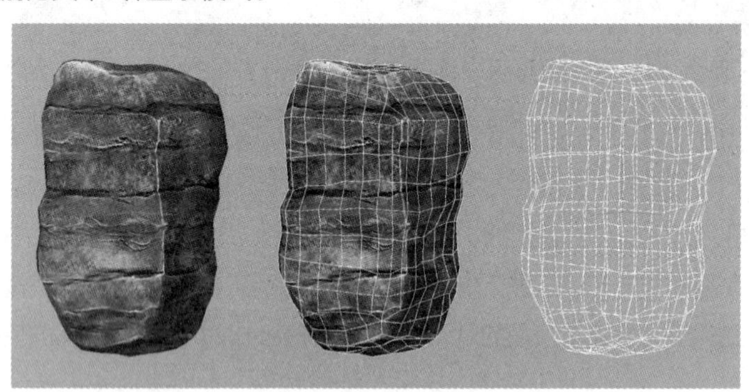

· 图2-27 | Smooth + Highlights模式、Edged Faces模式和Wireframe模式

3ds Max 9.0之后的版本中又加入了Hidden Line模式和Flat模式，这是两种特殊的显示模式。Flat模式的显示效果类似于模型自发光的显示效果；而Hidden Line模式类似于叠加了线框的Flat模式，在没有贴图的情况下物体显示为带有线框的自发光灰色，添加贴图后将同时显示贴图和线框。这两种显示模式对三维游戏制作来说非常有用，尤其是Hidden Line模式，它可以极大地提高即时渲染和显示的速度。

2.3.2 单视图窗口的基本操作

单视图窗口的基本操作主要包括视图焦距推拉、视图角度转变、视图平移操作等。

视图焦距推拉主要用于视图整体操作与精确操作、宏观操作与微观操作的转变：视图推进可用于更精细的模型调整和制作，视图拉出可用于对整体模型场景进行调整和操作。视图焦距推拉的具体操作方法为按住【Ctrl+Alt】组合键，同时按住鼠标中键并拖曳鼠标。在实际操作中更为快捷的操作方式是使用鼠标滚轮，滚轮往前滚动为视图推进，滚轮往后滚动为视图拉出。

视图角度转变主要用于进行不同角度的视图旋转，方便从各个角度和方位对模型进行操作。具体操作方法为同时按住【Alt】键与鼠标中键，然后拖曳鼠标进行不同方向的旋转操作。右下角的视图操作按钮还可以用来设置不同轴向基点的旋转，最常用的是"Arc Rotate Subobject"（弧形旋转次物体）按钮，它是以选中的物体为旋转轴向基点进行视图旋转。

视图平移操作用于在视图中进行不同模型的查看与选择，按住鼠标中键就可以进行上、下、左、右不同方位的平移操作。在3ds Max右下角的视图操作按钮中按住"Pan View"（移动视图）按钮可以切换为Walk Through（穿行模式），这是3ds Max 8.0后增加的功能，这个功能对游戏制作尤其是三维场景制作来说十分有用。将制作好的三维游戏场景切换到透视图，通过穿行模式可以以第一人称视角感受游戏场景的整体氛围，这有助于设计师进一步发现场景制作中存在的问题。在切换为穿行模式后鼠标指针会变为圆形目标符号，使用【W】键和【S】键可以控制前后移动，使用【A】键和【D】键可以控制左右移动，使用【E】键和【C】键可以控制上下移动，转动鼠标滚轴可以查看周围场景，使用【Q】键可以调整移动速度快慢。

这里介绍一个小技巧：如果在一个大型复杂的场景制作文件中，当选定一个物体后进行视图平移操作，或者通过模型名称选择列表选择了一个物体，想快速将所选的物体归位到视图窗口的中间位置，这时可以通过按快捷键【Z】来实现视图中物体的快速归位。无论当前视图窗口与所选的物体处于怎样的位置关系，只要按【Z】键，都可以让被选中的物体在第一时间迅速移动到当前视图窗口的中间位置。如果当前视图窗口中没有被选择的物体，这时按【Z】键会将整个场景中的所有物体作为整体显示在当前视图窗口的中间位置。

3ds Max 2009之后的版本中加入了一个有趣的新工具——ViewCube（视图盒）。这是一个显示在视图右上角的工具图标，它以三维立方体的形式显示，并且可以进行各种角度的旋转操作（见图2-28）。盒子的不同面代表不同的视图模式，通过鼠标可以快速切换各种角度的视图。单击盒子左上角的房屋图标可以将视图重置到透视图坐标原点所在的位置。

另外，在切换单视图和多视图时，特别是切换到用户视图后，再切回透视图时经常会发现透视角度发生了改变。这里的视野角度是可以设定的，在视图左上角的"+"菜单中选择"Configure Viewports"（视图配置）选项，在打开的视图设置窗口的"Rendering

Method”（渲染模式）选项卡中可以设定“Field of View”（视野角度）的值，通常默认为45°（见图2-29）。

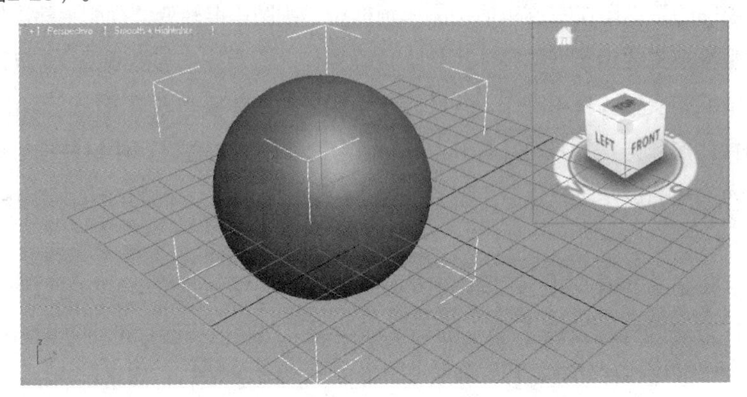

· 图2-28 | ViewCube

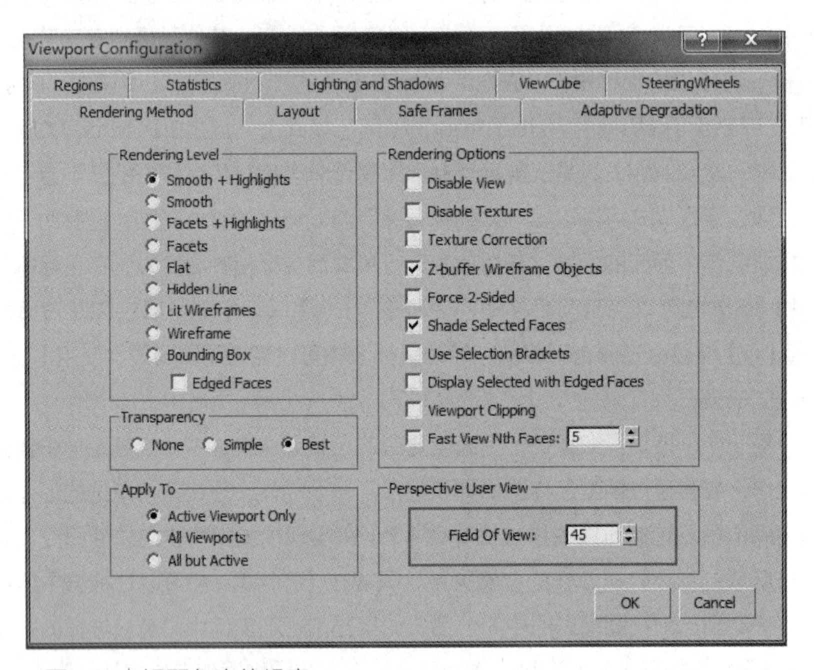

· 图2-29 | 视野角度的设定

2.3.3 视图中快捷菜单的操作

3ds Max的视图操作除了上面介绍的基本操作，还有一个很重要的部分就是视图中快捷菜单的操作。在3ds Max视图的任意位置单击鼠标右键都会出现一个灰色的多命令菜单，其中的命令通常是针对被选择的物体的，如果场景中没有被选择的物体，那么这些命令将无法独立执行。快捷菜单包括上下两大部分：Display（显示）和Transform（变形）。下面针对这两部分中的重要命令进行讲解。

在“Display”菜单中最重要的是“冻结”和“隐藏”两组命令，这是游戏场景制作中经常使用的命令。所谓“冻结”就是将物体锁定为不可操作状态，被冻结的物体仍然显示在视图窗口中，但无法对其执行任何命令和操作。冻结命令组中有2个命令：Freeze Selection是指对被选择的物体进行冻结操作，Unfreeze All是指取消所有被冻结物体的冻结状态。

通常被冻结的物体都会变为灰色并且会隐藏贴图显示，由于灰色与视图背景色相同，所以经常会造成制作上的不便。这里其实是可以设置的，在3ds Max视图窗口右侧“Display”（显示）面板下的“Display Properties”（显示属性）一栏中有一个“Show Frozen in Gray”（以灰色显示冻结对象）复选框，只需要取消勾选该复选框即可避免被冻结的物体变为灰色（见图2-30）。

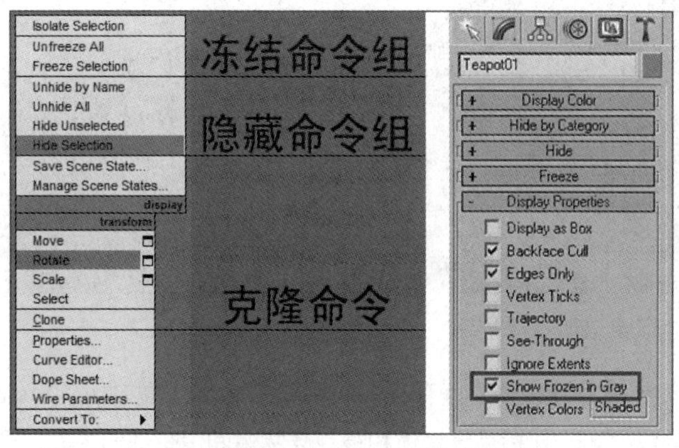

· 图2-30 | 视图快捷菜单与取消勾选相关选项

所谓“隐藏”，就是让物体在视图窗口中处于暂时消失、不可见的状态。“隐藏”不等于“删除”，被隐藏的物体只是处于不可见状态，但并没有从场景文件中消失，在执行相关操作后可以取消其隐藏状态。“隐藏”命令在游戏场景制作中是最常用的命令之一，因为在复杂的三维模型场景文件中，操作时经常会被其他物体阻挡视线，尤其是包含众多物体的大型场景文件，而“隐藏”命令恰恰解决了这个问题，让模型制作变得更加方便。

隐藏命令组中有4个常用命令：Hide Selection是指对被选择的物体进行隐藏操作，Hide Unselected是指对被选择物体以外的所有物体进行隐藏操作，Unhide All是指取消场景中所有物体的隐藏状态，Unhide by Name是指通过模型名称选择列表取消物体的隐藏状态。

在场景制作中如果其他物体阻挡了操作视线，除了使用刚刚介绍的隐藏命令还有一种方法能避免出现这种情况：选中阻挡视线的物体，按快捷键【Alt+X】，被选中的物体将变为半透明状态（见图2-31）。这样不仅不会影响物体的制作，而且能观察到前后物体的关系。

在“Transform”菜单中除了包含移动、旋转、缩放、选择、克隆等基本命令，还包括物体属性、曲线编辑、动画编辑、关联设置、塌陷等一系列高级命令。这里着重讲解一下“Clone”（克隆）命令。所谓“克隆”是指将一个物体复制为多个，快捷键为【Ctrl+V】。

对被选择的物体单纯地执行“Clone”命令或按快捷键【Ctrl+V】，是对该物体进行原地克隆操作；选择物体后按住【Shift】键并用鼠标移动、选择、缩放该物体，则是对该物体进行等单位的克隆操作，松开鼠标即会弹出克隆设置窗口（见图2-32）。

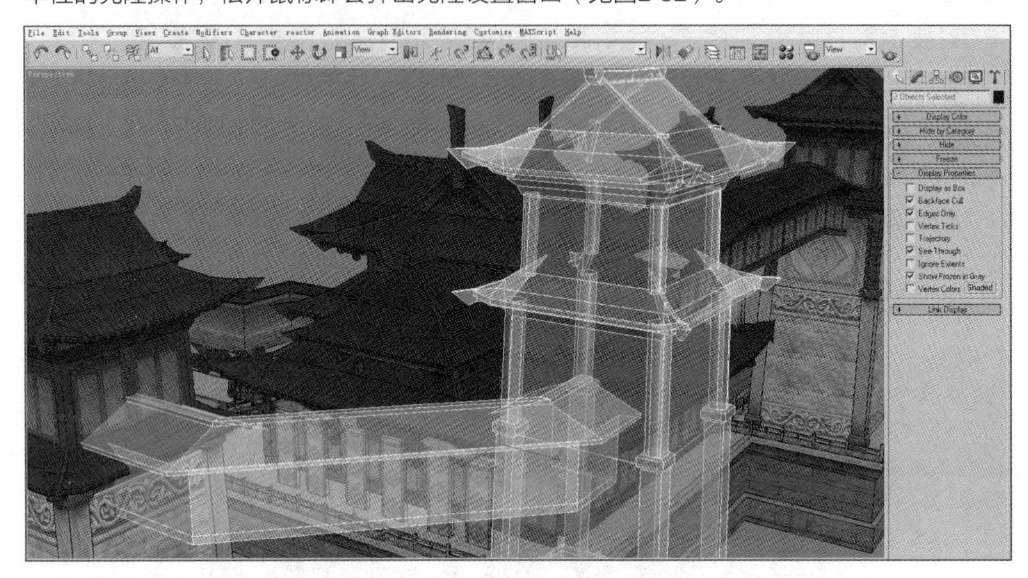

· 图2-31｜使物体以半透明状态显示

克隆后的物体与被克隆物体之间存在3种关系：Copy（复制）、Instance（实例）和Reference（参考）。Copy是指克隆物体和被克隆物体间没有任何关联，改变其中任何一方对另一方都没有影响；Instance是指进行克隆操作后，改变克隆物体的设置参数，被克隆物体也随之改变，反之亦然；Reference是指进行克隆操作后，改变被克隆物体的设置参数可以影响克隆物体，反之则不成立。这3种关系是3ds Max中物体之间常见的基本关系，在很多命令设置或窗口中经常能看到。在克隆设置窗口下方的“Name”文本框中可以输入克隆的序列名称。图2-33所示场景中的帐篷模型都是通过“Clone”命令实现的，这样可以节省大量的制作时间，提高工作效率。

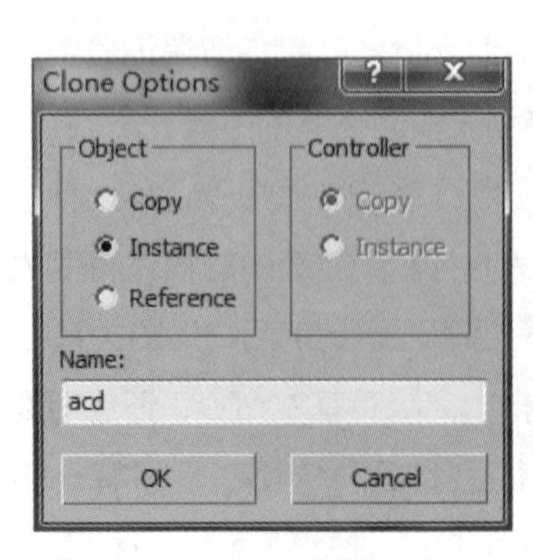

· 图2-32｜克隆设置窗口

· 图2-33｜利用克隆命令制作的场景

2.4 | 3ds Max模型的创建与编辑

建模是3ds Max的基础和核心功能，三维制作的各种工作任务都是在所创建的模型的基础上完成的。无论是在动画还是游戏制作领域，要想完成最终作品，首先需要解决的问题就是建模。以三维网络游戏制作为例，建模是游戏项目美术制作部分的核心工作内容，尤其是对三维场景美术设计师来说，他们每天最主要的工作内容都与模型有关。无论多么宏大、壮观的场景，都是从基础的模型开始搭建起来的。

在三维游戏场景制作中，建模的主要内容包括制作单体建筑模型、复合建筑模型、场景道具模型、雕塑模型、自然植物模型、山石模型、自然地理环境模型等。场景模型的制作方式与生物类角色模型的有所不同，游戏场景中的大多数模型不需要严格按照模型一体化的原则来创建。相较于图2-34左图所示的角色建模，在场景建模中允许不同的多边形物体之间相互交叉（见图2-34右图），这使游戏场景建模更加灵活、多变，在结构表现上不受多边形的限制，可以自由组合、搭配与衔接。

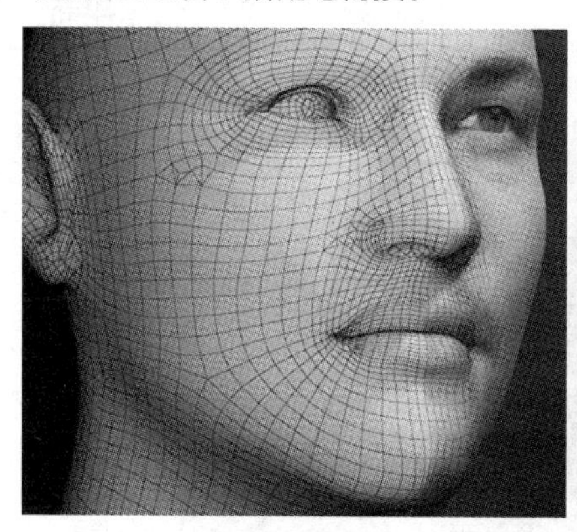

· 图2-34 | （相较于角色建模）场景建模允许模型面间的穿插

场景建模与角色建模之间的区别很大，部分原因是受贴图方式的影响。角色模型之所以要遵循模型一体化创建的原则，是因为在游戏制作中角色模型必须要保证用尽量少的贴图张数。在赋予模型贴图之前调整UV分布的时候，必须要把整个模型的UV线均匀平展在一张贴图内，这样才能保证最终的模型贴图准确。而场景建模则恰好相反，场景模型的贴图大多是循环贴图，不需要把UV线都平展到一张贴图中，每一部分结构或每一块几何体都可以选择不同的贴图，所以无论模型怎样穿插、衔接都不会有太大的影响。

3ds Max的建模技术内容繁杂，大家应有选择性地了解与三维游戏场景制作相关的建模知识，从基本操作入手，循序渐进地学习三维游戏场景模型的制作方法。

2.4.1 几何体模型的创建

在3ds Max右侧的工具命令面板区中，“Create”（创建）面板下的“Geometry”（几何体）下拉菜单主要用于创建几何体模型，其下拉菜单中的“Standard Primitives”（标准几何体）选项可用来创建标准几何体模型。表2-1所示为3ds Max所能创建的10种标准几何体模型的中英文对照。

· 表2-1　3ds Max 所能创建的10种标准几何体模型的中英文对照

英文	中文	英文	中文
Box	立方体	Cone	圆锥体
Sphere	球体	Geosphere	三角面球体
Cylinder	圆柱体	Tube	管状体
Torus	圆环体	Pyramid	角锥体
Teapot	茶壶	Plane	平面

其中常见的标准几何体模型如图2-35所示。

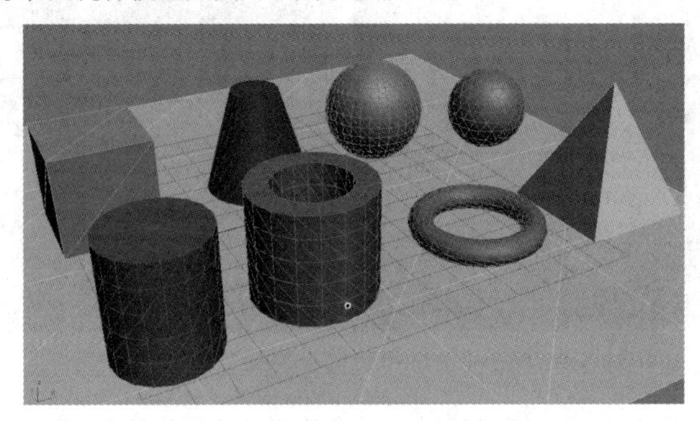

· 图2-35 | 3ds Max所能创建的常见标准几何体模型

在视图中通过鼠标拖曳即可完成模型的创建，在拖曳过程中单击鼠标右键可以随时取消创建。完成创建后切换到工具命令面板区中的“Modify”（修改）面板，可以对创建的几何体模型进行参数设置，包括长、宽、高、半径、角度、分段数等。在“Create”面板和“Modify”面板中都能对几何体模型的名称进行修改，名称后面的色块可用来设置几何体模型的边框颜色。

“Geometry”下拉菜单中的“Extended Primitives”（扩展几何体）选项可用于创建扩展几何体模型。扩展几何体模型的结构相对复杂，可调参数也更多（见图2-36）。大多数情况下，扩展几何体模型使用的机会比较少，因为这些模型都可以通过对标准几何体进行多边形编辑而得到。这里只介绍几种常用的扩展几何体模型：Chamfer Box（切角长方体）、Chamfer Cylinder（切角圆柱体）、L-Ext（L形延伸体）和C-Ext（C形延伸体）。尤其是L-Ext和C-Ext，它们可使场景建筑模型的墙体制作变得十分快捷、方便，设计人员就能在短时间内创建出各种形态的墙体模型。

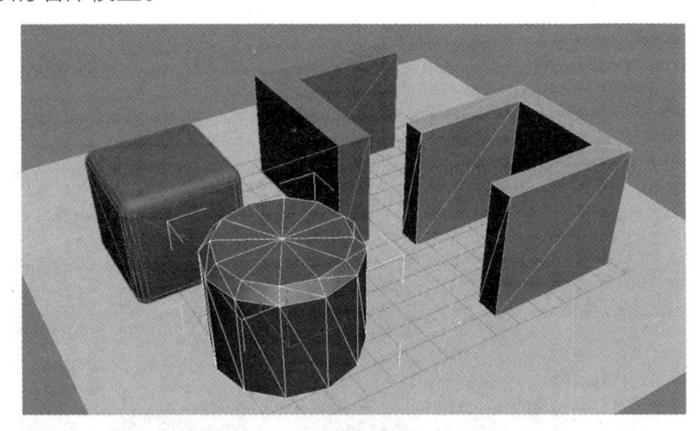

· 图2-36 | 常用的扩展几何体模型

另外还要特别介绍一组模型。在“Geometry”的下拉菜单中有一个“Stair”（楼梯）选项，选择该选项后会打开“Stair”面板。使用“Stair”面板中的模型工具能够创建4种不同类型的楼梯模型（见图2-37）：L-Type Stair（L形楼梯）、Spiral Stair（螺旋楼梯）、Straight Stair（直楼梯）和U-Type Stair（U形楼梯）。这些模型可用于三维游戏场景中楼梯的制作。

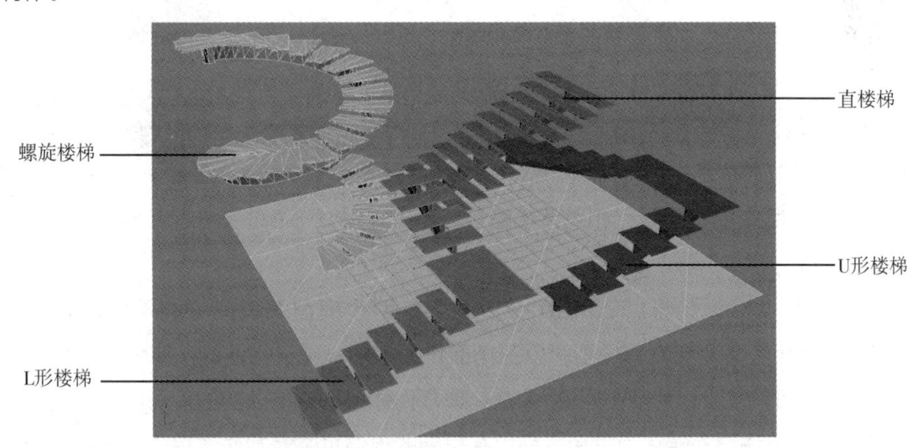

· 图2-37 | 各种楼梯模型

与几何体模型的创建相同，在视图窗口中选择相应的楼梯类型，拖曳鼠标即可创建出楼梯模型。然后在“Modify”面板中可以对其高矮、宽窄、楼梯步幅、楼梯阶数等参数进行详细设置和修改。这些参数的设置技巧只要经过多尝试即可掌握。

这里着重介绍楼梯参数中“Type”（类型）的设置。在“Type”面板中有3种类型可以选择，分别为Open（开放式）、Closed（闭合式）和Box（盒式）（见图2-38）。同一种楼梯模型通过不同类型的设置又可以变化为3种不同的形态。在游戏场景制作中最常用的是Box类型，在这种模式下通过多边形编辑可以制作出游戏场景中需要的各种基础阶梯结构（见图2-38）。

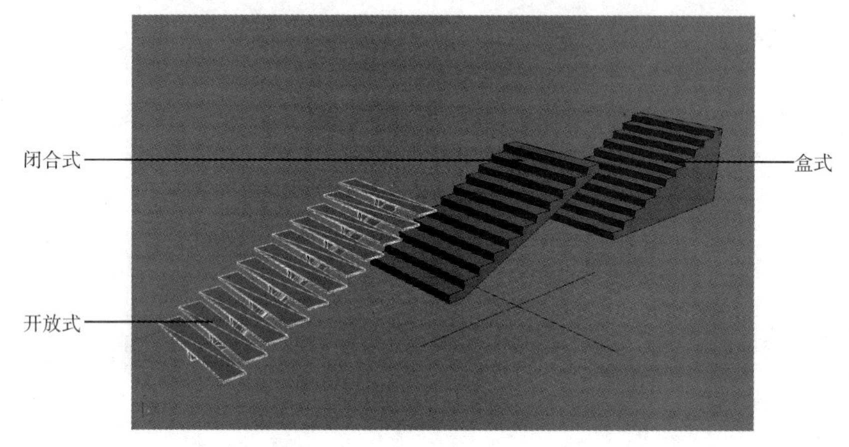

· 图2-38｜3种类型的楼梯结构

2.4.2 多边形模型的编辑

在3ds Max中创建标准几何体模型，这对真正的模型制作来说仅仅是第一步。不同形态的标准几何体模型为模型制作提供了一个良好的基础，之后要通过对模型的多边形编辑才能完成制作。在3ds Max 6.0以前的版本中，几何体模型的编辑主要是靠“Editable Mesh”（编辑网格）命令来完成的；在3ds Max 6.0之后，Autodesk公司研发出了更加强大的“Editable Poly”（编辑多边形）命令，并在之后的软件版本中不断强化和完善该命令。到3ds Max 8.0时，“Editable Poly”命令已经十分完善。

“Editable Mesh”与“Editable Poly”这两个模型编辑命令的不同之处在于，“Editable Mesh”命令在编辑模型时以三角面作为编辑基础，物体的所有编辑面最后都会转化为三角面；而“Editable Poly”命令在处理几何体模型时，以四边形面作为编辑基础，而且编辑面最后无法自动转化为三角形面。在早期的计算机游戏制作过程中，大多数游戏引擎技术支持的模型都为三角面模型，而随着技术的发展，“Editable Mesh”命令已经不能满足三维游戏制作中对模型编辑的需要，之后逐渐被强大的“Editable Poly”命令所代替。“Editable Poly”命令还可以和“Editable Mesh”命令自由转换，以应对各种不同的需要。

要使物体进入多边形编辑模式，可以通过以下3种方法。

（1）在视图窗口中右击物体，在弹出的快捷菜单中选择“Convert to Editable Poly”（塌陷为可编辑的多边形）命令，即可使物体进入多边形编辑模式。

（2）在3ds Max主界面右侧“Modify”面板的堆栈窗口中右击需要的物体，在弹出的快捷菜单选择“Convert to Editable Poly”命令，也可使物体进入多边形编辑模式。

（3）在堆栈窗口中对想要编辑的物体直接添加“Editable Poly”命令，也可让物体进入多边形编辑模式。添加“Editable Poly”命令后的物体在编辑的时候还可以返回上一级的模型参数设置界面，而上面两种方法则不可以，所以第三种方法相对来说灵活性更强。

在多边形编辑模式下共分为5个层级，分别是Vertex（点）、Edge（边）、Border（边界）、Polygon（多边形面）和Element（元素）。每个多边形从“点”“线”“面”到整体互相配合，共同为编辑多边形服务，通过不同层级的操作完成整体模型的搭建和制作。

在进入每个层级后，菜单窗口会出现不同层级的专属面板，同时所有层级还共享统一的多边形编辑面板。图2-39所示为多边形编辑面板，包括“Selection”（选择）、“Soft Selection”（软选择）、“Edit Geometry”（编辑几何体）、“Subdivision Surface”（细分表面）、“Subdivision Displacement”（细分位移）和“Paint Deformation”（绘制变型）6个面板选项。下面将介绍每个层级下子面板中常用的命令。

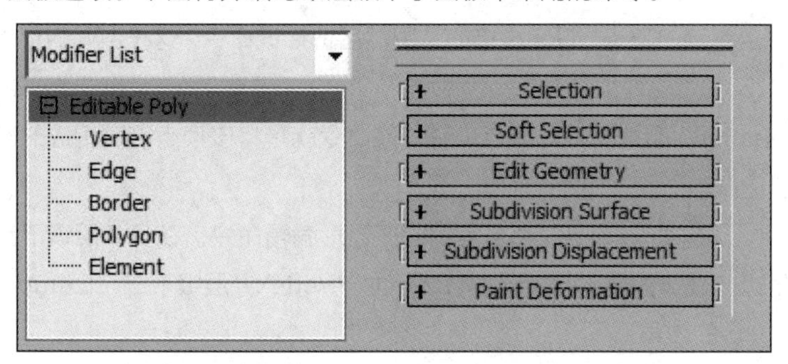

· 图2-39 | 多边形编辑面板

1. “Vertex”层级

“Vertex”（点）层级下的“Selection”面板中有一个重要的命令——“Ignore Backfacing”（忽略背面）。当执行该命令时，在视图中选择模型可编辑点时，将会忽略所有当前视图背面的点。该命令在其他层级中也同样适用。

“Edit Vertices”（编辑顶点）是“Vertex”层级下独有的层级面板，其中大多数命令都是常用的多边形编辑命令（见图2-40）。

（1）Remove（移除）：当物体上有需要移除的顶点时，选中顶点后再选择该命令即可移除选中的顶点。移除不等于删除，当移除顶点后该物体顶点周围的面还存在，而“Delete”命令则是将选中的顶点连同顶点所确定的面一起删除。

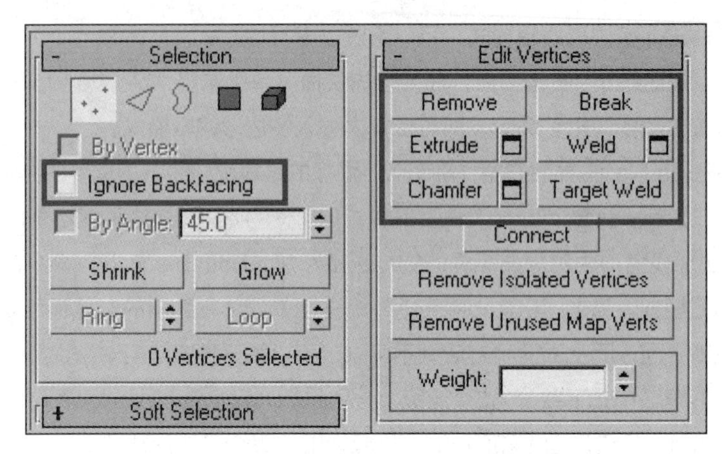

· 图2-40 | “Edit Vertices”层级面板中的常用命令

（2）Break（打散）：选中顶点后选择该命令，该顶点会被打散为多个顶点，打散后的顶点个数与打散前该顶点连接的边数有关。

（3）Extrude（挤压）：该命令是多边形编辑中常用的编辑命令，而“Vertex”层级的挤压简单来说就是将该顶点以突出的方式挤到物体以外。

（4）Weld（焊接）：该命令与“Break”命令刚好相反，是将不同的顶点结合在一起的命令。选中想要焊接的顶点，设定焊接的范围然后选择该命令，这样不同的顶点就结合到一起了。

（5）Chamfer（倒角）：对顶点来说，该命令就是将该顶点沿着相应的实线边以分散的方式形成新的多边形面的操作。

“Extrude”和“Chamfer”都是常用的多边形编辑命令，在多个层级下都有这两个命令，但每个层级的操作效果不同。图2-41所示为“Vertex”层级下的“Extrude”“Weld”“Chamfer”命令的效果。

· 图2-41 | “Vertex”层级下“Extrude”“Weld”“Chamfer”命令的效果

（6）Target Weld（目标焊接）：该命令的操作方式是，首先选择该命令，然后依次用鼠标单击想要焊接的顶点，这些顶点即被焊接到一起。需要注意的是，焊接的顶点之间必须有边相连接，类似于四边形面对角线上的顶点是无法焊接到一起的。

（7）Connect（连接）：选中两个没有边连接的顶点，选择该命令则会在两个顶点之间形成新的实线边。

在“Extrude”“Weld”和“Chamfer”命令按钮右侧都有一个方块按钮■，这表示该命令有子级菜单，可以在其中对相应的参数进行设置。

2. “Edge”（边）层级

在“Edit Edges”（编辑边）层级面板中（见图2-42），常用的命令主要有以下几个。

（1）Remove（移除）：该命令用于将被选中的边从物体上移除。与“Vertex”层级类似，该命令并不会将边周围的面删除。

（2）Extrude（挤压）：在“Edge”层级下“Extrude”命令的操作效果几乎等同于“Vertex”层级下的“Extrude”命令。

（3）Chamfer（倒角）：对边来说，该命令就是将选中的边沿相应的面扩散为多条平行边的操作，边的倒角才是通常意义上的多边形倒角，通过边的倒角可以让物体面与面之间形成圆滑的转折关系。

（4）Connect（连接）：对边来说，该命令就是在选中的边之间形成多条平行的边的操作。

“Edge”层级下的“Chamfer”和“Connect”命令也是多边形物体常用的布线命令。图2-43所示为“Edge”层级下“Extrude”“Chamfer”“Connect”命令的效果。

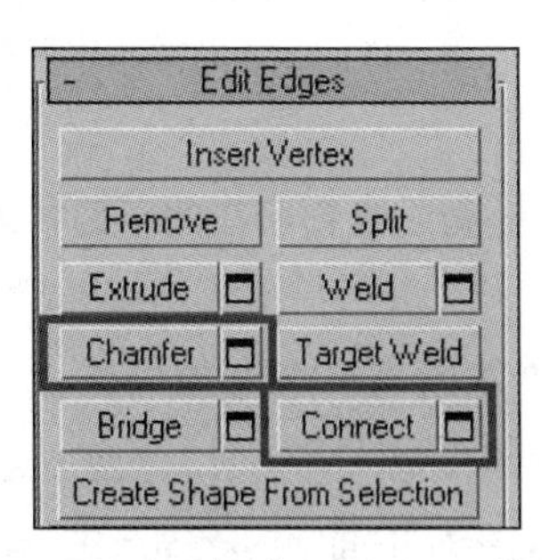

· 图2-42 | “Edit Edges”层级面板

· 图2-43 | “Edge”层级下“Extrude”“Chamfer”“Connect”命令的效果

（5）Insert Vertex（插入顶点）：在“Edge”层级下可以通过该命令在任意物体的实线边上插入一个顶点。该命令与之后要讲的共用编辑菜单下的“Cut”（切割）命令一样，都是多边形物体加点添线的重要手段。

3. “Border”（边界）层级

所谓的模型边界主要是指在可编辑的多边形物体中那些未完全处于多边形面之间的实线边。通常来说，“Edit Borders”层级面板中的命令较少用到，其中只有一个命令需要讲解，那就是“Cap”（封盖）命令（见图2-44）。该命令主要用于给模型中的边界封闭加面，在执行该命令后通常还要对新加的面重新布线和编辑。

4. “Polygon”（多边形面）层级

“Edit Polygons”层级面板中的大多数命令也是多边形模型编辑中常用的命令（见图2-45）。

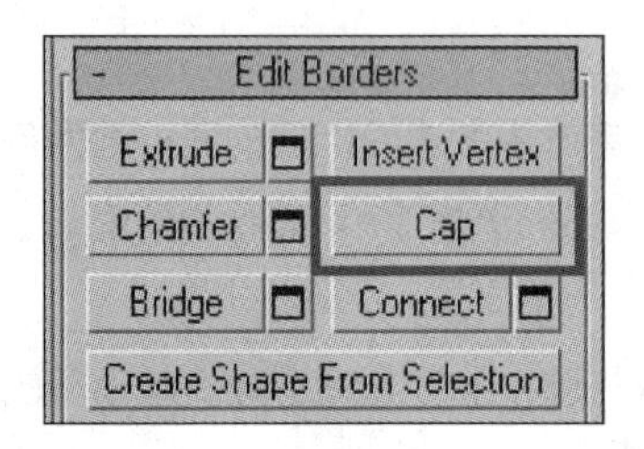

· 图2-44 | “Edit Borders”层级面板中最常用的“Cap”命令

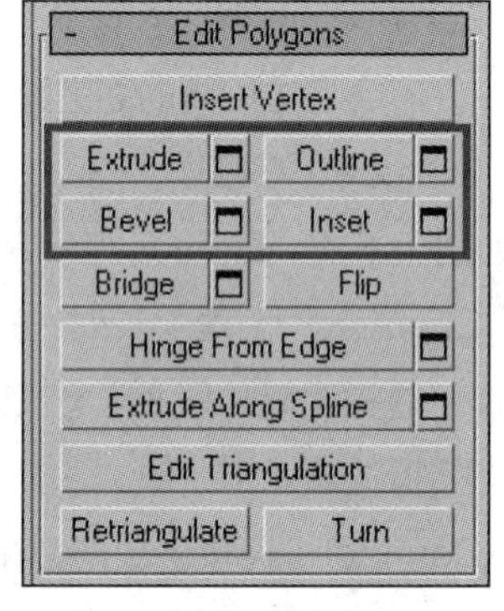

· 图2-45 | “Edit Polygons”层级面板

（1）Extrude（挤压）：在“Polygon”层级中的挤压就是将面沿一定方向挤压的操作。单击“Extrude”后面的■按钮，在弹出的菜单中可以设定挤压的方向，分为3种类型：Group为整体挤压，Local Normal为沿自身法线方向整体挤压，By Polygon为按照不同的多边形面分别挤压。

（2）Outline（轮廓）：选择该命令可使选中的多边形面沿着它所在的平面扩展或收缩。

（3）Bevel（倒角）：选择该命令可使多边形面挤压后再进行缩放操作，单击“Bevel”后面的■按钮可以设置挤压的方向和缩放操作的参数。

（4）Inset（插入）：选择该命令可使选中的多边形面沿所在平面向内收缩产生一个新的多边形面，单击“Inset”后面的■按钮可以设定插入操作的方式是整体插入还是分别按多边形面插入。通常“Inset”命令要配合“Extrude”和“Bevel”命令一起使用。图2-46更加直观地表现了“Polygon”层级下“Extrude”“Outline”“Bevel”“Inset”命令的效果。

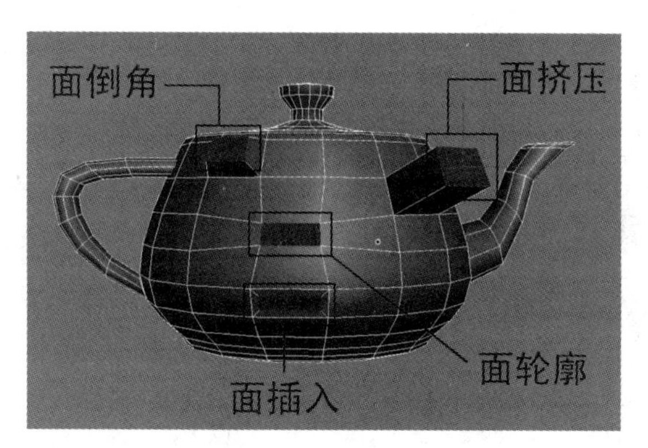

· 图2-46 | “Polygon”层级下“Extrude”“Outline”“Bevel”“Inset”命令的效果

（5）Flip（翻转）：选择该命令可使选中的多边形面进行翻转法线的操作。在3ds Max中，法线是指物体在视图窗口中可见性的方向指示。物体法线朝向我们代表该物体在视图中可见，相反则不可见。

另外，在“Polygon”层级下还需要介绍的是“Turn”（反转）命令，该命令不同于刚才介绍的“Flip”命令。虽然在多边形编辑模式中是以四边形面作为编辑基础的，但其实每一个四边形面仍然是由两个三角形面组成的，但划分三角形面的边是作为虚线边隐藏存在的，当调整顶点时这条虚线边恰恰是隐藏的转折边。当选择“Turn”命令时，所有隐藏的虚线边都会显示出来，然后单击虚线边就会使之反转方向。在制作某些物体，特别是游戏场景中的低精度模型时，“Turn”命令也是常用的命令之一。

在“Polygon”层级下还有一个十分重要的命令面板——“Polygon Properties”（多边形属性）层级面板，这也是“Polygon”层级下独有的设置面板，主要用于设定每个多边形面的材质序号和光滑组序号（见图2-47）。其中，“Set ID”数值框用于设置当前选择的多边形面的材质序号，“Select ID”数值框通过选择材质序号来选择该材质序号所对应的多边形面，“Smoothing Groups”选项区域中的数字方块按钮用于设定当前选择的多边形面的光滑组序号。模型光滑组的不同设置效果如图2-48所示。

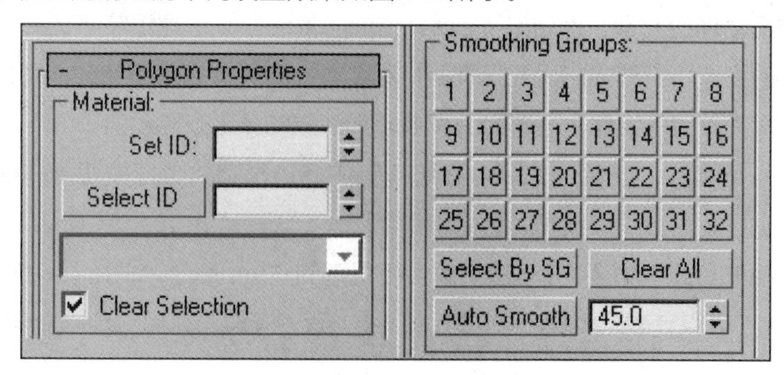

· 图2-47 | “Polygon Properties”层级面板

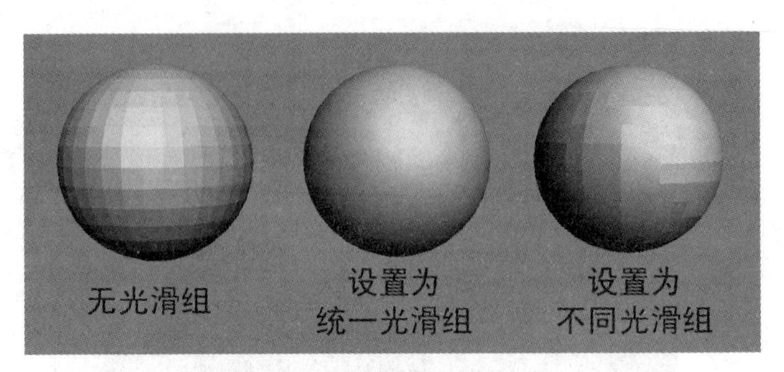

· 图2-48 | 模型光滑组的不同设置效果

5. “Element”（元素）层级

“Element”（元素）层级主要用于整体选取被编辑的多边形物体。该层级面板中的命令在游戏场景制作中较少用到，所以这里不做详细讲解。

以上就是多边形编辑模式下所有层级面板的详细讲解，下面来介绍所有层级都共用的“Edit Geometry”（编辑几何体）面板（见图2-49）。在制作游戏场景时该面板中的命令并不常用，下面讲解一下其中较常用的命令。

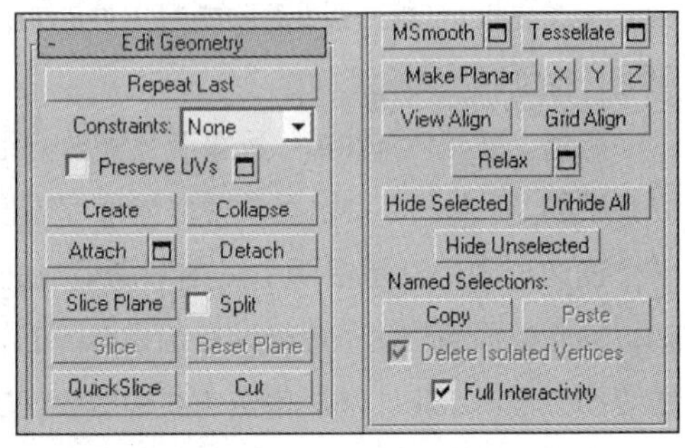

· 图2-49 | “Edit Geometry”面板

（1）Attach（结合）：该命令可使不同的多边形物体结合为一个可编辑的多边形物体。具体操作为，先选择“Attach”命令，然后选择想要结合的物体，这样被选择的物体就与之前的可编辑的多边形物体结合了。

（2）Detach（分离）：与“Attach”命令恰好相反，“Detach”命令可使可编辑的多边形物体的面或元素分离成独立的物体。具体操作方法为，进入多边形编辑模式下的“Polygon”或“Element”层级，选择想要分离的面或元素，然后选择“Detach”命令。此时会弹出一个命令窗口，勾选“Detach to Element”复选框可将被选择的面分离成当前可编辑的多边形物体的元素；而勾选“Detach as Clone”复选框可将被选择的面或元素克隆分离为独立的物体（被选择的面或元素保持不变）；如果什么都不勾选，则被选择的面或元素将直接分离为独立的物体（被选择的面或元素从原物体上删除）。

（3）Cut（切割）：选择该命令可在可编辑的多边形物体上直接切割并绘制新的实线边，这是物体进行重新布线和编辑的重要操作手段。

（4）Make Planar X/Y/Z：在多边形编辑模式下的“Vertex”“Edge”“Border”层级中选择该命令，可以使物体中被选中的点、线、面在x轴、y轴、z轴3个不同的轴向上对齐。

（5）Hide Selected（隐藏被选择）、Unhide All（显示所有）、Hide Unselected（隐藏被选择以外）：这3个命令同视图中快捷菜单中的命令完全一样，只不过这里是用来隐藏或显示不同层级下的点、线、面的。对于包含众多点、线、面的复杂物体，有时往往需要用隐藏和显示命令让模型制作更加方便、快捷。

最后介绍一下模型制作中即时查看模型面数的两种方法。第一种方法是利用Polygon Count（多边形统计）工具（见图2-50左图）查看。可以在工具命令面板区的最后一个工具面板中选择“Configure Button Sets”（快捷工具按钮设定）来打开Polygon Count工具。其中“Selected Objects”选项组显示当前所选择的多边形面数，“All Objects”选项组显示场景文件中所有模型的多边形面数。下面的“Count Triangles”和“Count Polygons”单选按钮用于切换显示多边形的三角形面和四边形面。第二种方法是在当前激活的视图中启动Statistics工具，快捷键为【7】。Statistics工具可以即时对场景中模型的点、线、面进行统计（见图2-50右图），但这种即时统计方法非常占用硬件资源，所以通常不建议该工具一直处于开启状态。

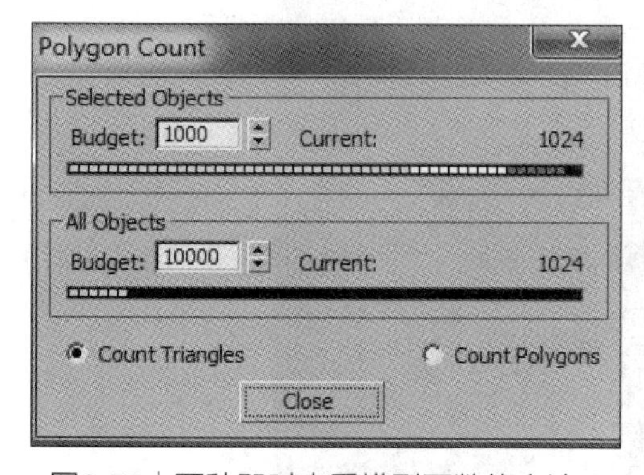

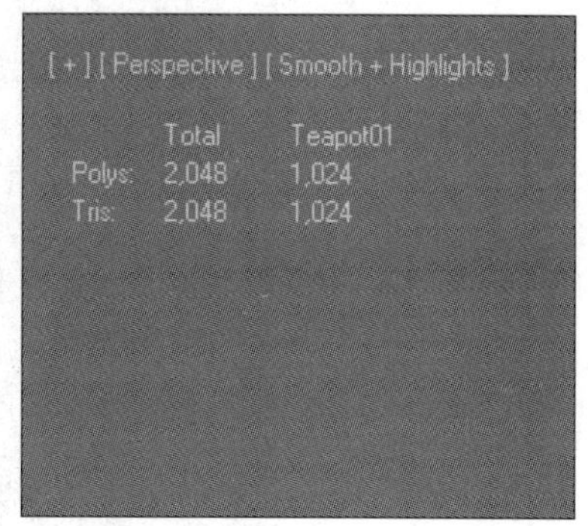

· 图2-50｜两种即时查看模型面数的方法

三维游戏场景最重要的特点就是真实性。所谓的真实性就是指在三维游戏中，玩家可以从各个角度观察游戏场景中的模型和各种美术元素。三维游戏引擎为玩家营造了一个360°的真实感官世界。在模型的制作过程中，设计师要时刻记住这个特点，保证模型的各个角度都具备模型结构和贴图细节的完整度，在制作中要通过视图多方位旋转观察模型，及时处理漏洞和错误。

另外，在游戏模型制作初期最容易出现的问题就是模型中存在大量的“废面”，因此要善于利用多边形计数工具，及时查看模型的面数，不断修改和整理模型，精简模型面。对于游戏中玩家视角以外的模型面，尤其是模型底部或者紧贴在一起的内侧的模型面都可以删除。

除了精简模型面，在多边形模型的编辑和制作时还要注意避免产生4条边以上的模型面，尤其是在切割和添加边线时，要及时利用“Connect”命令连接顶点。对游戏模型来说，自身的多边形面可以是三角形面或四边形面，但如果出现4条边以上的多边形面，那么在之后将模型导入游戏引擎时会出现错误，所以要极力避免这种情况的出现。

拓展训练

制作要点

本章主要学习了3ds Max的基础操作及多边形建模的各种知识和技巧，下面要求大家综合利用所学的知识来完成一个道具模型的制作练习，参考效果如图2-51所示。在制作前需要分析模型的基本结构，把握模型结构的几何形态特征，找到建模的基本思路和方法，然后在制作中熟练运用3ds Max中关于多边形建模的各项命令来完成模型的制作。

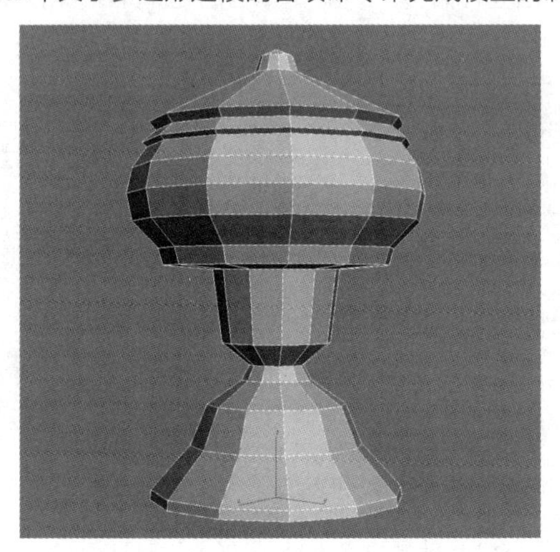

· 图2-51｜道具模型参考

制作思路

根据效果图中模型的结构，首先在3ds Max中创建圆柱体作为模型的中部结构；然后将其塌陷为可编辑的多边形，并利用多边形编辑模式下各层级面板中的“Extrude”“Bevel”“Inset”等命令进行编辑，分别向下制作出模型的底座、向上制作出模型的顶部。

第3章

3ds Max模型贴图技术详解

本章主要讲解3ds Max贴图坐标技术，包括UVW Map修改器和Unwrap UVW修改器的详细操作技巧、游戏模型材质球的设置、游戏模型贴图的基础知识和制作方法。

知识技能目标

- 熟练掌握3ds Max贴图坐标技术。

素养目标

- 提升游戏审美。
- 培养规范意识，养成遵守行业标准和规范的习惯。

对三维游戏美术设计师来说，仅利用3ds Max完成模型的制作是远远不够的，三维模型的制作只是开始，是之后工作流程的基础。如果把三维制作看作绘画，那么模型的制作只相当于绘画的初步线稿，后面还要为作品上色，而在三维制作过程中，UV、材质及贴图的相关工作就相当于绘画中的上色工作。

在三维游戏场景制作中，贴图比模型更重要。由于游戏引擎显示及硬件负载的限制，游戏场景模型对模型面数的要求十分严格，模型在不能增加面数的前提下还要尽可能地展现物体的结构和细节，这就必须依靠贴图来实现。由于场景建筑模型不同于生物模型，不可能把所有的UV网格都平展到一张贴图上，那么如何用少量的贴图完成大面积模型的整体贴图工作呢？这就需要三维美术设计师来把握和控制，这种能力也是三维美术设计师必须具备的。本章将详细讲解模型UV的设置、游戏材质及贴图的理论知识和制作方法。

3.1 | 3ds Max贴图坐标技术

3ds Max贴图坐标技术详解

在3ds Max中默认状态下的物体，想要正确显示贴图材质，必须先对其“UVW Coordinates”（贴图坐标）进行设置。所谓“贴图坐标”就是物体确定自身贴图位置关系的一种参数，通过正确设置贴图坐标让模型和贴图之间建立相应的关系，保证贴图材质正确地投射到物体表面。

模型在3ds Max中的三维坐标用“X”“Y”“Z”来表示，而贴图坐标则使用“U”“V”“W”与其对应，如果把位图的垂直方向设定为“V”，水平方向设定为“U”，那么它的贴图像素坐标就可以用“U”“V”来表示，从而确定其在物体表面的位置。在3ds Max的“Create”面板中建立标准几何体模型，在创建的时候系统会为其自动生成相应的贴图坐标。例如，当创建一个BOX模型并为其添加一张位图时，它的6个面会自动显示出这张位图。但对一些模型，尤其是利用“Editable Poly”命令编辑制作的多边形模型来说，自身不具备正确的贴图坐标，这就需要为其设置和修改UVW贴图坐标。

进行模型贴图坐标的设置和修改时，通常会用到两个关键的修改器：UVW Map（贴图）和Unwrap UVW（展开贴图坐标）。它们的启用命令可以在“Modify”面板堆栈命令下拉列表里找到需要勤加练习才能熟练掌握其使用技巧。下面来学习这两个修改器的具体参数设置和操作方法。

3.1.1 UVW Map修改器

UVW Map修改器的基本参数包括“Mapping”（投影方式）、“Channel”（通道）、“Alignment”（调整）和“Display”（显示）4个选项组，其中最常用的是“Mapping”和“Alignment”选项组。在堆栈窗口中添加UVW Map修改器后，可以单击前面的“+”展

开Gizmo层级，进入“Gizmo”层级后可以对其进行移动、旋转、缩放等操作，对Gizmo线框的编辑操作同样会影响模型贴图坐标的位置关系和贴图的投影方式。

1.“Mapping”选项组

“Mapping”选项组中包含贴图对于物体的7种投影方式和相关参数（见图3-1），分别是Planar（平面）、Cylindrical（圆柱）、Spherical（球面）、Shrink Wrap（收缩包裹）、Box（立方体）、Face（面贴图）和XYZ to UVW。要根据不同形态的物体选择合适的贴图投影方式，以便之后展开贴图坐标。下面介绍各种投影方式的原理和具体应用方法。

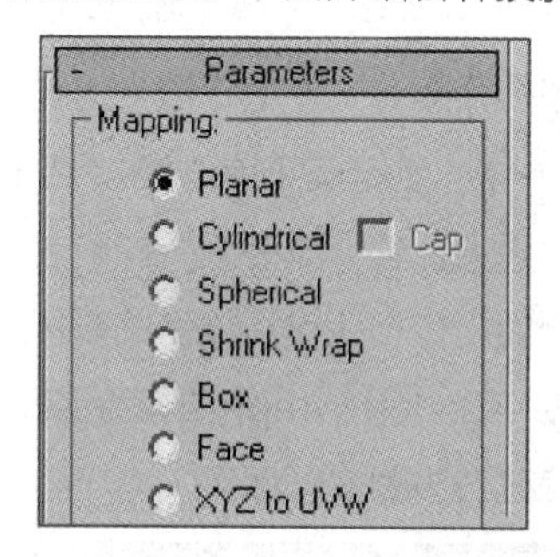

·图3-1 | “Mapping”选项组中的7种投影方式

（1）Planar：这种方式是将贴图以平面的方式映射到物体表面（见图3-2左图）。它的投影平面就是Gizmo的平面，所以通过调整Gizmo平面就能确定贴图在物体上的贴图坐标位置。Planar方式适用于纵向位移较小的平面物体，这是游戏场景制作中最常用的贴图投影方式之一。一般在可编辑多边形的面层级下选择想要贴图的表面，然后添加UVW Mapping修改器选择平面投影方式，并在Unwrap UVW修改器中调整贴图位置。

（2）Cylindrical：这种方式是将贴图沿着圆柱体侧面映射到物体表面（见图3-2中图）。它将贴图沿着圆柱的四周进行包裹，最终圆柱立面的左侧边界和右侧边界相交。相交处的贴图接缝也是可以控制的，单击进入“Gizmo”层级可以看到Gizmo线框上有一条绿线，这就是控制贴图接缝的标记，通过旋转Gizmo线框可以控制接缝在模型上的位置。“Cylindrical”单选按钮后面有一个“Cap”复选框，勾选该复选框，圆柱的顶面和底面将分别使用平面贴图。在游戏场景制作中，大多数建筑模型的柱子或类似的柱形结构的贴图都是用Cylindrical方式来实现的。

（3）Spherical：这种方式是将贴图沿球体内表面映射到物体表面（见图3-2右图）。其实球面贴图与圆柱贴图类似，贴图的左端和右端同样会在物体表面形成一个接缝，同时贴图上下边界分别在球体两极收缩成一个点，这与地球仪十分相似。为角色的脸部模型贴图时，通常使用Spherical方式。

·图3-2｜Planar、Cylindrical和Spherical方式

（4）Shrink Wrap：这种方式是将贴图包裹在物体表面，并且将所有的角拉到一个点上。这是唯一不会产生贴图接缝的投影方式，也正因为这样，物体表面的大部分贴图会产生比较严重的拉伸和变形（见图3-3）。由于这种局限性，大多数情况下使用它的物体只能显示贴图形变较小的那部分，而“极点”那一端必须要隐藏起来。在游戏场景制作中，收缩包裹贴图有时还是相当有用的，例如制作石头这类模型的时候，使用其他贴图投影方式都会产生接缝或一个以上的极点，而使用Shrink Wrap方式就完美解决了这个问题，即使存在一个相交的“极点”，只要把它隐藏在石头的底部即可。

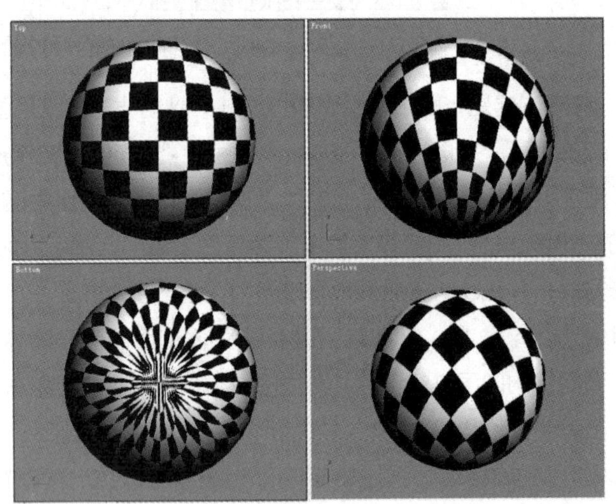

·图3-3｜Shrink Wrap方式

（5）Box：这种方式是沿立方体的6个平面将贴图分别映射到物体表面（见图3-4左图）。对于规则的几何体模型，使用Box方式十分方便、快捷，比如场景模型中的墙面、方形柱子或类似盒式结构的模型。

（6）Face：这种方式是为物体的所有几何面同时应用平面贴图（见图3-4右图）。Face方式与材质编辑器“Shader Basic Parameters”参数中的“Face Map”选项作用相同。

XYZ to UVW方式在游戏场景制作中较少使用，所以在这里不做过多讲解。

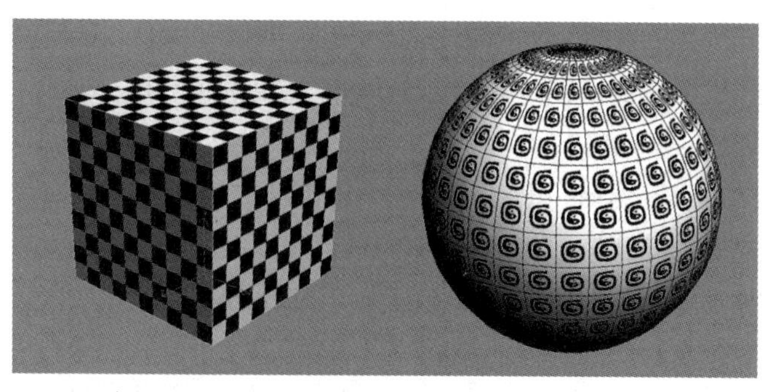

·图3-4｜Box和Face方式

2.“Alignment”选项组

“Alignment”选项组中提供了8个工具，用来调整贴图在物体上的位置（见图3-5）。在实际制作中正确合理地使用这些工具往往能达到事半功倍的效果。选项组顶部的“X”“Y”“Z”单选按钮用于控制Gizmo的方向，即物体自身的坐标方向，也就是Local Coordinate System（自身坐标系统）模式下物体的坐标方向，通过切换能够快速改变贴图的投影方向。下方8个工具的功能如下。

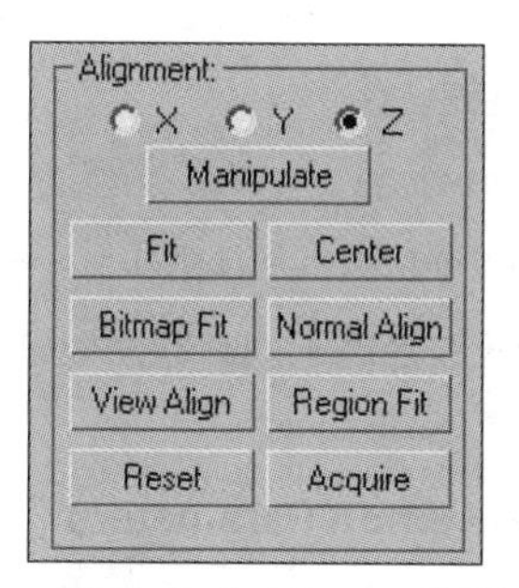

·图3-5｜“Alignment”选项组

（1）Fit（适配）：用于自动调整Gizmo的大小，使其尺寸与物体相匹配。

（2）Center（居中）：用于将Gizmo的位置对齐到物体的中心。这里的“中心”是指物体的几何中心，而不是它的Pivot（轴心）。

（3）Bitmap Fit（位图适配）：用于将Gizmo的长宽比例调整为指定位图的长宽比例。使用Planar投影方式时，经常会遇到位图没有按照原始比例显示的情况，如果靠调节Gizmo的尺寸则比较麻烦，这时可以使用这个工具，只要选中已使用的位图，Gizmo就会自动改变长宽比例与其匹配。

（4）Normal Align（法线对齐）：用于使Gizmo与指定面的法线垂直，也就是与指定面平行。

（5）View Align（视图对齐）：用于使Gizmo平面与当前的视图平行对齐。

（6）Region Fit（范围适配）：用于在视图上拉出一个范围来确定贴图坐标。

（7）Reset（复位）：用于恢复贴图坐标的初始设置。

（8）Acquire（获取）：用于将其他物体的贴图坐标设置引入当前物体中。

3.1.2 Unwrap UVW修改器

在了解了UVW贴图坐标的相关知识后，可以用UVW Map修改器来为物体指定基本的贴图投影方式，这对模型的贴图工作来说只是第一步。UVW Map修改器定义的贴图投影方式只能从整体上赋予模型贴图坐标，对于更加精确的贴图坐标的修改却无能为力，想要解决这个问题，则必须通过Unwrap UVW修改器来实现。

Unwrap UVW修改器是3ds Max内置的一个功能强大的模型贴图坐标编辑系统，通过该修改器可以更加精确地编辑多边形物体的点、线、面的贴图坐标分布。尤其是生物模型和场景雕塑模型等结构较复杂的多边形模型，必须要用到Unwrap UVW修改器。Unwrap UVW修改器十分复杂，它包含众多的命令和编辑面板，导致初学者上手操作会有一定的困难。但对三维游戏制作来说，只需要了解和掌握该修改器中一些重要的命令参数即可，不需要做到全盘精通。并且游戏场景中建筑模型的结构都比较规则，这使Unwrap UVW修改器操作起来会更加容易。

Unwrap UVW修改器的参数主要分布于“Selection Parameters”（选择参数）、“Parameters”（参数）和“Map Parameters”（贴图参数）3个面板。下面针对Unwrap UVW修改器的不同参数面板进行讲解。

1. “Selection Parameters”面板

通过设置“Selection Parameters”面板（见图3-6）中的参数能使用不同的方式快速选择需要编辑的模型部分。单击“+”按钮可以扩大选集范围，单击“-”按钮则减小选集范围。只有当Unwrap UVW修改器的“Select Face”（选择面）层级被激活时，选择工具才有效。

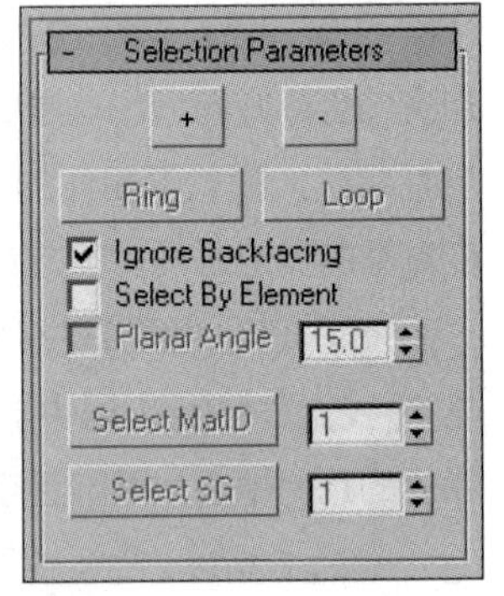

· 图3-6 | “Selection Parameters”面板

（1）Ignore Backfacing（忽略背面）：勾选该复选框后，将忽略物体背面的点、线、面等对象。

（2）Select by Element（根据元素选择）：勾选该复选框后，以物体元素单元为单位进行选择操作。

（3）Planar Angle（平面角度）：该参数选项默认是关闭的，它提供了一个数值设置，这个数值指的是面的相交角度。当该选项被激活后，选择物体的某个面或某些面时，与这个面成一定角度的所有相邻面都会被自动选择。

（4）Select MatID（选择材质ID）：通过物体的贴图材质ID编号来选择。

（5）Select SG（选择光滑组）：通过物体的光滑组来进行选择。

2. “Parameters”面板

“Parameters”面板（见图3-7）主要作用是打开UV编辑器，同时可以对已经设置完成的模型UV进行存储。其主要参数的功能如下。

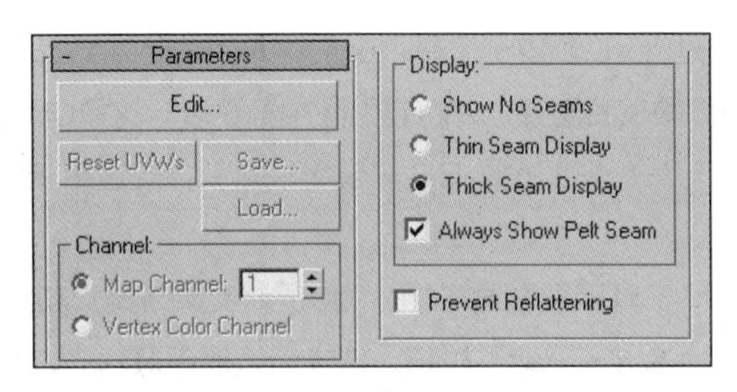

· 图3-7 | “Parameters”面板

（1）Edit（编辑）：用于打开“Edit UVWs”窗口，关于其具体参数设置将在后面讲解。

（2）Reset UVWs（重置UVW）：放弃已经编辑好的UVW，使其回到初始状态，这也就意味着之前的全部操作都将丢失，所以一般不使用此命令。

（3）Save（保存）：将当前编辑的UVW保存为UVW格式的文件，对于复制的物体可以通过载入文件来直接完成UVW的编辑。其实在游戏场景的制作中，通常会选择另一种方式来操作：单击模型堆栈窗口中的Unwrap UVW修改器，然后按住鼠标左键直接将这个修改器拖曳到视图窗口中复制得到的物体上，松开鼠标即可完成操作。这种拖曳修改器的操作方式在其他很多地方会用到。

（4）Load（载入）：用于载入UVW格式的文件，如果两个物体不同，则此选项无效。

（5）Channel（通道）：包括“Map Channel”（贴图通道）与“Vertex Color Channel”（顶点色通道）两个单选按钮，在游戏场景制作中并不常用。

（6）Display（显示）：使用Unwrap UVW修改器后，物体的贴图坐标表面会出现一条绿色的线，这就是贴图的缝合线，这里的选项就是用来设置缝合线的显示方式的，从上到下依次为Show No Seams（不显示缝合线）、Thin Seam Display（显示较细的缝合线）、Thicle Seam Display（显示较粗的缝合线）、Always Show Pelt Seam（始终显示缝合线）。

3. “Map Parameters”面板

“Map Parameters”面板（见图3-8）看似十分复杂，但其中常用的命令其实并不多。面板上半部分的按钮包括5种贴图投影方式和8种贴图坐标对齐方式，由于这些功能大多可以在UVW Map修改器中实现，所以较少用到。

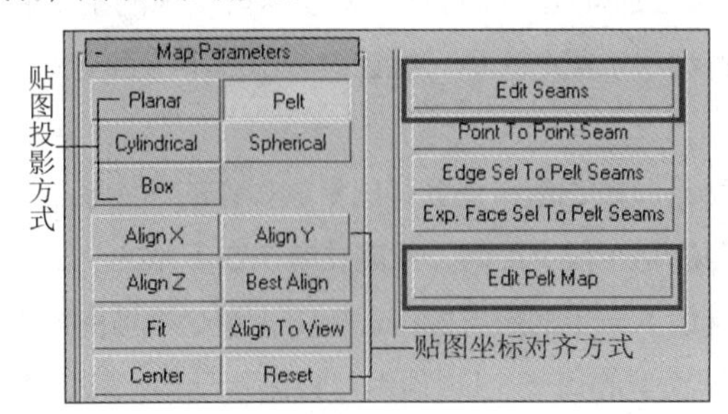

· 图3-8 | “Map Parameters”面板

这里要着重讲解的是Pelt（剥皮）工具，该工具常用在游戏场景雕塑模型和生物模型的制作中。Pelt是指把物体的表面剥开，并将其贴图坐标平展。这是UVW Map修改器中没有的一种贴图投影方式，相较其他贴图投影方式来说比较复杂，更适用于结构复杂的物体。下面讲解具体操作方法。

总体来说，利用Pelt工具平展贴图坐标分为3步：①重新定义和编辑缝合线；②选择想要编辑的物体或模型面，单击“Pelt”按钮，选择合适的平展对齐方式；③单击“Edit Pelt Map”按钮，对所选对象进行平展操作。例如下面的具体操作。

（1）图3-9所示的模型为一个场景石柱模型，模型上的绿线为原始的缝合线，进入Unwrap UVW修改器的“Edge”层级后，单击“Map Parameters”面板中的“Edit Seams”按钮就可以重新定义模型的缝合线。在“Edit Seams”按钮被激活的状态下，单击物体上的边线使之变为蓝色，蓝色的线就是新的缝合线，按住【Ctrl】键单击边线即可取消蓝色缝合线。在定义和编辑新的缝合线时，通常会在“Parameters”面板中选择隐藏绿色缝合线，图3-9中间模型上的蓝线即重新定义编辑好的缝合线。

（2）进入Unwrap UVW修改器的“Face”层级，选择想要平展的物体或模型面，然后单击“Pelt”按钮，会出现类似于UVW Map修改器中的Gizmo平面，可在“Map Parameters”面板中选择合适的展开对齐方式，效果如图3-9右图所示。

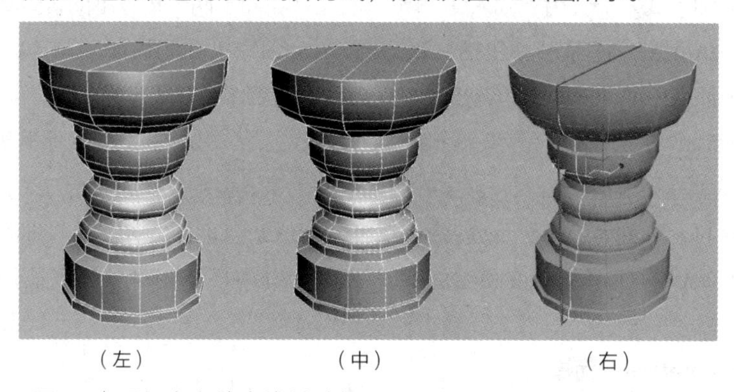

（左）　　（中）　　（右）

·图3-9｜重新定义缝合线并选择展开平面

（3）单击“Edit Pelt Map”按钮会弹出“Edit UVWs”窗口（见图3-10左图），从模型UV坐标的每一个点都会延伸出一条虚线，对于这里出现的密密麻麻的各种点和线，不需要精确调整，只需要遵循一条原则：尽可能让这些虚线不相互交叉。这样的操作会让之后的UV平展更加便捷。

单击“Edit Pelt Map”按钮后，还会弹出平展操作的命令窗口，这个命令窗口中包含许多工具和命令，但平时的制作很少用到，只需要单击右下角的“Simulate Pelt Pulling”（模拟拉皮）按钮就可以继续下一步的平展操作。接下来整个模型的贴图坐标将会按照一定的力度和方向进行平展，即模型的每一个UV顶点，将沿着延伸出来的虚线进行均匀的拉伸，形成贴图坐标分布网格（见图3-10右图）。

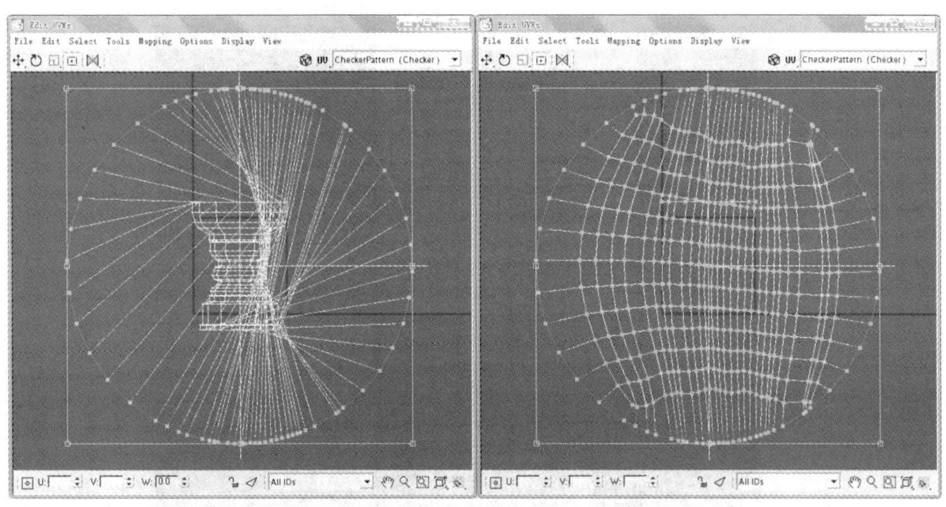

· 图3-10 | 形成贴图坐标分布网格

之后需要对UV网格进行顶点的调整和编辑。调整和编辑的原则就是让网格尽量均匀地分布，这样将贴图添加到物体表面时才不会出现较严重的拉伸和撕裂现象。可以单击UV编辑器视图窗口上方的棋盘格显示按钮来查看模型UV的分布状况，当黑白色方格在物体表面均匀分布、没有出现较大的变形和拉伸时，就说明模型的UV是均匀分布的（见图3-11）。

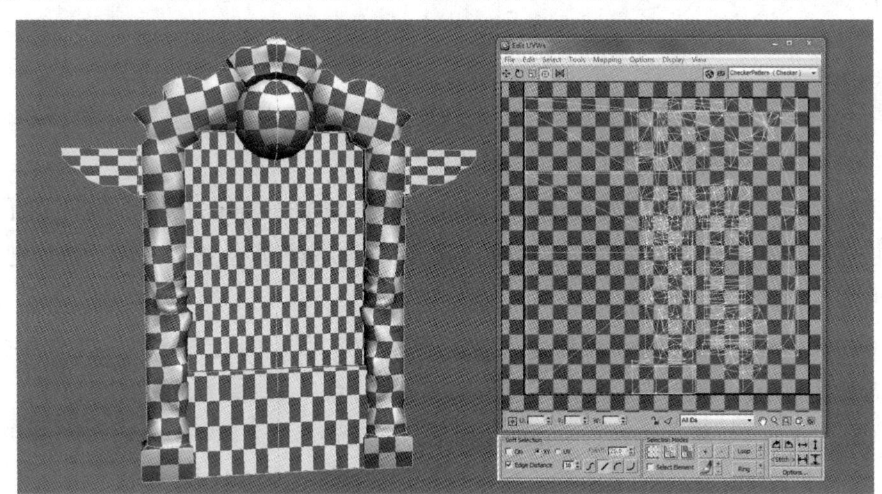

· 图3-11 | 利用黑白棋盘格来查看UV分布

图3-12所示为“Edit UVWs”窗口，从上到下依次为菜单栏、操作按钮区、视图区和层级选择面板。该窗口看似复杂，在游戏制作中常用的命令其实并不多，图中方框标出的区域基本涵盖了常用的命令。下面将具体讲解常用命令。

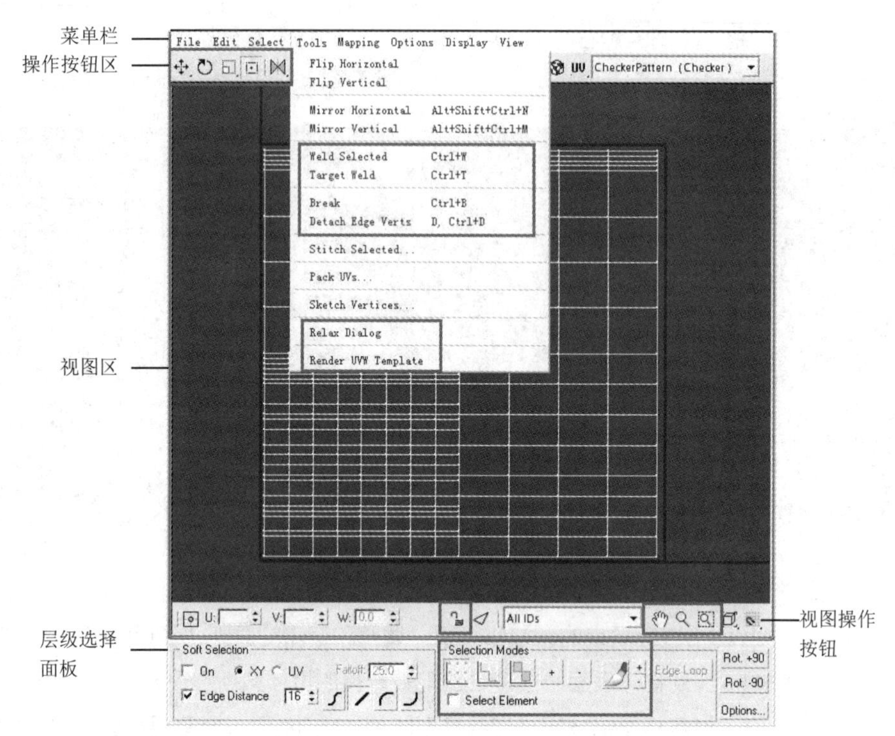

· 图3-12 | “Edit UVWs” 窗口

1. 菜单栏

在“Edit UVWs”窗口的菜单栏中需要着重讲解的是“Tools”（工具）菜单，该菜单中包含对UV网格进行镜像、合并、分割和松弛等操作的命令。

（1）Weld Selected（焊接所选）：将UV网格中选择的点全部焊接到一起，这个焊接合并的条件没有任何限制，即任意的选择区域都可以被焊接合并到一起。其快捷键是【Ctrl+W】。

（2）Target Weld（目标焊接）：与多边形编辑中的目标焊接方式一致，选择该命令，选择需要焊接的点，将其拖曳到目标点上即可完成焊接合并。其快捷键是【Ctrl+T】。

（3）Break（打断）：在“Vertex”层级下，“Break”命令会将一个点分解为若干个新的点，新点的数目取决于这个点共用边面的个数。由于会产生较多的点，所以“Break”命令多用于“Edge”和“Face”层级的操作，具有更强的可控性。断开Edge时需要注意，如果不与边界相邻，需要选中两条以上的边，“Break”命令才会起作用。其快捷键是【Ctrl+B】。

（4）Detach Edge Verts（分离边点）：与“Break”命令不同，该命令用于分离局部，它对于单独的点、边不起作用，对面和完全连续的点、边才有效。其快捷键是【Ctrl+D】。

（5）Relax（松弛）Dialog：在前面介绍的Pelt平展贴图坐标流程完成后，往往需要用到“Relax Dialog”命令。“Relax Dialog”命令用于对选中的UV网格对象进行“放松”处

理，让过于紧密的UV坐标变得松弛，在一定程度上解决了贴图拉伸问题。

（6）Render UVW Template（渲染UVW模板）：该命令能够将“Edit UVWs”窗口视图区边界内的UV网格渲染为BMP、JPG等格式的平面图片文件，以方便在Photoshop中绘制贴图。

2. 操作按钮区

“Edit UVWs”窗口的操作按钮区是该窗口最为核心的区域，通过此处的操作，可以实现UV网格的均匀平展，将最初杂乱无序的UV网格变为一张平整的网格，让模型的贴图坐标和模型贴图找到最佳的结合点。

操作按钮区的5个按钮是编辑UV网格时最为常用的工具，从左往右分别为Move（移动）、Rotate（旋转）、Scale（缩放）、Freeform Mode（自由变换）和Mirror（镜像）。移动、旋转、缩放和镜像工具与前文讲到的3ds Max视图操作基本一致；自由变换工具在自由变换模式下可以进行移动、旋转和缩放操作，让UV编辑变得十分便捷。

3. 视图区

在视图区，物体UV网格的下层是贴图的显示区域，中间的正方形边框就是物体贴图坐标的边界，任何超出边界的UV网格都会被重复贴图，类似于增加贴图的平铺次数。一般对场景雕塑模型、场景物件模型或生物模型来说，UV网格都不要超出正方形边框，这样才能在贴图区域内正确绘制模型贴图。但对大多数游戏场景建筑模型来说，UV网格通常要超出边界，因为场景建筑模型的贴图大多为循环贴图，通过调整拉伸UV网格得到合适的贴图平铺次数。

视图区右下角的按钮是视图操作按钮，可实现视图基本的平移和缩放等功能。在实际操作中这些按钮的功能也能用鼠标代替，按住鼠标滚轮拖曳视图可以平移视图，滚动鼠标滚轮可实现视图的缩放操作。在这一排按钮正中间有一个锁形的按钮，默认是解锁状态，单击该按钮会变为锁定状态，此时不能对视图中的任何UV网格进行编辑和操作。该按钮的默认快捷键是【Space】，在操作中很容易被意外激活，这里着重提示一下。

4. 层级选择面板

视图区下方是层级选择面板，“Edit UVWs”窗口中也包含对基本的“Vertex”“Edge”“Face”层级的操作。3种层级各有优势，在UV网格编辑中通过适当的层级切换，可以实现更加快速、便捷的操作。层级选择面板中主要参数的功能如下。

（1）Select Element（选择元素）：勾选该复选框后，只要选取视图中任何一个坐标点，都将选取整片的UV网格。

（2）Sync to Viewport（与视图同步）：默认状态下该选项是激活的，激活时在视图窗口中的选择操作会实时显示出来。

以上就是关于3ds Max贴图坐标操作的基本内容，下面总结一下对模型进行UVWs编辑的整体流程。

（1）对物体添加UVW Map修改器，根据物体选择合适的贴图投影方式，并调整Gizmo的对齐方式。

（2）为物体添加Unwrap UVW修改器。

（3）对于结构简单的物体，直接进入“Edit UVWs”窗口进行UV网格的调整和编辑。

（4）对于结构复杂的物体，通过Unwrap UVW修改器的子层级重新定义和编辑缝合线，并通过“Pelt”命令对物体的UV网格进行编辑。

（5）在3ds Max的堆栈窗口中将所有修改器塌陷为可编辑的多边形，为物体保存已经编辑好的UVWs信息。

模型贴图坐标的操作比较复杂，对新手来说有一定的难度，熟练掌握模型贴图坐标的编辑和操作技巧不是一朝一夕就能做到的，往往需要经年累月的积累，大家应在每次实践中总结经验，为提高自己的专业技能打下坚实的基础。

3.2 | 游戏模型材质球的设置

在3ds Max的快捷按钮区单击“Material Editor”（材质编辑器）按钮或按【M】键，可以打开“Material Editor”（材质编辑器）窗口（见图3-13），这是3ds Max中为模型设置材质参数的地方。对三维动画制作来说，材质编辑器的功能强大且内容复杂，然而游戏中的模型材质效果都是通过游戏引擎中的设置来实现的，材质编辑器里的参数设置并不能影响游戏实际场景中模型的材质效果。在游戏制作中，材质球只是模型贴图的载体，只应用几个简单的贴图通道就足以完成一般的工作。

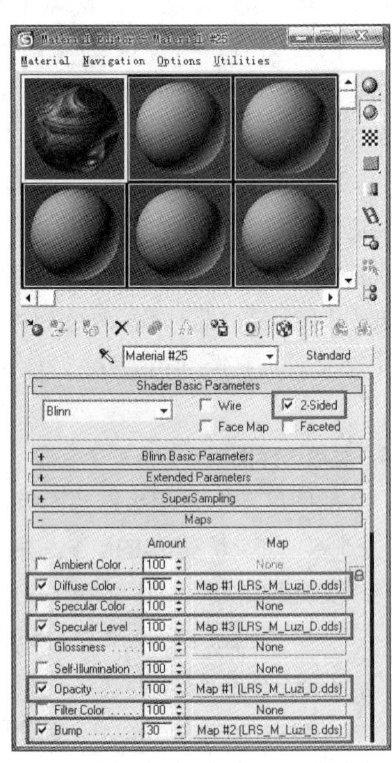

·图3-13 | “Material Editor”窗口

为模型贴图一般只需要在Maps（贴图通道）中为Diffuse Color（固有色）添加一张Bitmap（位图）即可，如果游戏引擎支持高光和Normal Map（法线贴图），那么可以在Specular Level（高光级别）和Bump（凹凸）中添加高光贴图和法线贴图。

另外，在游戏贴图中常用的就是透明贴图。所谓透明贴图就是带有Alpha通道的贴图，例如，游戏制作中的植物模型的叶片、建筑模型中的栏杆及生物模型的毛发等，都必须用透明贴图来实现。图3-14左图所示为透明贴图，右图所示为其Alpha通道。在不透明通道中白色部分为可见，黑色部分为不可见，这样最后在游戏场景中就呈现了带有镂空效果的树叶。

·图3-14｜透明贴图及其Alpha通道

通常在实际制作中，会在Photoshop中将图片的Alpha通道保存到图片中，然后将贴图添加到材质球的Diffuse Color和Opacity（不透明度）通道中。需要注意的是，只将贴图添加到Opacity通道还不能实现镂空的效果，必须要进入此通道下的贴图层级，将Mono channel output（通道输出）设置为Alpha模式，这样贴图在导入游戏引擎后才会实现镂空效果。通常透明贴图必须要启用双面设置，在材质编辑器的“Shader Basic Parameters”中可以勾选“2-Sided”复选框，但这样在游戏引擎中一般会加重硬件渲染的负荷。更多的时候是将透明贴图的平面模型复制一份并将其法线反转，这样就实现了双面的镂空效果。

在设置好带有透明贴图的材质球后，当将材质球赋予物体时，往往在视图中会出现类似图3-15左图所示的问题。这里介绍一个小技巧，如果出现这种显示问题，可以在视图左上角右击，在弹出的快捷菜单中选择“Transparency”（透明度）命令并将其设置为Best模式（见图3-16）。然后保存场景文件，关闭3ds Max，重新打开场景文件后会发现显示问题已经解决，效果如图3-15右图所示。

·图3-15｜Alpha贴图的显示问题

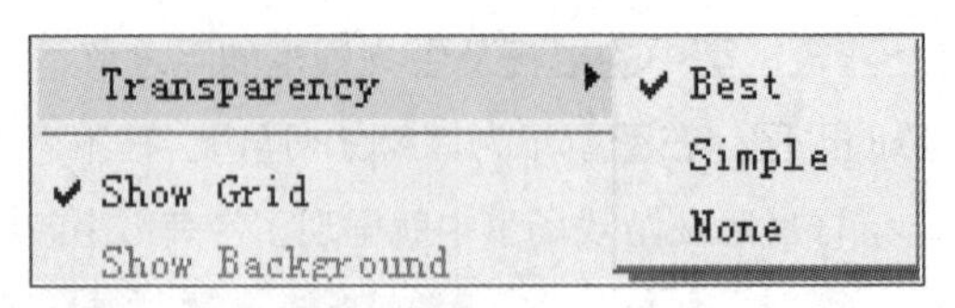

·图3-16 | 透明贴图的显示设置

3.3 | 游戏模型贴图的基础知识

游戏模型贴图的基础知识

下面主要对游戏制作中贴图的基础知识进行介绍，并结合实例帮助大家掌握游戏贴图的操作技巧。

1. 贴图的尺寸

虽然在三维动画和游戏制作中都会经常用到贴图，但相对来说，游戏贴图具有更多的要求和限制。在三维游戏制作中，贴图的尺寸通常为8像素×8像素、16像素×16像素、32像素×32像素、64像素×64像素、128像素×128像素、512像素×512像素、1024像素×1024像素等。常用的贴图尺寸一般是512像素×512像素和1024像素×1024像素，可能在一些次世代游戏中还会用到2048像素×2048像素的超大贴图尺寸。贴图尺寸的限制源于游戏引擎的限制，游戏贴图不能像动画制作那样，去建立任意尺寸的图片，有时候为了压缩图片尺寸、减少硬件负荷，贴图不一定是等边的，竖着的长方形和横着的长方形也可以，如128像素×512像素、1024像素×512像素等。

三维游戏的制作其实可以概括为一个“收缩”的过程。引擎能力、硬件负荷、网络带宽等因素，都迫使设计师不得不尽可能地节省资源。游戏模型不仅要制作成低模，而且在最后导入游戏引擎前还要进一步删减模型面数。游戏贴图也是如此，作为游戏美术设计师要尽一切可能将贴图尺寸降到最小，把贴图中的所有元素尽可能地堆积到一起（见图3-17），并且要尽量减少模型应用的贴图张数。总之，在导入游戏引擎前，所有美术元素都要尽可能精练，这就是所谓的“收缩”。虽然现在游戏引擎技术飞速发展，可能对于资源的限制有所放宽，但节约资源仍是成熟的游戏美术设计师基本能力的体现。

2. 贴图的格式

现在大多数计算机游戏公司尤其是三维网络游戏公司，较常用的游戏贴图格式为DDS（Direct Draw Surface）。这种格式的贴图在游戏引擎中可以随着玩家所操控角色与其他物体间的距离来改变自身的贴图尺寸。场景中的模型距离玩家越近，自身的贴图尺寸会越大；相反，距离越远则尺寸越小。其原理就是这种贴图在绘制完成后，在最后保存时会自动存储为若干小尺寸的贴图，如图3-18所示。

· 图3-17 | 将贴图元素尽可能堆积

· 图3-18 | DDS贴图的存储方式

不同的游戏引擎和不同的游戏公司在贴图格式和命名上都有各自的具体要求，这里无法一一介绍，如果是在日常的练习或个人作品中，将贴图储存为TGA、JPG或PNG格式即可。下面介绍几种常用的贴图形式。

图3-19所示为游戏场景中雕塑模型的贴图。在模型制作完成后需要将模型的全部UV网格平展到一张贴图上，然后导入Photoshop中绘制贴图。通常一张1024像素 × 1024像素的贴图就足够了，但对于体积过于庞大、细节过于复杂的模型，也可以将模型进行拆分并将UV网格平展到多张贴图上。

在游戏场景制作中，对于一些特殊的建筑结构模型，也需要对其UV网格进行单独编辑，并根据UV网格绘制贴图。这些结构大多为不规则形状，通常尽可能将多个结构拼接到一张贴图上（见图3-20）。

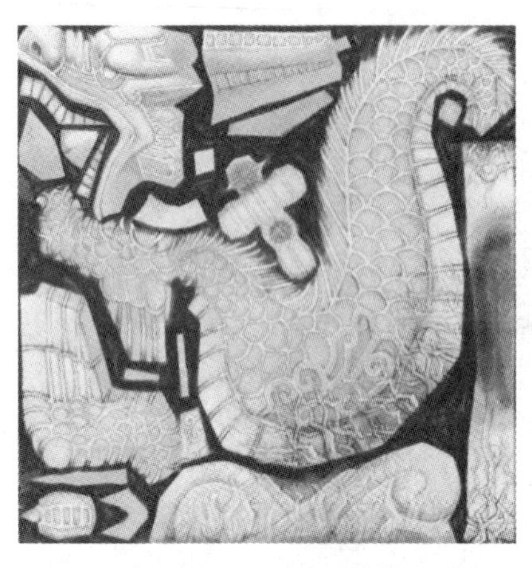

·图3-19｜游戏场景中雕塑模型的贴图

·图3-20｜场景建筑屋脊结构的贴图

如果场景建筑模型的规模较大，将场景建筑中的所有元素都拼接到一张贴图上（见图3-21），最后实际游戏中的贴图会变得模糊不清、缺少细节，这里就需要用到循环贴图。循环贴图也叫连续贴图，是指在3ds Max的“Edit UVWs”窗口中贴图边界可以自由连接并且不产生接缝的贴图。循环贴图通常分为二方连续贴图和四方连续贴图：二方连续贴图就是贴图在左右或上下单方向连接时不产生接缝；而四方连续贴图就是在上、下、左、右4个方向上连接时都不产生接缝，让贴图形成可以“无限连接”的大贴图。

图3-22所示为四方连续贴图的效果。白线框中是贴图本身，贴图的右边缘与左边缘、左边缘与右边缘、上边缘与下边缘、下边缘与上边缘都可以实现无缝连接。这样在制作模型贴图的时候就不用担心模型的UV细分问题，只需要根据模型整体调整大小比例即可。

·图3-21｜场景建筑拼接贴图

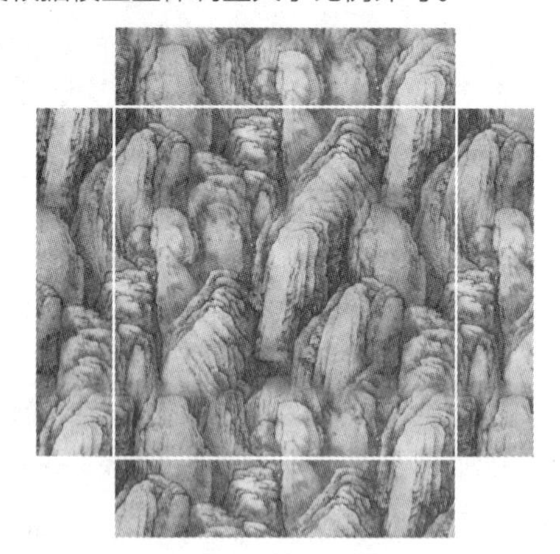

·图3-22｜四方连续贴图的效果

循环贴图的制作也比较简单，主要考验大家运用Photoshop修图的能力。在实际的三维游戏场景制作中，循环贴图的应用能达到80%以上。只有利用循环贴图才能实现宏大场景中的精细贴图，用尽可能小的贴图尺寸展示更多的细节效果。循环贴图中结构元素的布局和划分，往往能反映设计师能力的高低，因此制作循环贴图也是三维游戏场景美术设计师必须具备的能力。

3. 贴图的风格

贴图风格一般分为写实风格和手绘风格，写实风格的贴图一般都是对真实的照片进行修改得到的，而手绘风格的贴图主要是靠手绘得到的。其实贴图的风格并没有十分严格的界定，主要看侧重于哪一方面，是偏写实还是偏手绘，写实风格主要用在有真实背景的游戏中，手绘风格则主要用在Q版卡通游戏中。当然一些游戏为了标榜自己有独特的视觉效果，也会采用偏写实的手绘贴图。贴图的风格并不能真正决定一款游戏的好坏，更重要的还是制作品质，这里只是对贴图风格进行简单介绍，让大家了解不同的贴图风格。

图3-23所示为手绘风格的游戏场景贴图，其中墙面、木门及各种纹饰等全部由手绘完成，整体风格偏卡通，适合用在Q版游戏中。手绘贴图的优点是整体都有颜色，色块面积比较大，而且过渡柔和，在贴图放大后不会出现明显的贴图拉伸痕迹；其缺点是贴图整体性比较强，局部缺少细节。

图3-24所示为写实风格的场景贴图，图中的大多数元素都取自真实照片，使用Photoshop编辑成适合游戏场景使用的循环贴图。写实风格贴图的优缺点与前面介绍的手绘风格贴图的刚好相反，当模型被放大后写实风格贴图拉伸会比较严重，但使用贴图的局部元素时却会显得比较自然。

·图3-23 | 手绘风格的游戏场景贴图

·图3-24 | 写实风格的场景贴图

 3.4 | 游戏模型贴图的制作方法

制作游戏模型贴图的流程与技法

下面通过一张金属元素贴图的制作实例来介绍游戏模型贴图的制作方法。首先，在Photoshop中创建新的图层，根据模型UV网格绘制贴图的底色（见图3-25），创建基本的整

体明暗关系，然后在底色的基础上绘制贴图的纹饰和结构（见图3-26）。

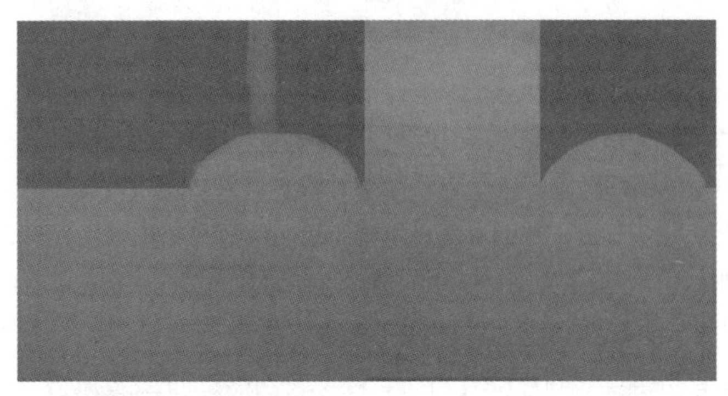

·图3-25 | 绘制贴图的底色

·图3-26 | 绘制纹饰和结构

接下来绘制结构的基本阴影（见图3-27），同时调整整体的明度和对比度。选用一些肌理丰富的照片材质进行底纹叠加（见图3-28），可以叠加多张不同材质的照片。图层的叠加方式可以选择Overlay（叠加）、Multiply（正片叠底）或Softlight（柔光），强度可以通过图层透明度来控制。通过叠加纹理可以增强贴图的真实感和细节，这样制作出来的贴图就是偏写实风格的贴图。

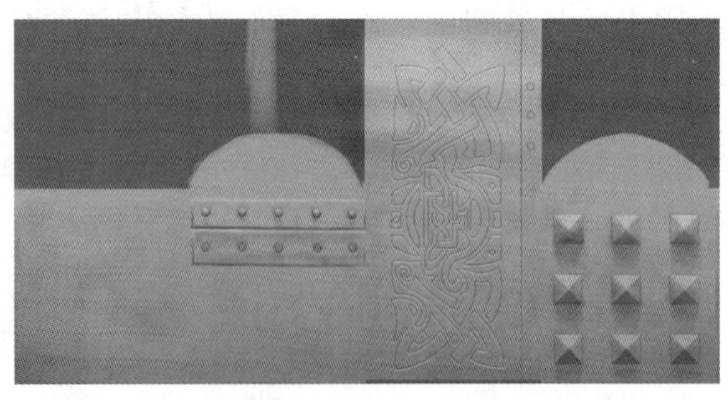

·图3-27 | 绘制基本阴影

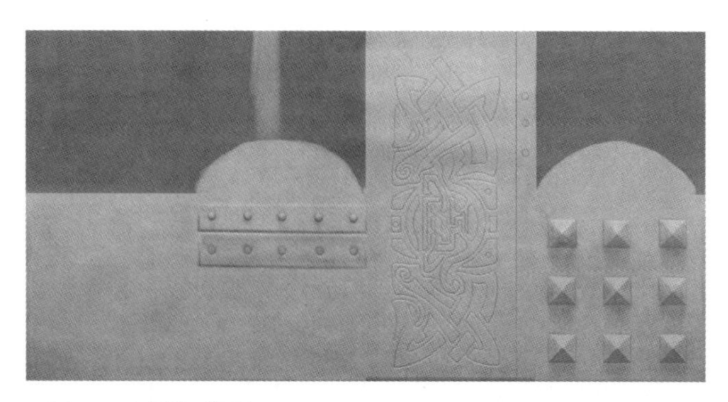

· 图3-28 | 叠加纹理

然后绘制金属的倒角结构，同时提亮贴图的高光部分（见图3-29）。金属材质的边缘部分会有些细小的倒角，可以在一个单独的图层内用亮色绘制，图层的叠加方式可以是Overlay或Color Dodge（颜色减淡），强度可以通过图层透明度来控制。接下来利用色阶或曲线工具，调整贴图整体的对比度（见图3-30），增强金属质感。

· 图3-29 | 提亮贴图的高光部分

· 图3-30 | 调整对比度

最后，可以用一些特殊的笔刷纹理，在金属表面和一些平时不容易摩擦到的地方绘制污渍（见图3-31）或类似金属氧化效果的痕迹，以增强贴图的细节和真实感。这样就完成了贴图的绘制。

·图3-31 | 绘制污渍

下面介绍3ds Max中贴图的常用工具及实际操作中常用的技巧。

在3ds Max工具命令面板区工具面板的工具列表中可以找到Bitmap/Photometric Paths（位图路径）工具，该工具可用于快速指定材质球所包含的所有贴图路径。在游戏制作过程中，当打开其他制作人员传输过来的游戏场景制作文件或从公司服务器上下载的文件时，有时会发现模型的贴图不能正常显示，其实大多数情况下并不是因为贴图本身的问题，而是文件中材质球所包含的贴图路径发生了变化。如果单纯通过手工修改贴图路径，操作将十分烦琐，这时如果用Bitmap/Photometric Paths工具，操作就会非常简单、方便。

选择Bitmap/Photometric Paths工具，单击“Edit Resources”按钮会弹出“Bitmap/Photometric Paths Editor”（位图/光学度路径编辑器）对话框（见图3-32）。在右侧的按钮中，“Close”（关闭）按钮用于关闭对话框；“Info”（信息）按钮用于查看所选贴图；“Copy Files”（复制文件）按钮用于将所选贴图复制到指定的路径或文件夹中；“Select Missing Files”（选择丢失的文件）按钮用于选中所有丢失路径的贴图；“Find Files”（查找文件）按钮用于显示本地贴图和丢失贴图的信息；“Strip Selected Paths”（去除选定路径）按钮用于取消所选贴图之前指定的贴图路径；“Strip All Paths”（去除所有路径）按钮用于取消所有贴图之前指定的贴图路径；“New Path”（新建路径）文本框和“Set Path”（设置路径）按钮用于设置新的贴图路径。

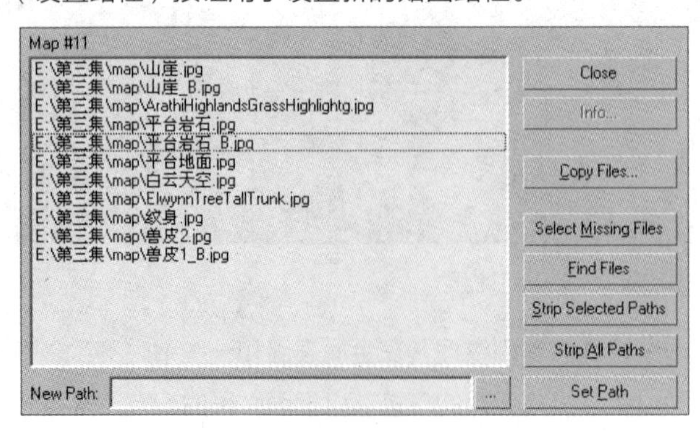

·图3-32 | 位图/光学度路径编辑器对话框

当打开他人的制作文件时，如果发现贴图不能正常显示，那么可以打开“Bitmap/Photometric Paths Editor”对话框，单击“Select Missing Files”按钮，查找并选中丢失路径的贴图，然后在“New Path”文本框中输入当前贴图文件所在的文件夹或路径，并单击“Set Path”按钮重新指定路径。这样场景文件中的模型就可以正常显示贴图了。

如果是首次在计算机上安装3ds Max，打开模型文件会发现原本清晰的贴图变得非常模糊。出现这种情况并不是贴图的问题，也不是场景文件的问题，此时需要对3ds Max的驱动显示进行设置。在3ds Max菜单栏的“Customize”（自定义）菜单中选择“Preferences”选项，在弹出的对话框中选择“Viewports”（视图设置）选项卡，然后通过其下方的“Display Drivers”（显示驱动）选项组来进行设置：“Choose Driver”用于选择显示驱动模式，这里要根据计算机自身显卡的性能来选择；“Configure Driver”用于对显示模式进行详细设置，单击该按钮后会弹出图3-33所示的对话框。

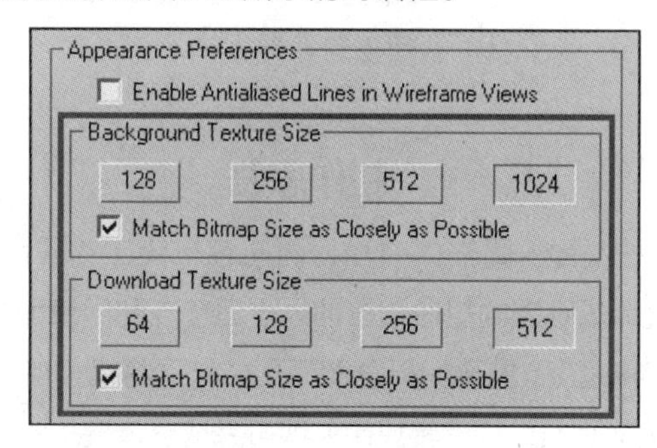

· 图3-33 | 对软件显示模式进行设置

将“Background Texture Size”（背景贴图尺寸）和“Download Texture Size”（下载贴图尺寸）分别设置为最大的1024和512，并分别勾选上下两个“Match Bitmap Size as Closely as Possible”（尽可能接近匹配贴图尺寸）复选框，然后保存并关闭3ds Max。当再次启动3ds Max时，贴图就可以清晰地显示了。

拓展训练

| 制作要点 |

本章主要学习了3ds Max贴图坐标技术及游戏模型贴图的基础知识和制作方法。下面要求大家综合利用所学知识来进行游戏模型贴图的相关练习，贴图练习参考效果如图3-34所示。大家要根据模型的形态结构，选择合适的贴图投影方式，然后利用UV编辑器来进行贴图的平展和分布。

· 图3-34 | 贴图练习参考效果

制作思路

图3-34中的模型主体属于圆柱体结构，同时存在突出和收缩结构，所以利用传统的Cylindrical投影方式会造成贴图的扭曲和拉伸。这里可以利用模型中心对称的结构特点，选择同等对称的纵向一列模型面进行UV拆分和平展，然后将模型的其余部分删除，最后将贴图完成的模型面部分按轴心点进行旋转复制，即可完成整体模型的制作。

第4章

游戏场景道具模型实例制作

本章以实例制作的形式介绍三维游戏场景道具模型的制作技巧：通过3个实例——香炉、龙雕塑和影壁，分别讲解三维模型和贴图的制作方法。

知识技能目标

- 熟练掌握香炉、龙雕塑、影壁的制作方法和3ds Max操作技巧。

素养目标

- 培养精益求精的工作作风。
- 培养爱岗敬业的精神。

三维游戏场景道具模型是指在大型场景中用于辅助装饰场景的独立物体。游戏场景道具模型是构成游戏场景的基本美术元素。比如室内场景中的桌椅板凳，室外场景中的山石草树，大型城市场景中的雕塑、道边护栏、照明灯具、美化装饰等，这些都可以算作游戏场景道具模型。游戏场景道具模型的特点是小巧精致且带有设计感，并且可以不断复制，循环利用，它们也可被看作游戏场景中基本的独立建筑模型单位。

三维游戏场景道具模型在游戏场景中虽然不能作为主体模型，但发挥着非常重要的作用。例如，当制作一个酒馆或驿站场景时，就必须为其搭配制作相关的桌椅板凳等场景道具；再如，当制作一个城市场景时，花坛、路灯、雕塑、护栏等就是其中必不可少的场景道具。在场景中添加适当的场景道具模型，不仅可以提高场景整体的精致程度，还可以让场景变得更加真实、自然，使之符合历史和人文背景特征。

由于场景道具模型通常需要大面积复制使用，所以，为了减轻硬件负担，保证游戏整体的流畅性，场景道具模型必须在保证结构的基础上尽可能减少模型面数。

总体来看，三维游戏场景道具模型主要分为以下3类：装饰类场景道具模型、雕塑类场景道具模型和组合类场景道具模型。

（1）装饰类场景道具模型是指用于装饰场景的独立物体，大多数场景道具模型都可以看作装饰类场景道具模型。如在图4-1所示的宫殿场景中，走道两旁的路灯、水中的立柱及荷花，都属于装饰类场景道具模型。

·图4-1｜宫殿场景中的装饰类场景道具模型

（2）雕塑类场景道具模型，顾名思义就是指游戏场景中的各种雕塑，有人形雕塑、兽形雕塑，还有抽象的符号化雕塑。这类场景道具模型的贴图通常为石质或金属质感，同样起到辅助装饰场景的作用。在建筑、城市等人文场景当中，雕塑类场景道具模型是必不可少的美术元素，有时它还能脱离场景道具的范畴，成为独立的主体模型，如图4-2所示。

· 图4-2 | 雕塑类场景道具模型

（3）组合类场景道具模型主要是指场景细节中的各种零碎模型，如图4-3所示摊铺篮筐中的碗、坛子等。这些模型一般无法单独使用，必须组合在一起才能成为可以利用的场景物体，所以称为组合类场景道具模型。组合类场景道具模型通常用来表现场景细节，在室内游戏场景中会用得较多。因为此类模型需要处理的细节较多，所以在处理这类场景道具模型的时候必须严格控制模型面数，用最精练的表现手法来制作模型。

· 图4-3 | 组合类场景道具模型

4.1 | 实例制作——游戏场景道具模型之香炉

游戏场景道具模型之香炉

模型面数是制作三维游戏场景道具模型时必须优先考虑的技术问题，而对两个在外形和贴图方面的制作水平都相近的场景道具模型而言，对其进行优化的能力便成了更重要的评判标准。本章选取了两个比较有代表性的场景道具模型——铜质香炉和石质雕塑。这两个模型分别属于装饰类场景道具模型和雕塑类场景道具模型。希望通过本章的讲解，大家能掌握场景道具模型的基本制作流程和制作技巧。

图4-4所示为香炉的原画设定。从结构方面来看，这个模型分为上下两部分：上面的结构包括葫芦形宝顶、类似古代亭子的瓦檐翘脊塔顶和能看到火焰的镂空口结构，下面的结构包括炉子主体、4只底足和两侧带吊环的侧耳。这个模型基本上是四面对称的结构，对其中的大多数结构可以通过复制来完成，以节省制作时间。所以这次实例制作的要点就是熟练利用3ds Max的复制功能来完成对称模型的制作。

·图4-4｜香炉的原画设定

从材质方面来看，香炉整体以青铜材质为主，主体侧面带有青铜雕刻纹饰，这里主要是利用真实照片叠加的方式来制作模型贴图。大多数场景道具模型都为单体模型，为了节约资源，除了要尽量减少模型面数，贴图方式也要选择UV整体拆分的模式，将贴图张数控制在两张以内。在明确了模型的结构要点和贴图要点后，下面开始制作模型。

4.1.1 香炉整体模型的制作

（1）打开3ds Max，创建一个八边形的柱体模型（见图4-5），并将其在z轴方向上旋转22.5°，然后将模型塌陷为可编辑的多边形。

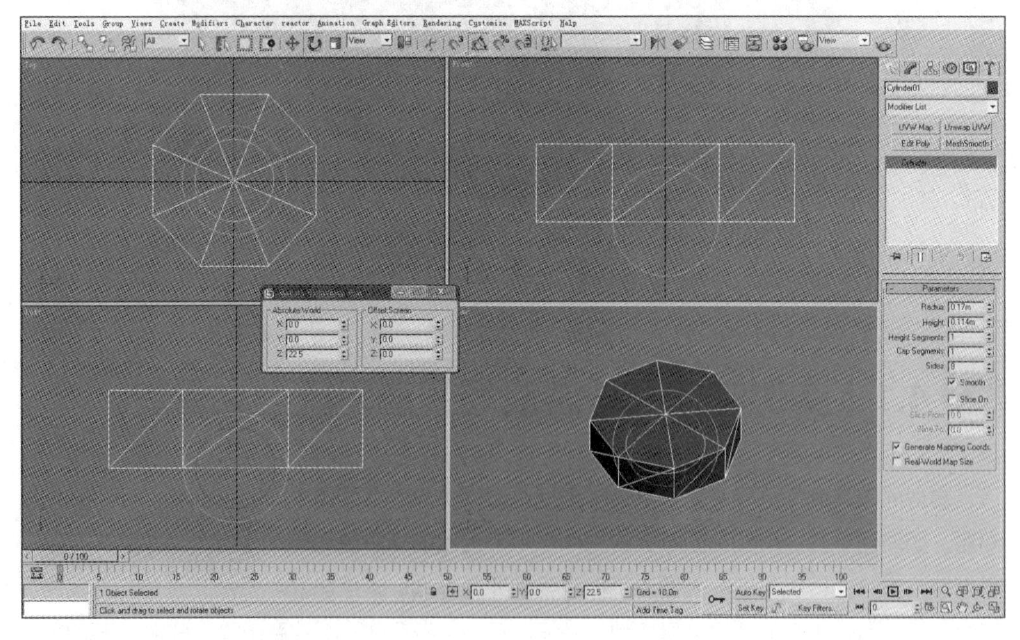

·图4-5｜创建八边形的柱体模型

（2）进入“Polygon”层级，选中模型底面，利用“Bevel”命令将面向下挤压放大，形成塔顶的基本外观，如图4-6所示。

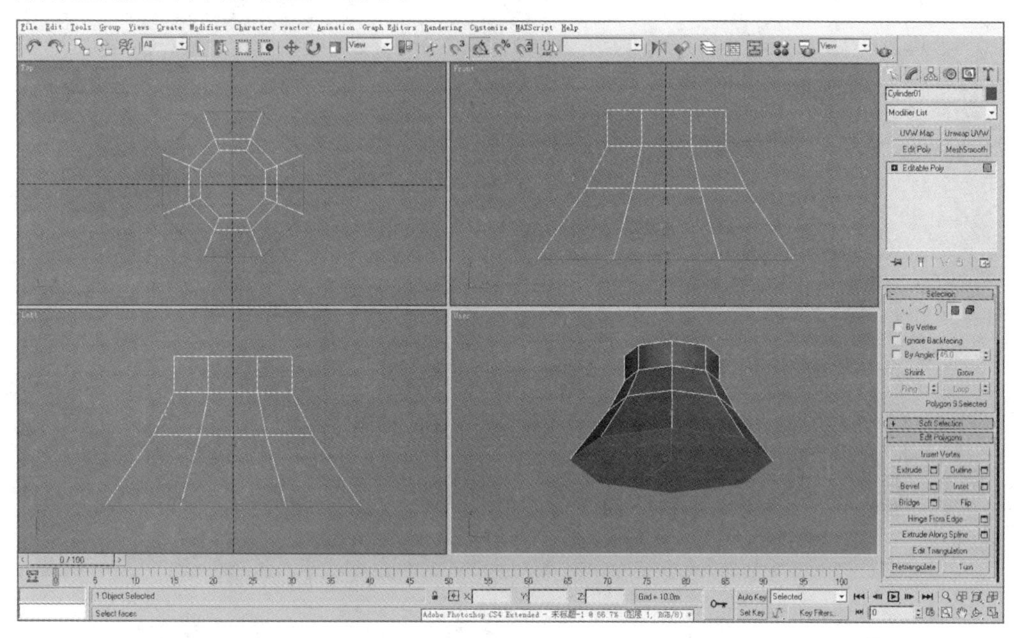

·图4-6｜制作塔顶外观

（3）进入“Edge”层级，选中侧面横向的两条边，利用“Connect”命令在两边之间生成两条纵边，并将纵边的顶点和上面多边形的顶点连接起来，如图4-7所示。

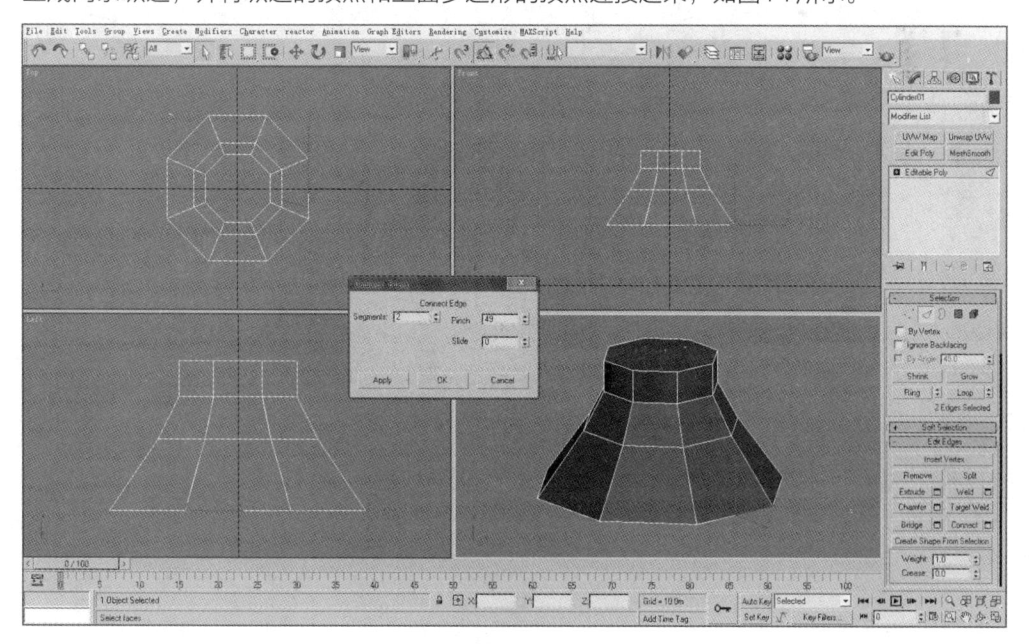

·图4-7｜布线并连接顶点

（4）选中刚刚完成布线的多边形面，利用“Extrude”命令将其挤压，如图4-8所示。

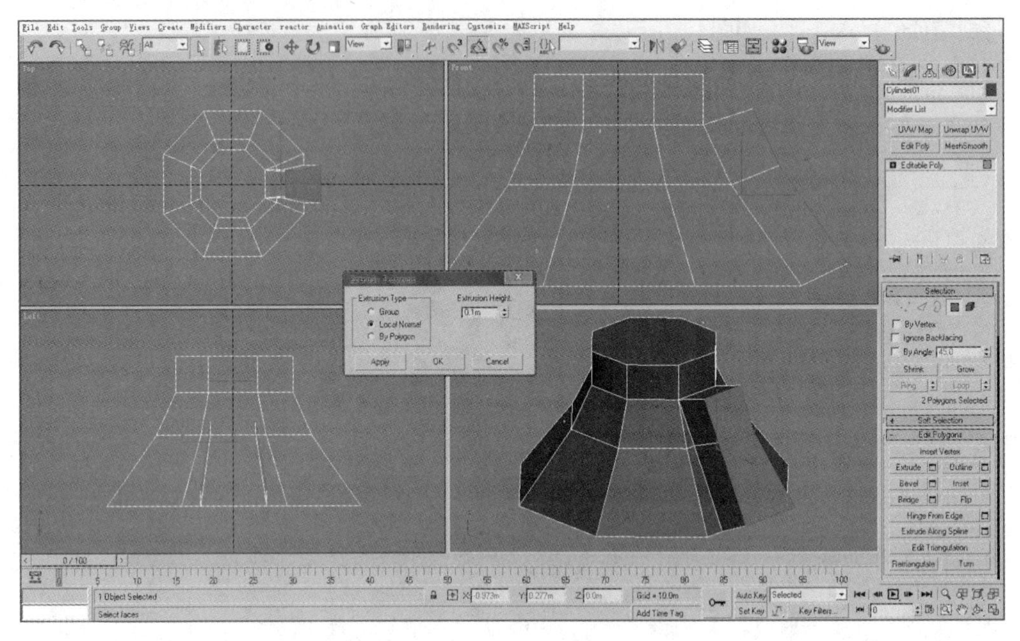

· 图4-8 | 挤压多边形面

（5）利用“Target Weld”命令，焊接表面上的顶点，并调整其他顶点的位置，如图4-9所示。

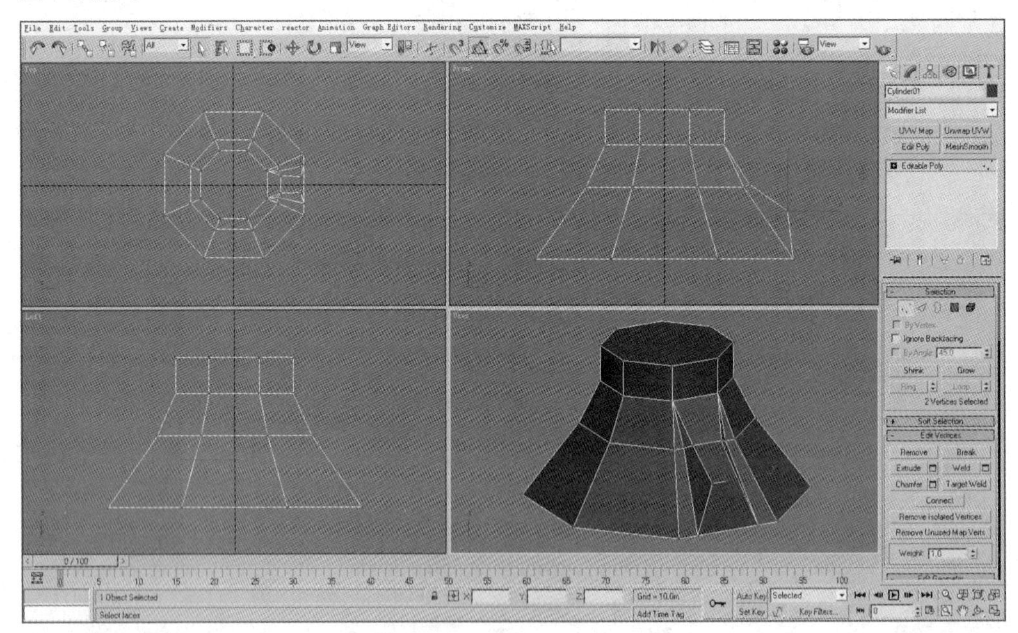

· 图4-9 | 焊接顶点

（6）利用“Extrude”命令，挤压塔顶的翘脚结构，进一步调整各顶点的位置，得到正确的模型结构，如图4-10所示。

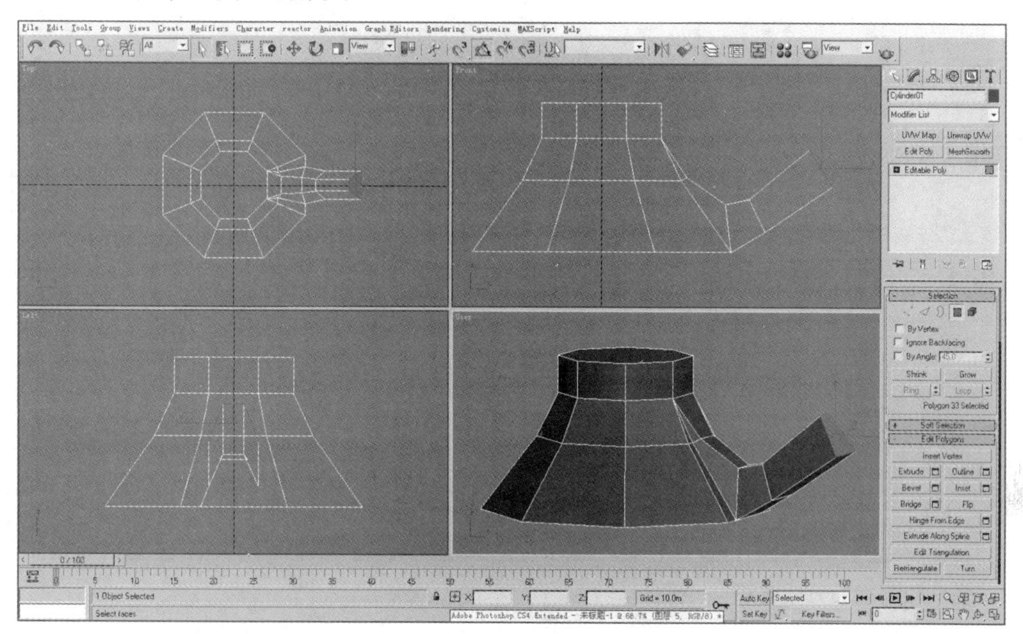

· 图4-10 | 挤压翘脚结构

（7）进入“Edge”层级，选择下面的所有纵边（不包括挤压部分的纵边），如图4-11所示。

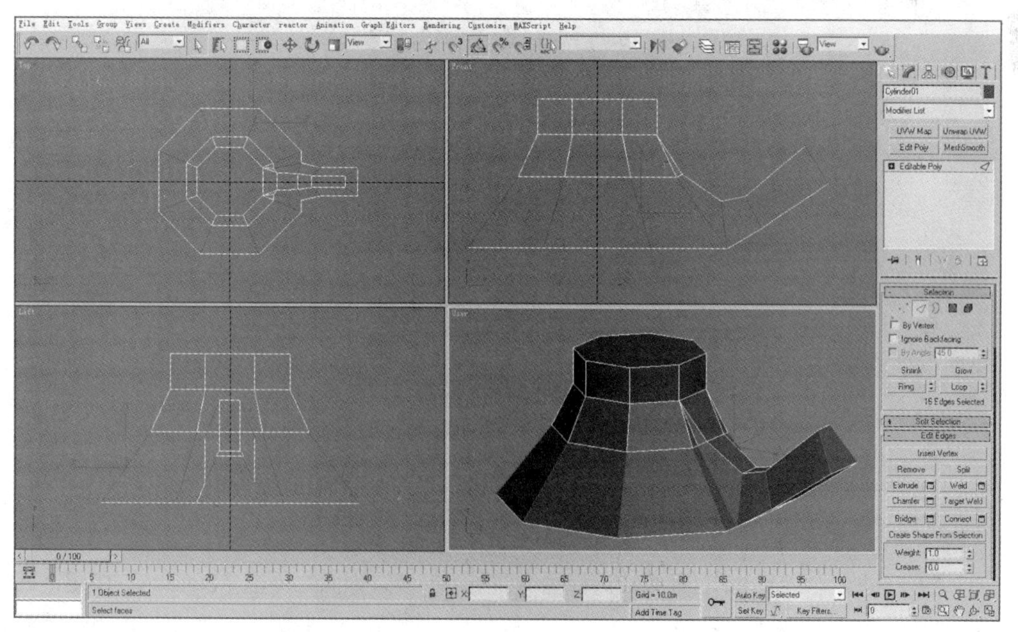

· 图4-11 | 选择下面的所有纵边

（8）利用“Connect”命令增加分段布线，为下一个结构的制作做准备，如图4-12所示。

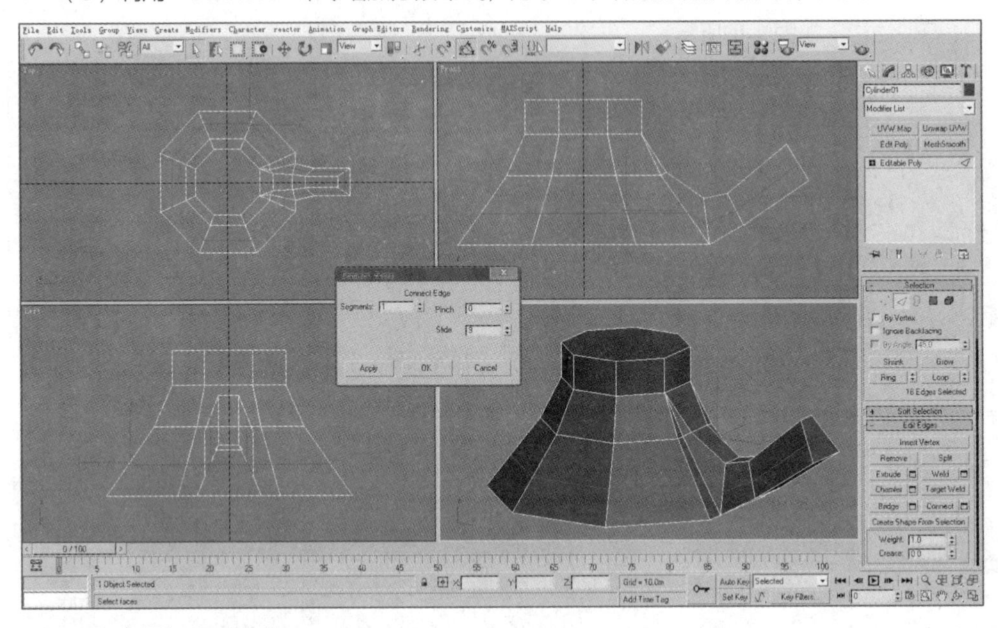

· 图4-12 | 增加分段布线

（9）进一步调整在步骤（8）中增加的模型边线，如图4-13所示。

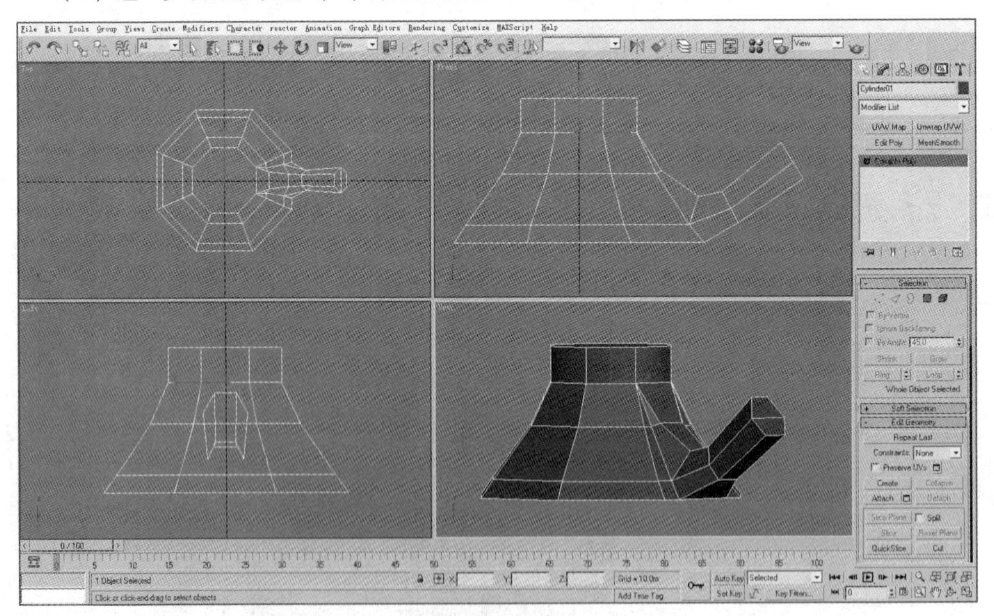

· 图4-13 | 进一步调整模型边线

（10）进入“Polygon”层级，选择图4-14所示的多边形面，单击“Detach”按钮，在弹出的对话框中勾选“Detach As Clone”复选框，将选择的多边形面克隆出新的多边形面，为下一步复制塔顶翘脚结构做准备，如图4-14所示。

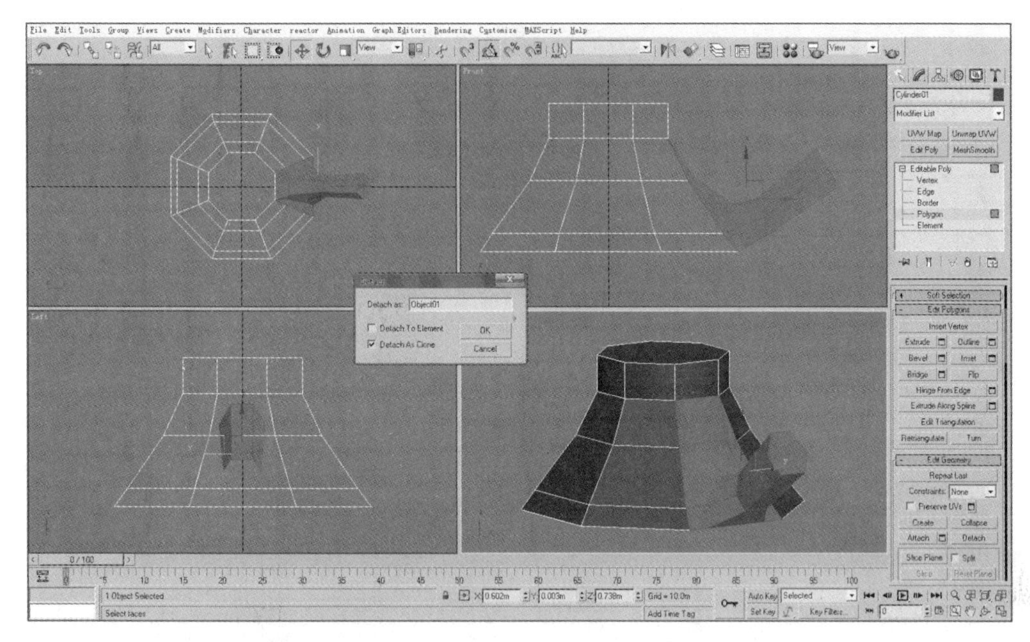

·图4-14 | 克隆所选择的多边形面

（11）选择多边形其他3个方位的表面，并将其删除，如图4-15所示。

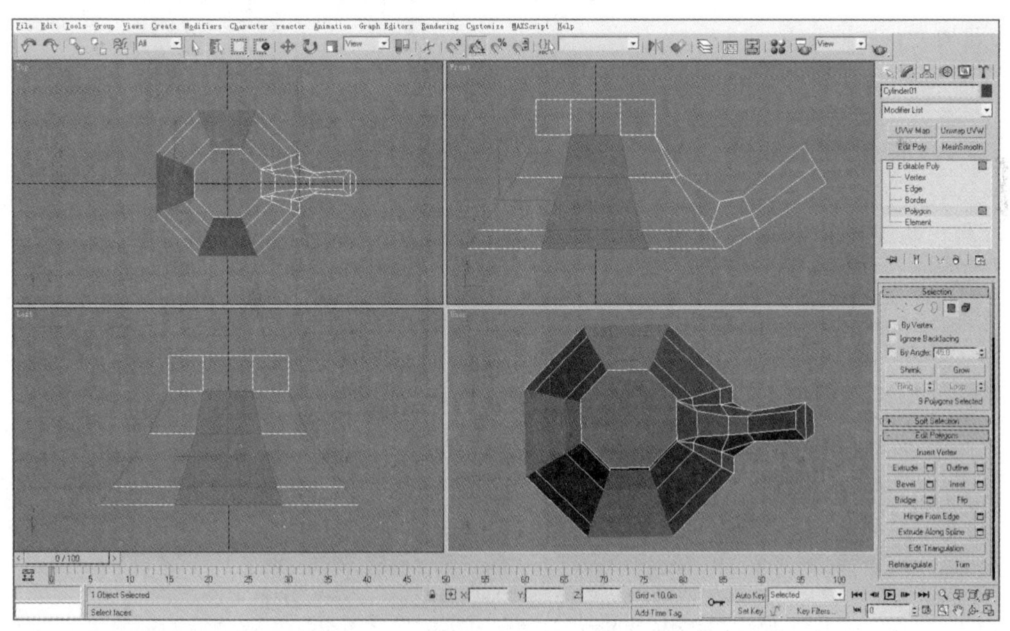

·图4-15 | 删除多边形其他3面

（12）将之前克隆的塔顶翘脚结构沿z轴旋转90°，并继续旋转复制出另外两个方位的塔顶翘脚结构，如图4-16所示。

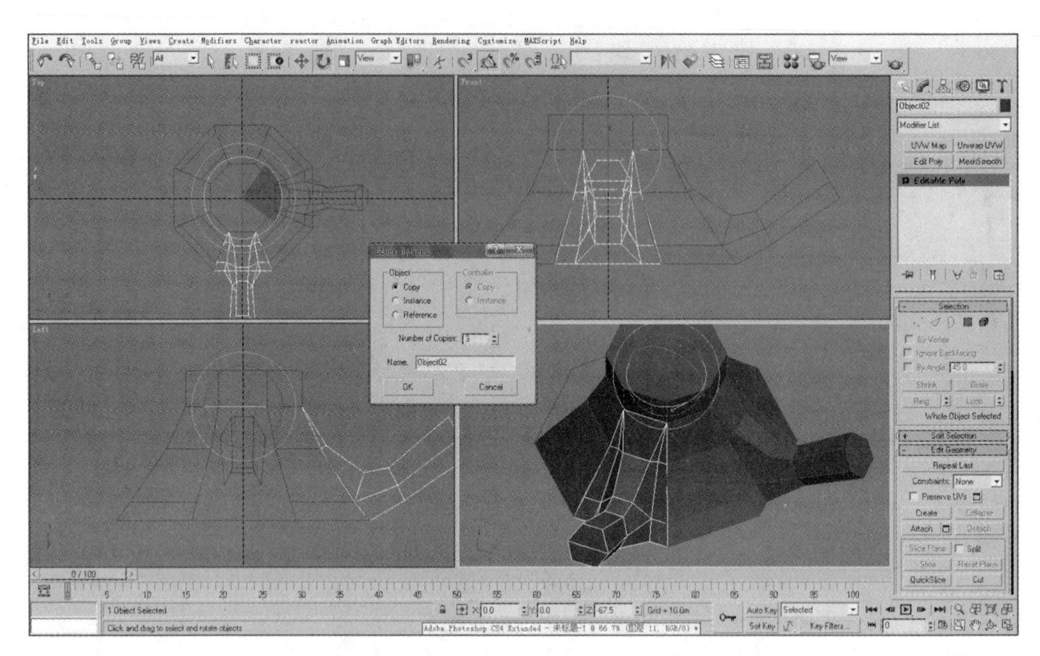

· 图4-16｜旋转复制出另外两个方位的塔顶翘脚结构

这样就初步完成了香炉塔顶的模型结构的制作，效果如图4-17所示。下面来制作塔顶上方的葫芦形宝顶结构。

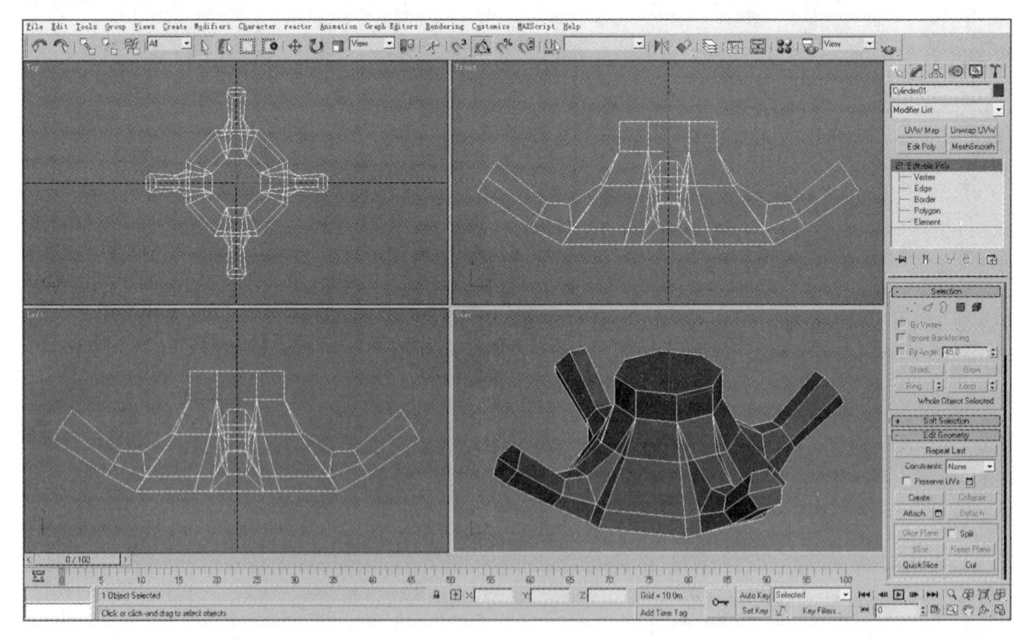

· 图4-17｜香炉塔顶的模型结构

（13）创建一个分段数为6的六边形柱体模型（见图4-18），并将其塌陷为可编辑的多边形。

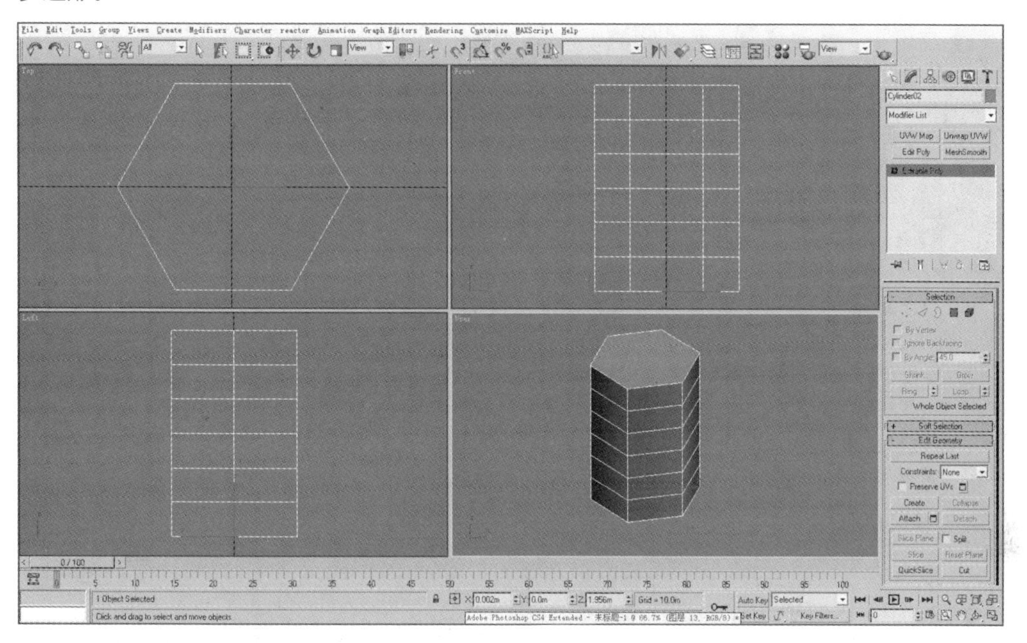

·图4-18｜创建六边形柱体模型

（14）调整刚刚创建的六边形柱体的点、线、面，制作出图4-19所示的葫芦形宝顶。

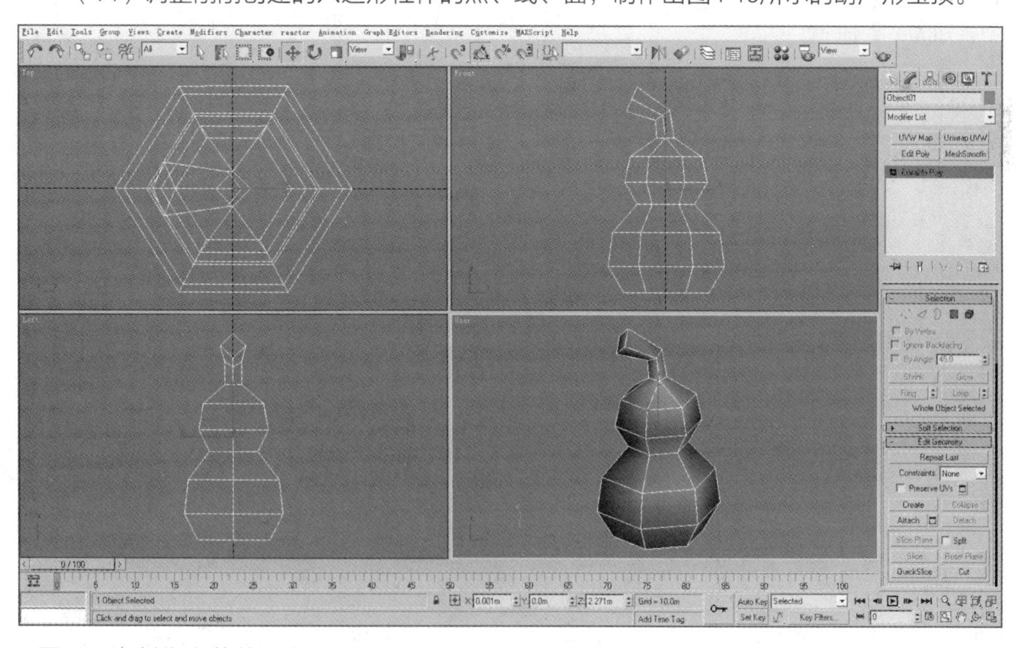

·图4-19｜制作出葫芦形宝顶

（15）将步骤（14）制作完成的葫芦形宝顶的中心与塔顶模型的上方对齐。选择塔顶模型的顶面，利用“Inset”命令将其收缩并删除，拼接效果如图4-20所示。

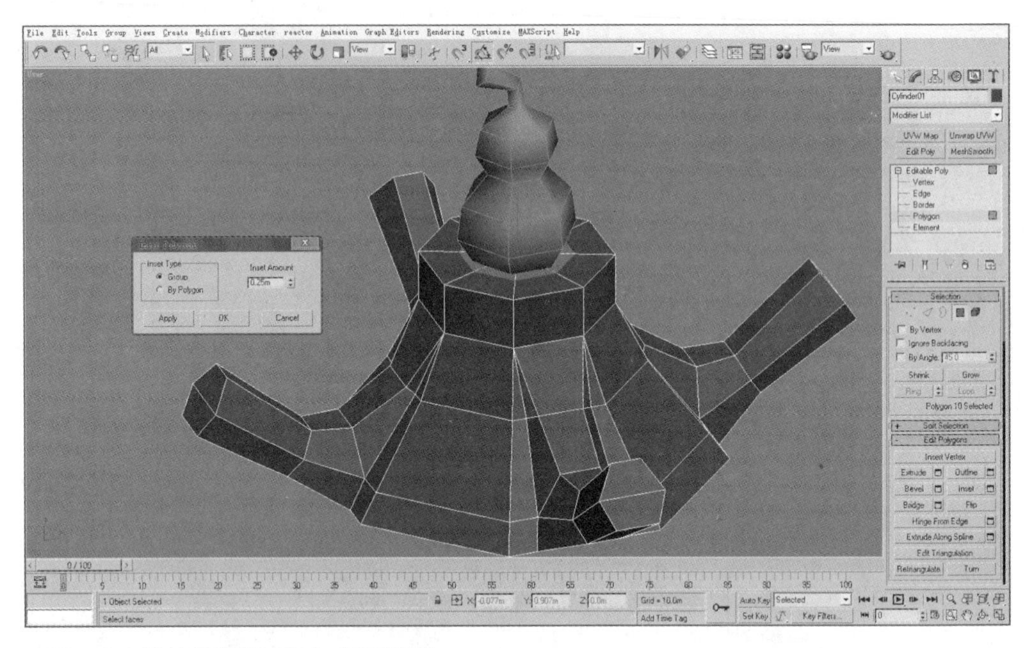

· 图4-20 | 拼接葫芦形宝顶与塔顶模型

（16）删除葫芦形宝顶的底面，并利用“Attach”命令将宝顶结合到塔顶模型上。利用“Target Weld”命令焊接交接处的顶点，进一步调整模型的顶点，最终得到完整的塔顶模型，如图4-21所示。

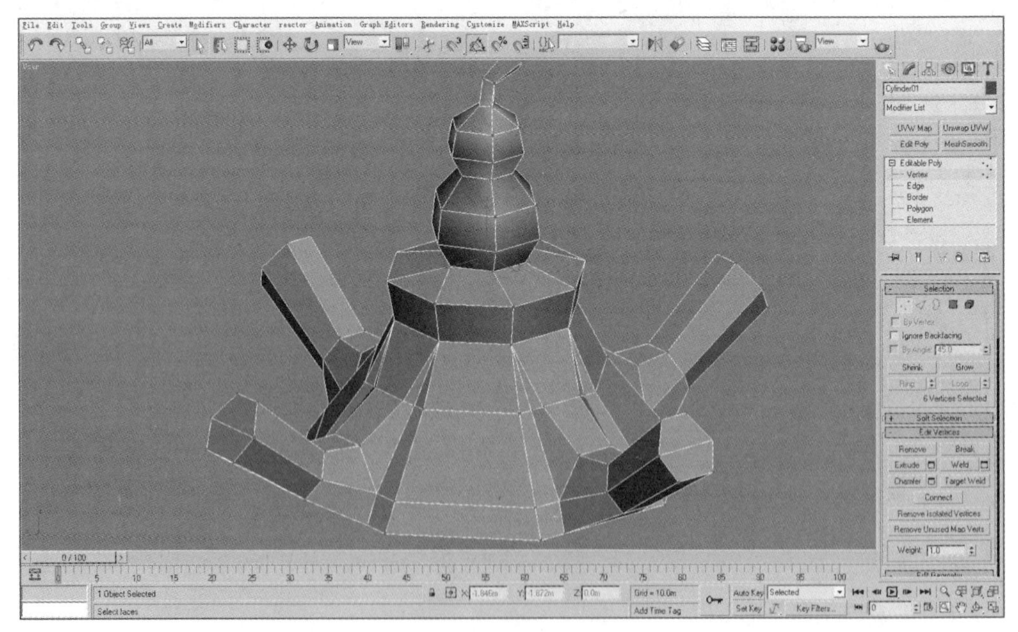

· 图4-21 | 完整的塔顶模型

（17）创建一个分段数为2的六边形柱体模型，将其中心与塔顶模型的下方对齐，调整顶点的位置，得到图4-22所示的模型结构，这就是香炉的镂空口结构模型。到这里就完成了整个香炉上半部分模型的制作。

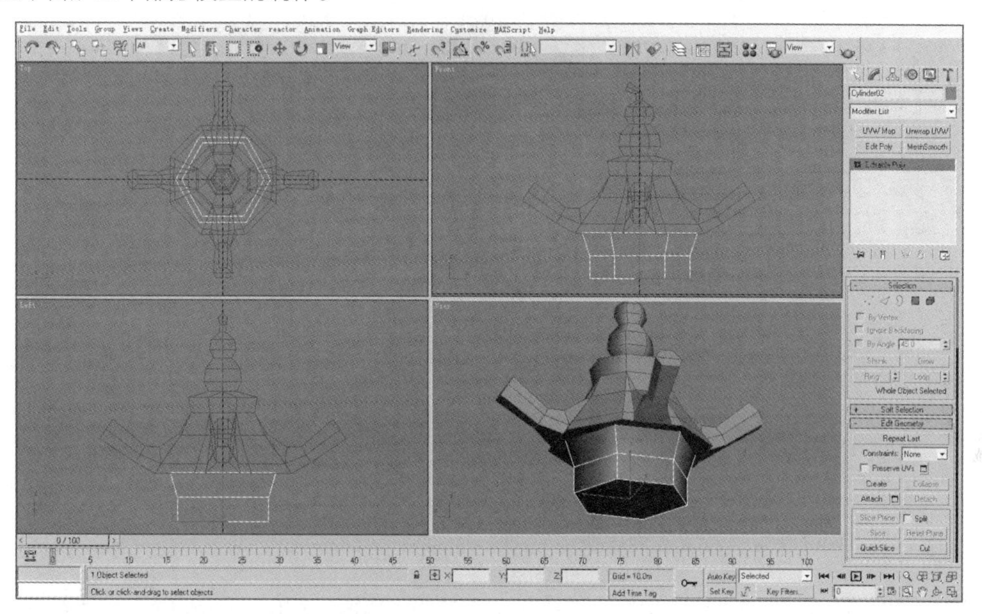

·图4-22 | 整个香炉上半部分的模型

（18）与之前制作塔顶模型时的操作相似，创建一个分段数为4的八边形柱体模型，旋转该模型使之与塔顶模型对齐，将其塌陷为可编辑的多边形并调整顶点的位置，得到图4-23所示的模型结构。下面就以此结构为基础来制作香炉下半部分的主体模型。

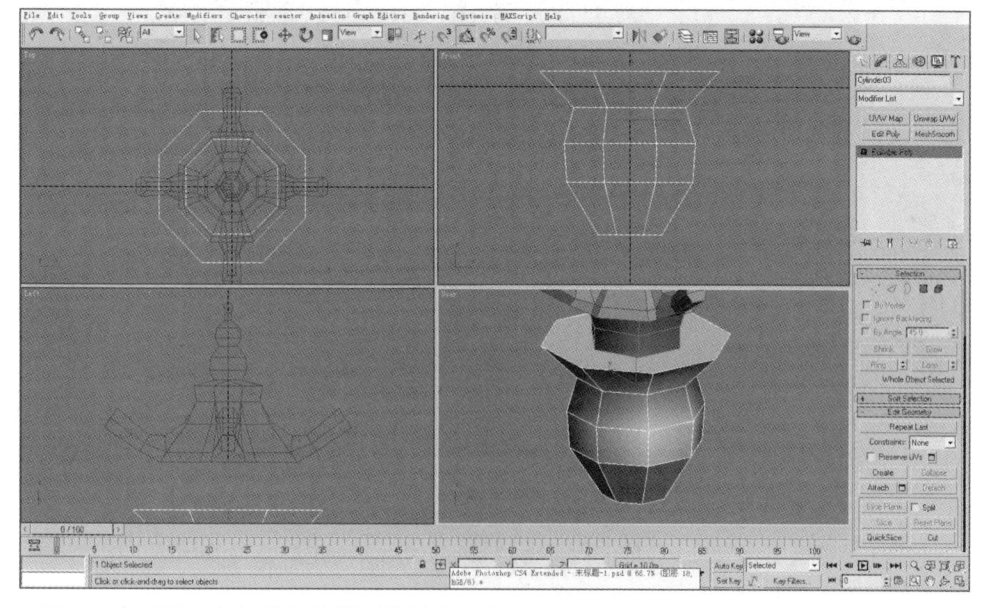

·图4-23 | 香炉下半部分主体模型的基础结构

（19）调整模型各方位的点、线，得到图4-24所示的模型结构。

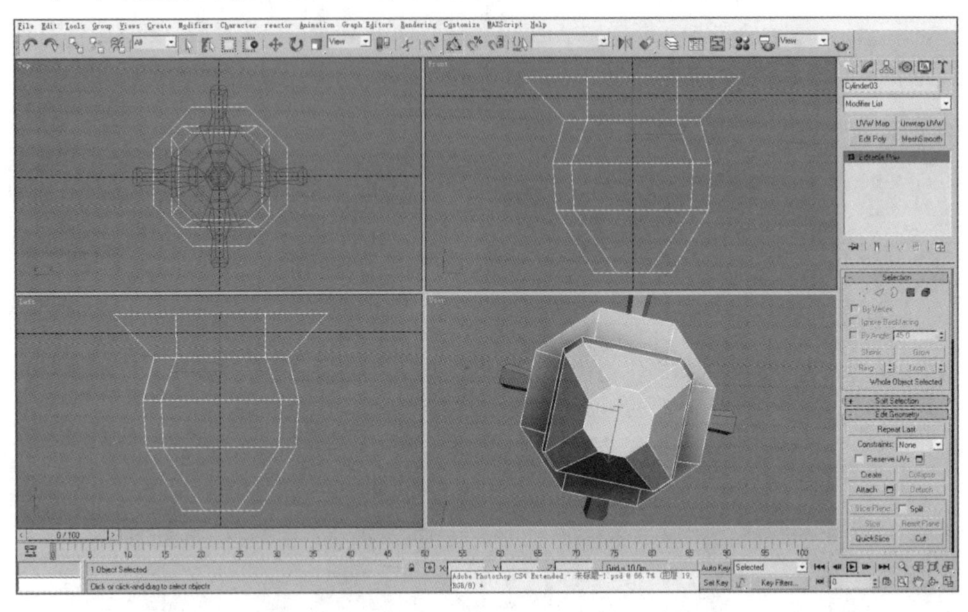

·图4-24｜调整模型各方位的点、线

（20）进入“Polygon”层级，选择正前方的模型表面，利用“Extrude”命令将其向前挤压，如图4-25所示。

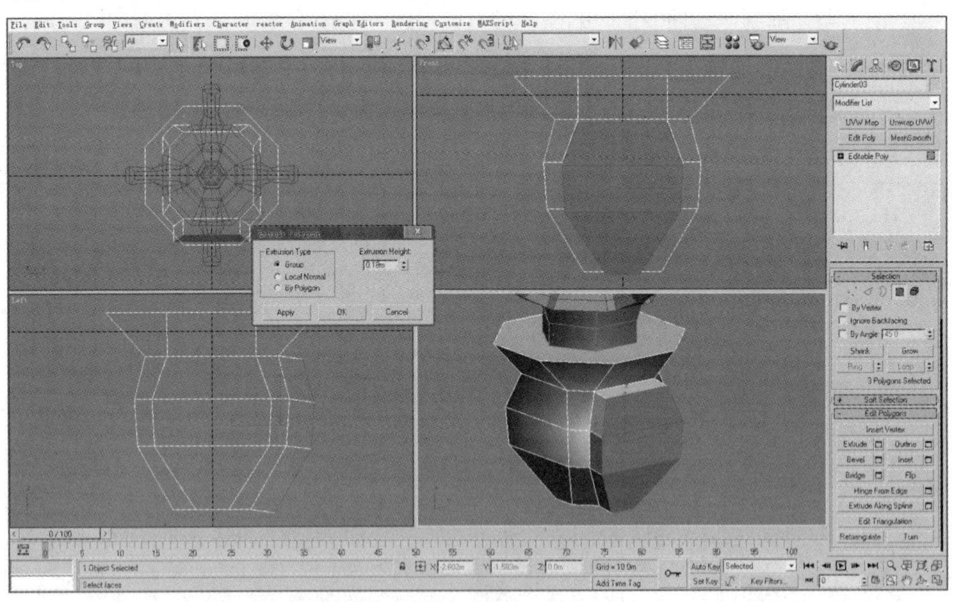

·图4-25｜挤压正前方的模型表面

（21）调整挤压结构的点、线位置，得到图4-26所示的结构，这个突出的结构就是香炉青铜雕刻纹饰的贴图位置。

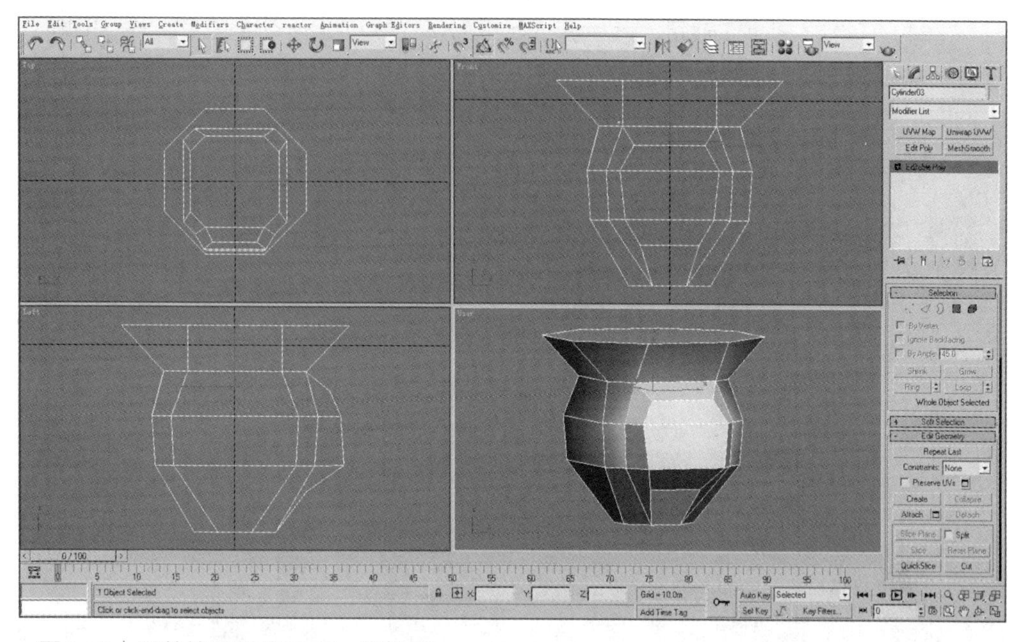

·图4-26｜调整挤压结构的点、线位置

（22）接下来制作模型其他3个方位的突出结构，这里也可以采用之前制作塔顶翘脚结构的方法，即先删除其他3个方位的模型面，再通过克隆得到最终的模型。

（23）在模型顶部边缘处增加分段线并调整边线，得到图4-27所示的结构。

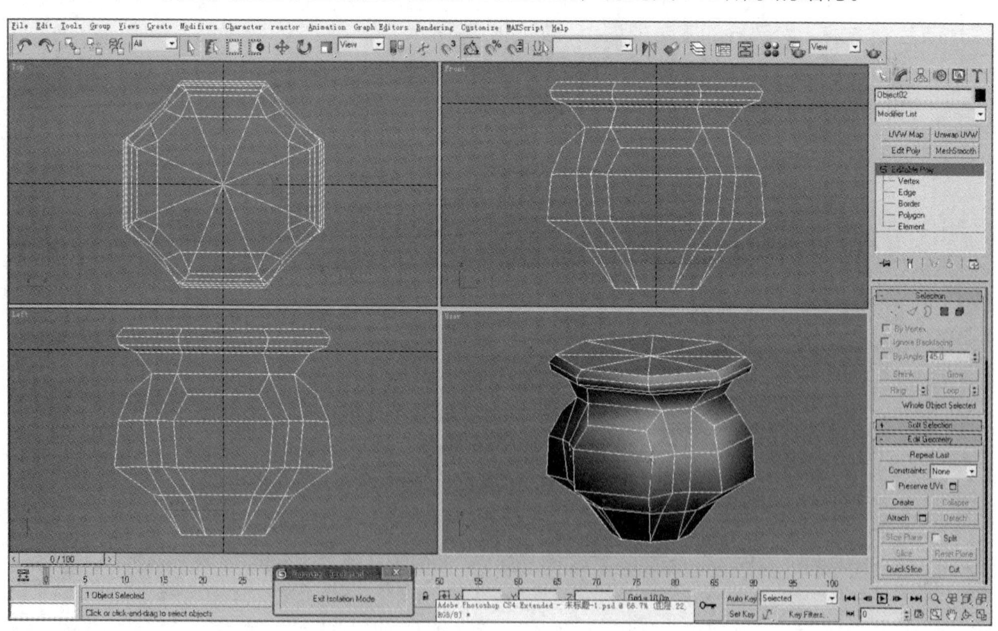

·图4-27｜在模型顶部边缘处增加分段线并调整边线

（24）开始制作香炉的底足，因为4只底足都为相同的模型，所以这里只制作一只即可。创建立方体模型，将其塌陷为可编辑的多边形，调整点、线、面，得到图4-28所示的底足。

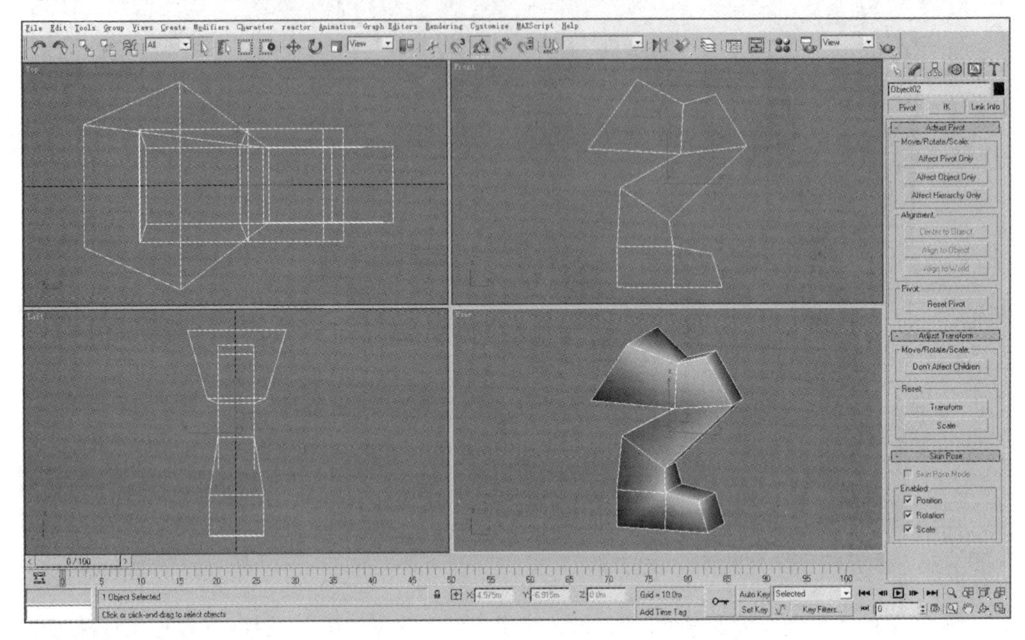

·图4-28｜制作香炉的一只底足

（25）调整底足的位置，旋转复制出香炉的其他3只底足，并利用“Attach”命令将4只底足结合到香炉下半部分的主体模型上，如图4-29所示。

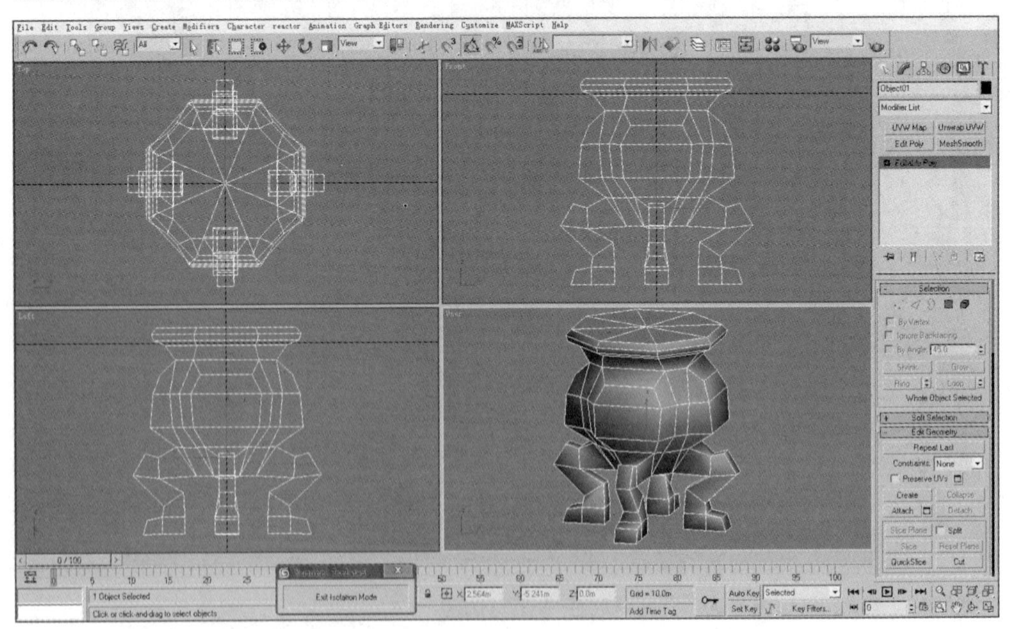

·图4-29｜将4只底足结合到主体模型上

（26）利用与制作底足相似的方法，制作出香炉侧耳的主体模型，如图4-30所示。

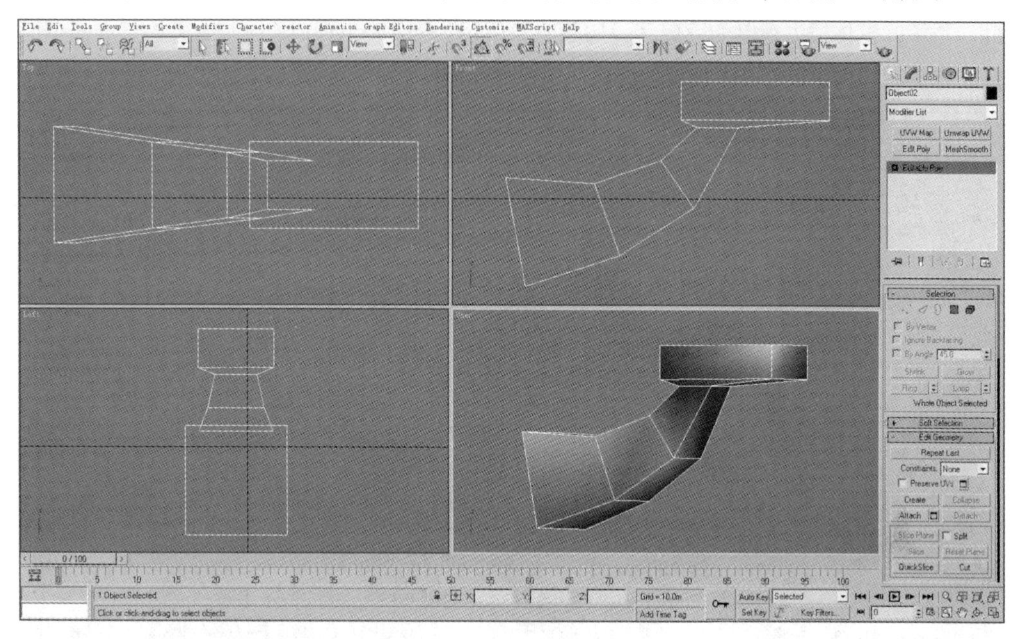

· 图4-30 | 制作香炉侧耳的主体模型

（27）创建一个分段数为8的六边形圆环体模型，将其作为侧耳的吊环，如图4-31所示。

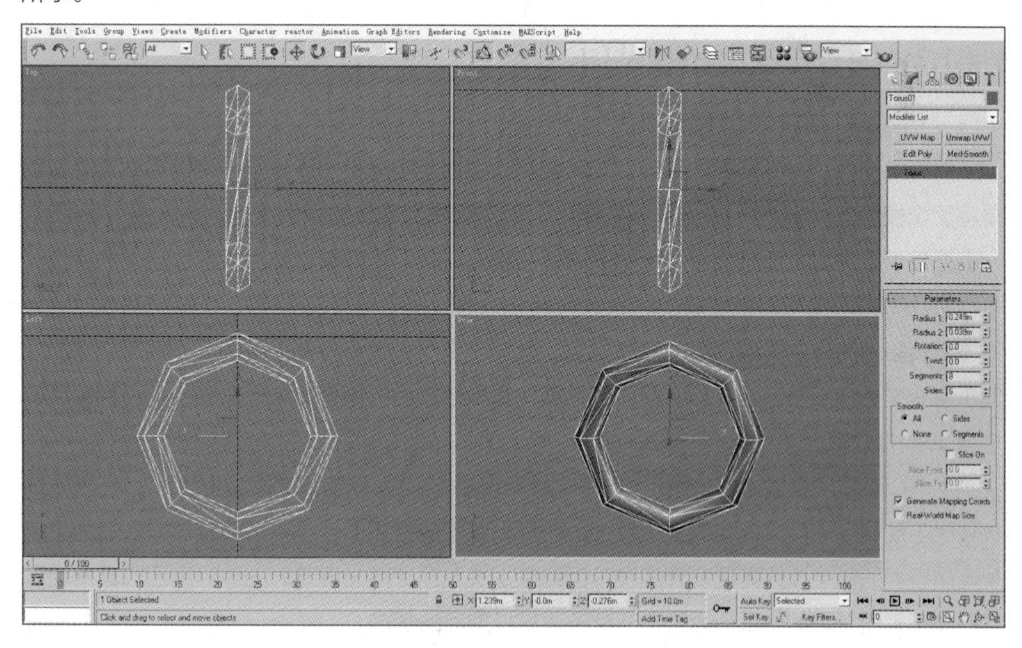

· 图4-31 | 制作侧耳的吊环

（28）将侧耳调整到正确的位置，然后利用“Attach”命令将其结合到香炉模型上，至此，香炉的整体模型就制作完成了，如图4-32所示。利用Polygon Counter工具查看模型面数，尽管其结构比较复杂，但模型面数还不到1000面。

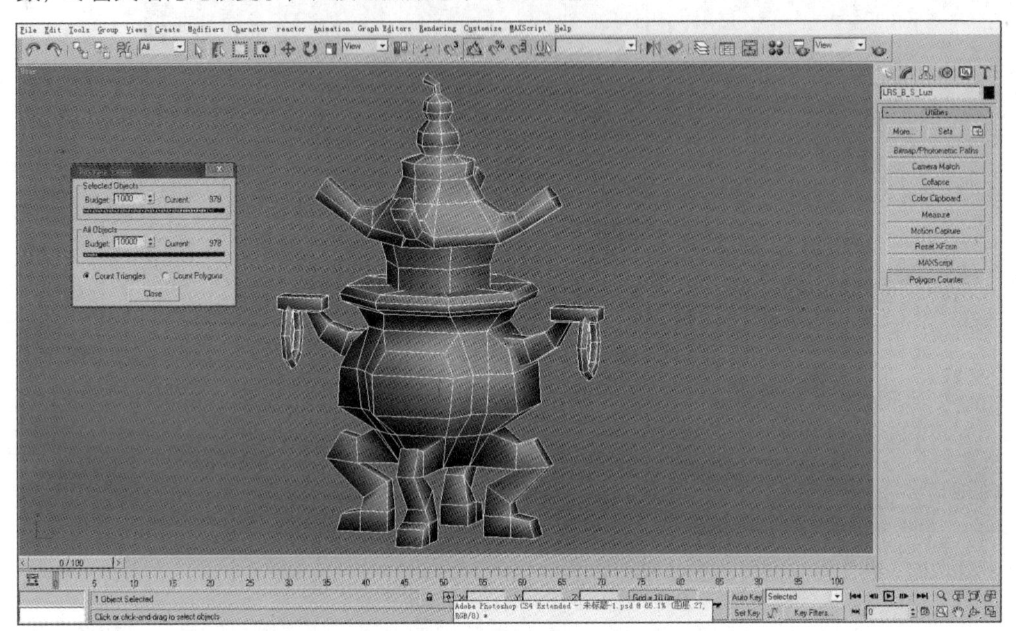

·图4-32｜香炉的整体模型

4.1.2 为香炉模型添加贴图

下面开始为香炉模型添加贴图。

前面提到为了减少贴图的张数，场景道具模型通常不采用一般建筑模型的贴图方式，而是将整个模型的UV网格平展到一张贴图上。而对于本次制作的实例模型，如果要将所有UV网格直接拆分平展，无疑会耗费更多的时间和精力。针对香炉模型结构对称且重复的特点，可以将具有相同结构的模型表面删除，只拆分一组模型结构的UV网格，在贴图完成后，再通过旋转复制的方式得到最终的完整模型。这样不仅可大大节省制作时间，而且可让贴图后的模型变得更加工整。图4-33右侧所示为删除重复结构后的模型结构，左侧所示为拆分后的模型UV网格分布。

（1）将UV网格渲染出的图片导入Photoshop中就可以开始绘制模型贴图了。在基本线稿和底色绘制完成后，在贴图上面叠加一张青铜纹理的材质图片，并选择叠加方式。为了表现金属表面的质感，还需要在叠加图片后继续提亮贴图的高光细节。图4-34所示为最终绘制好的模型贴图，图4-35所示为将贴图赋予香炉模型后的状态。

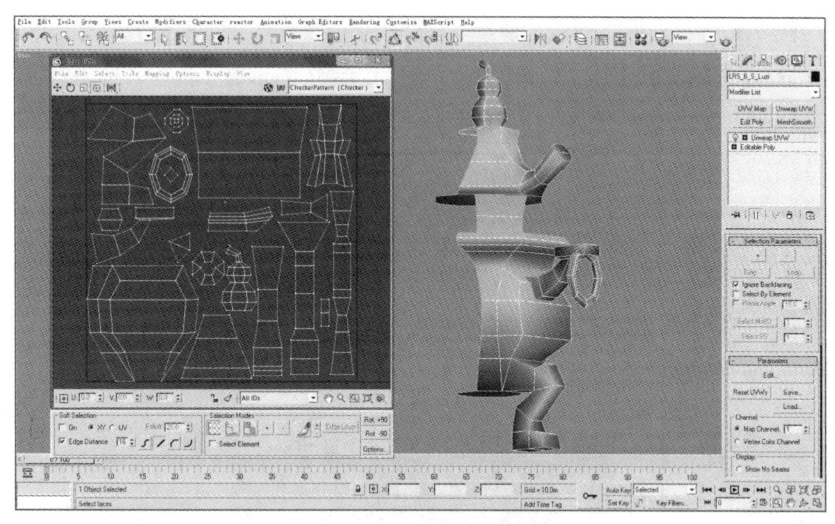

· 图4-33 | 模型UV网格分布

· 图4-34 | 最终绘制好的模型贴图

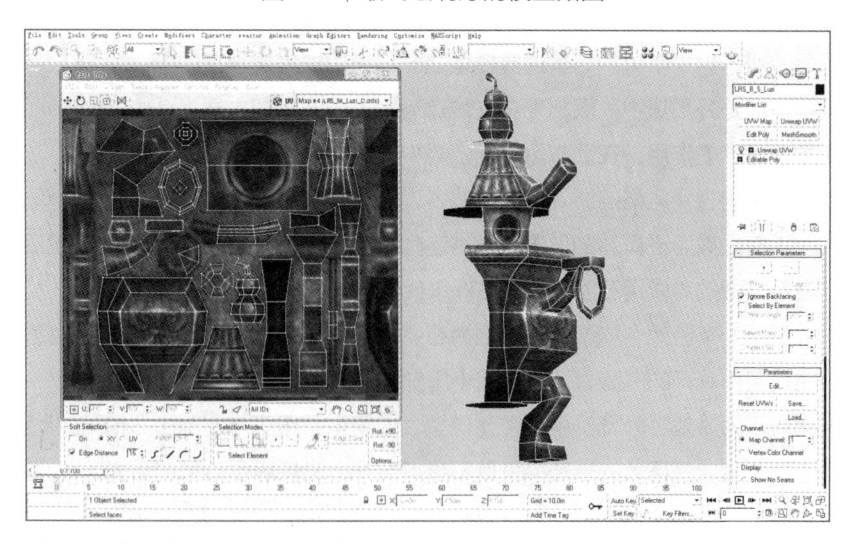

· 图4-35 | 将贴图赋予香炉模型

（2）图4-36所示为最终的香炉模型。之后还可以制作出模型的高光贴图和凹凸贴图，分别添加到材质球的Specular Level和Bump贴图通道中，来进一步增强模型的金属质感。当然，这些贴图的赋予必须在游戏引擎的支持下进行。

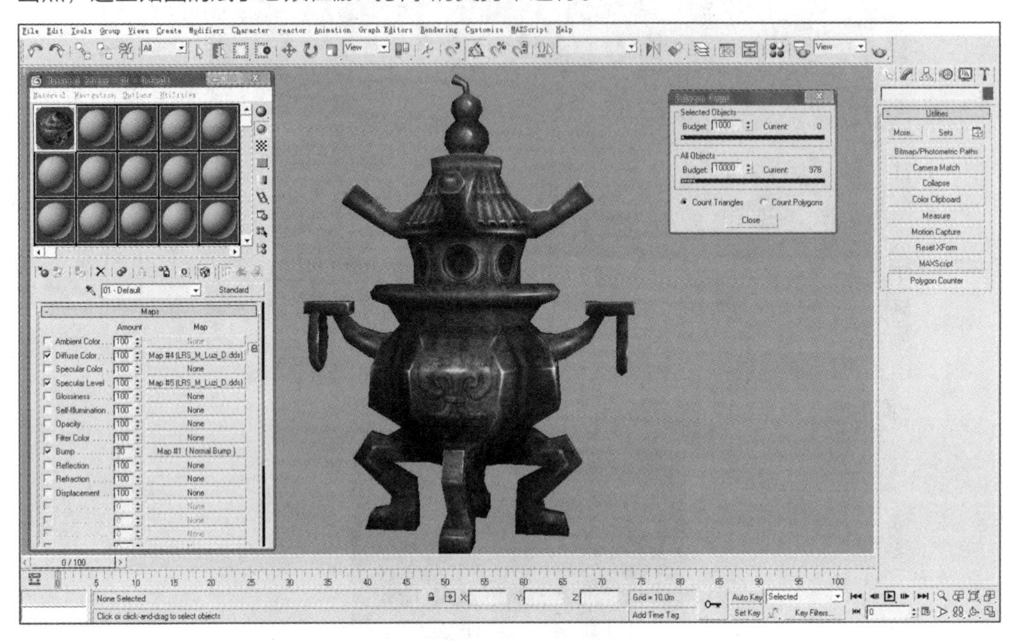

· 图4-36 | 最终的香炉模型

4.2 | 实例制作——游戏场景道具模型之龙雕塑

雕塑是游戏场景中常见的场景道具模型之一，它们通常出现在主城建筑群落或野外场景中，而出现在主城建筑群落中的雕塑主要起装饰和象征标志的作用。在西方风格的游戏中，雕塑多以人形雕塑为主；而在中国古代风格的游戏中，雕塑多以古老传说中的各种祥兽为原型，设计师对其进行艺术加工使之成为更具体的形象。通常这类雕塑模型都是由角色模型修改加工而成的，只不过在最后贴图的时候用石质或金属贴图来代替生物贴图。

游戏场景道具模型之龙雕塑

图4-37所示为某游戏中的雕像。雕像为石质的人物角色模型，巍峨矗立在道路两侧，不仅突出了主城宏伟威严的气势，还是游戏中历史的符号化象征。

图4-38所示为游戏野外场景中的雕塑模型，该模型采用了与周围山石相同的贴图，与周围的环境十分融合，使巨大的雕塑模型既不显得突兀，又能吸引玩家的目光，成为野外场景中的焦点。

· 图4-37 | 游戏中的雕像

· 图4-38 | 游戏野外场景中的雕塑模型

图4-39所示为游戏场景雕塑的原画设定。该雕塑主体位于巨大的基座之上，如果将这类模型放在主城建筑群落中，通常可作为广场上的标志性雕塑；而如果将其放在野外场景中，其本身就可以代替建筑模型，充当独立的场景模型。

· 图4-39 | 游戏场景雕塑的原画设定

在游戏公司中，并不要求角色美术设计师一定能制作出场景模型，但要求场景美术设计师必须能够熟练地制作出角色模型。因为三维场景美术设计师经常会面对要制作各种不同风格的场景模型的情况，这就要求其在研习建筑模型的同时，还必须掌握角色模型的制作技巧。这也是在三维游戏美术团队中场景美术设计师往往能独当一面的原因。

下面以龙雕塑为例来讲解雕塑类场景道具模型的制作方法。

4.2.1 龙雕塑三维模型的制作

图4-40所示为龙雕塑的原画设定。图中是一个龙形的抱鼓石雕，从整体来看，该模型分为上下两部分：上方是一条具象的龙，包括头、身和前肢；下方是典型的抱鼓石雕结构，包括鼓形雕塑和基座，上面刻有大量中国古典传统纹饰。该雕塑是一个中心对称的结构，所以在制作时只需要制作半边，另外半边可以用Symmetry（对称）修改器通过镜像得到。下面开始实际制作。

· 图4-40 | 龙雕塑的原画设定

（1）打开3ds Max，创建一个有一定分段的立方体模型，并旋转模型，让原本中心所在的底面成为侧面，然后右击“Move”按钮进行设置，让x轴归零，如图4-41所示。这一步操作是为步骤（2）添加Symmetry修改器做准备。

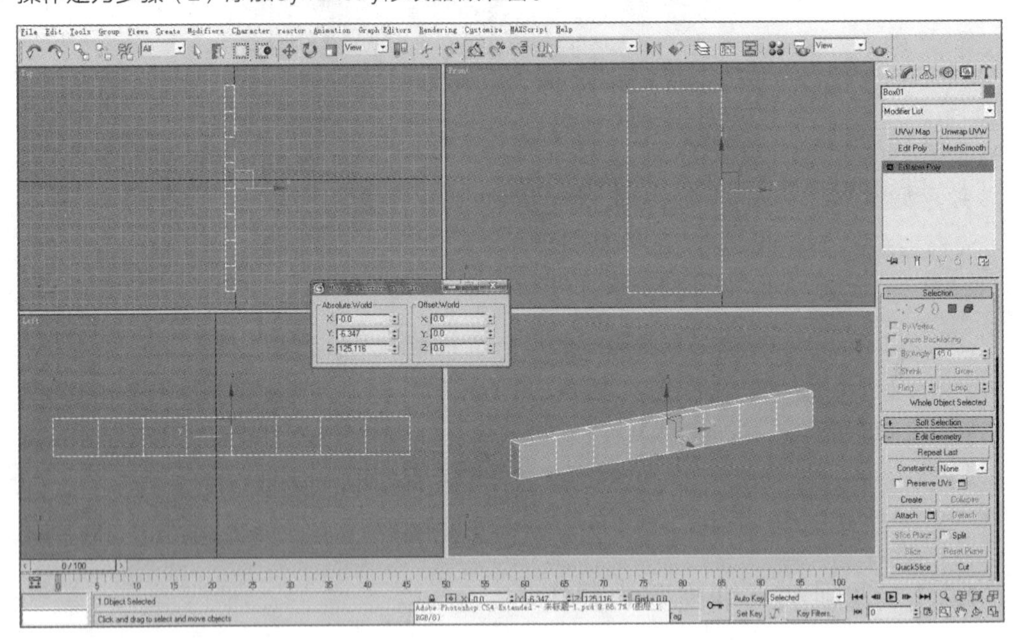

· 图4-41 | 让x轴归零

（2）将上述模型塌陷为可编辑的多边形，在修改器列表中找到并添加Symmetry修改器，如图4-42所示。Symmetry修改器的使用方法非常简单，只需要根据具体的模型来选择合适的轴向，就可以通过镜像显示出另一半对称的模型。Symmetry修改器包括一个Mirror（镜像）子层级平面，其操作方法跟前文讲过的Gizmo平面的类似：勾选“Flip”复选框可以显示反向镜像的效果，“Slice Along Mirror”选项用于决定是否显示模型对称中心的边线。

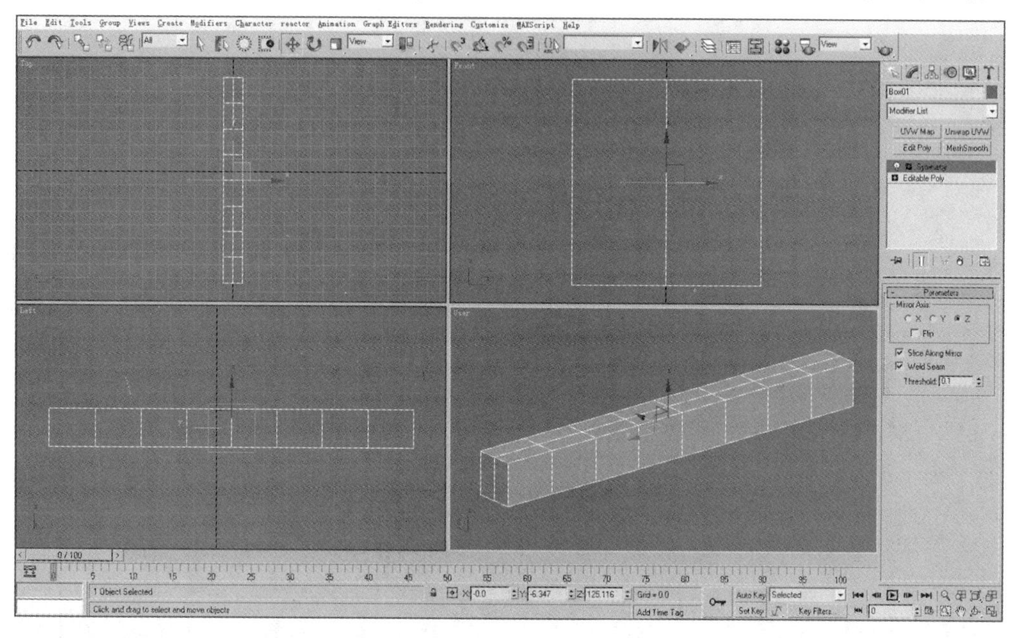

· 图4-42 | 添加Symmetry修改器

（3）开始编辑多边形，将其调整为图4-43所示的形态，制作出龙身体的大致结构。这里可使用一个技巧：在堆栈窗口正下方有一排按钮，单击第二个按钮可以让其处于凹陷状态，这样当退回编辑多边形命令时，模型仍然处于镜像对称的状态。

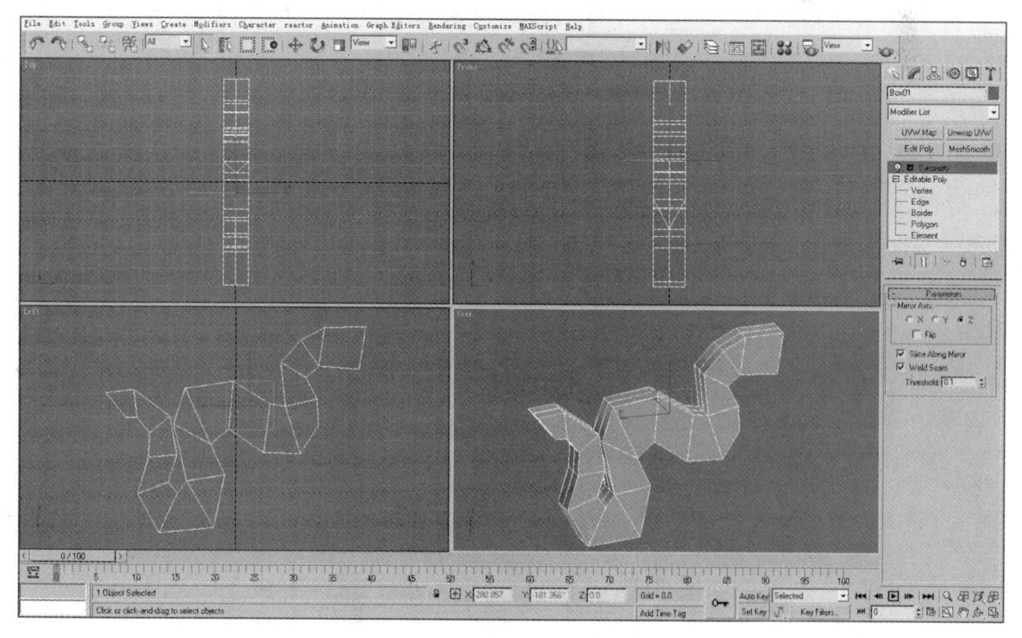

· 图4-43 | 将多边形调整为龙的形态

（4）通过连接、布线、挤压等操作进一步编辑模型，制作出龙嘴的部分，如图4-44所示。

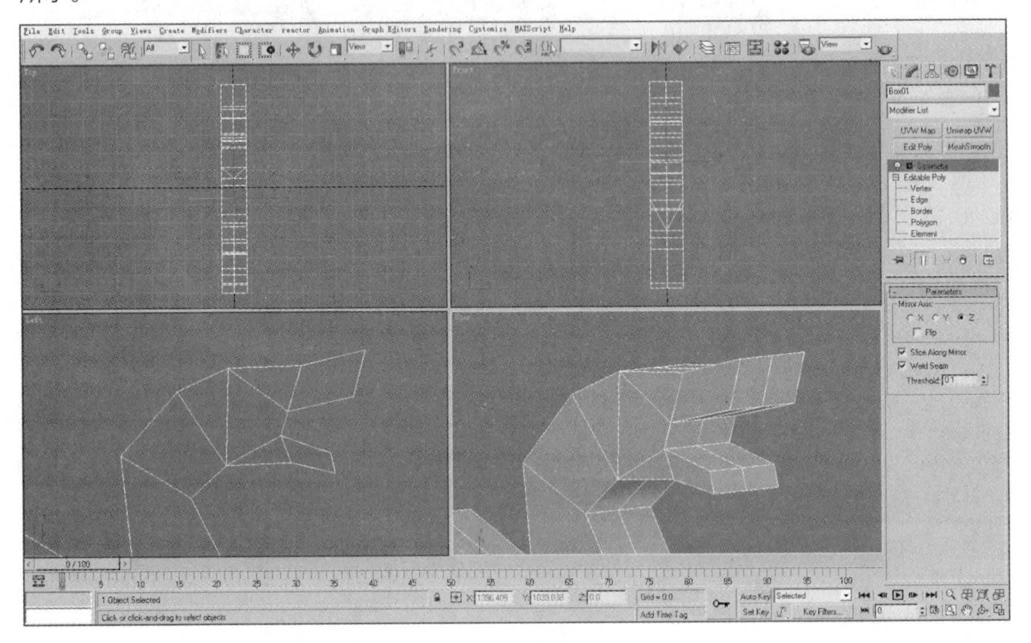

· 图4-44 | 制作龙嘴

（5）通过布线、挤压、倒角等操作制作出龙角，这样就形成了龙头的基本结构，如图4-45所示。

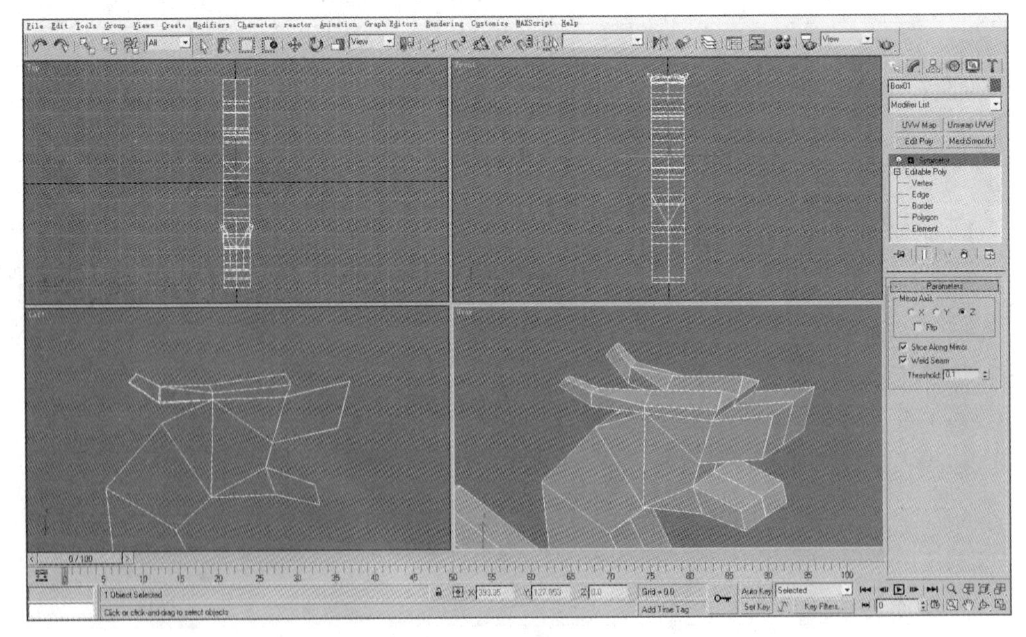

· 图4-45 | 制作龙角

（6）编辑龙头模型的细节，制作出如图4-46所示的龙头。

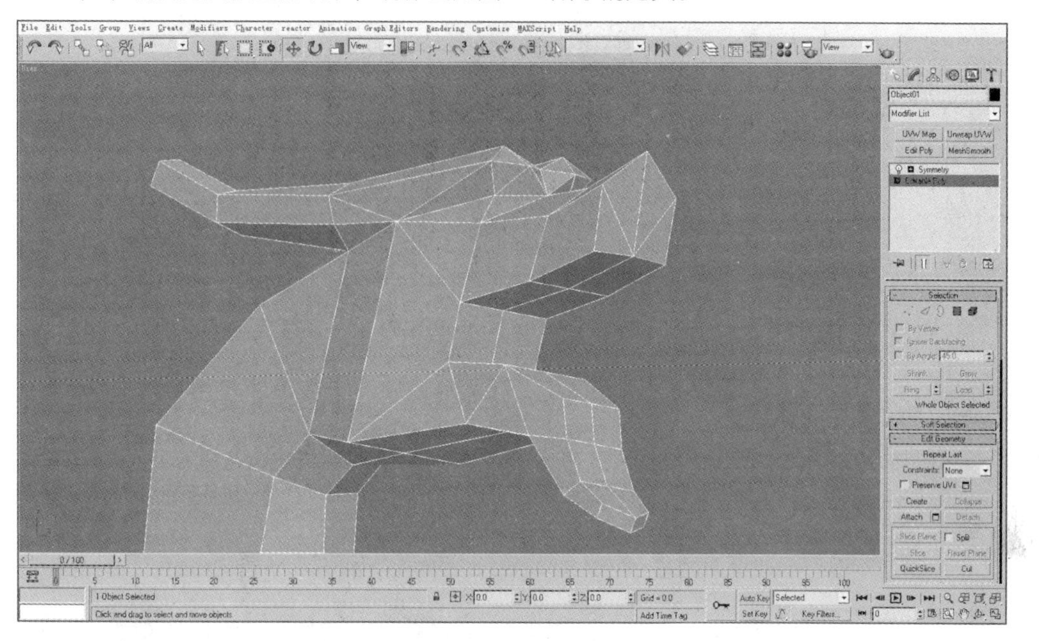

· 图4-46 | 编辑龙头模型的细节

（7）添加舌头和牙齿等细节模型，这样龙头就基本制作完成了，如图4-47所示。

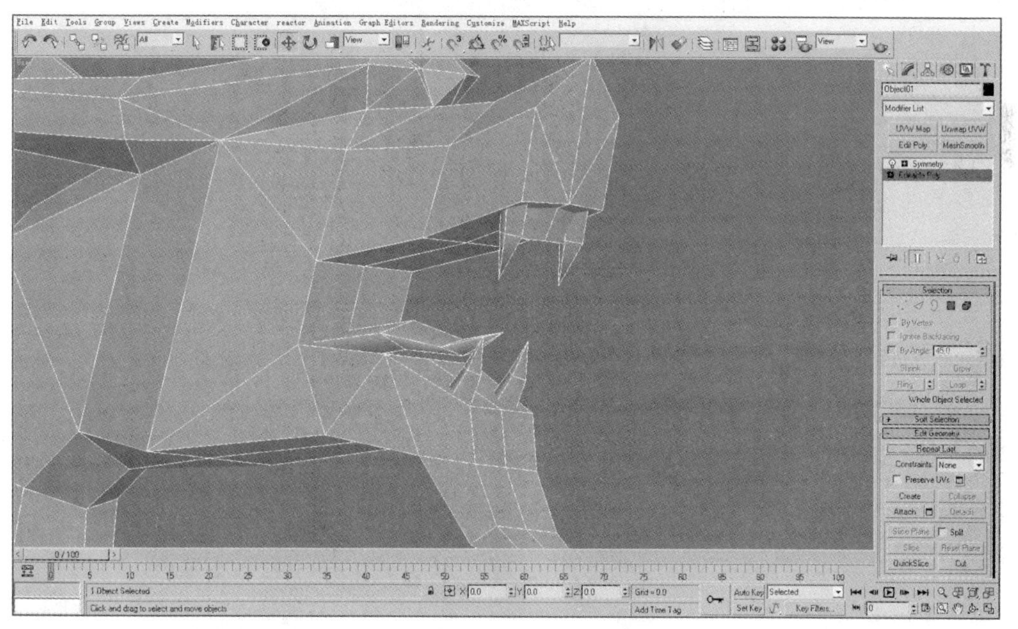

· 图4-47 | 添加舌头和牙齿

（8）用类似的方法制作出龙身模型，如图4-48所示。

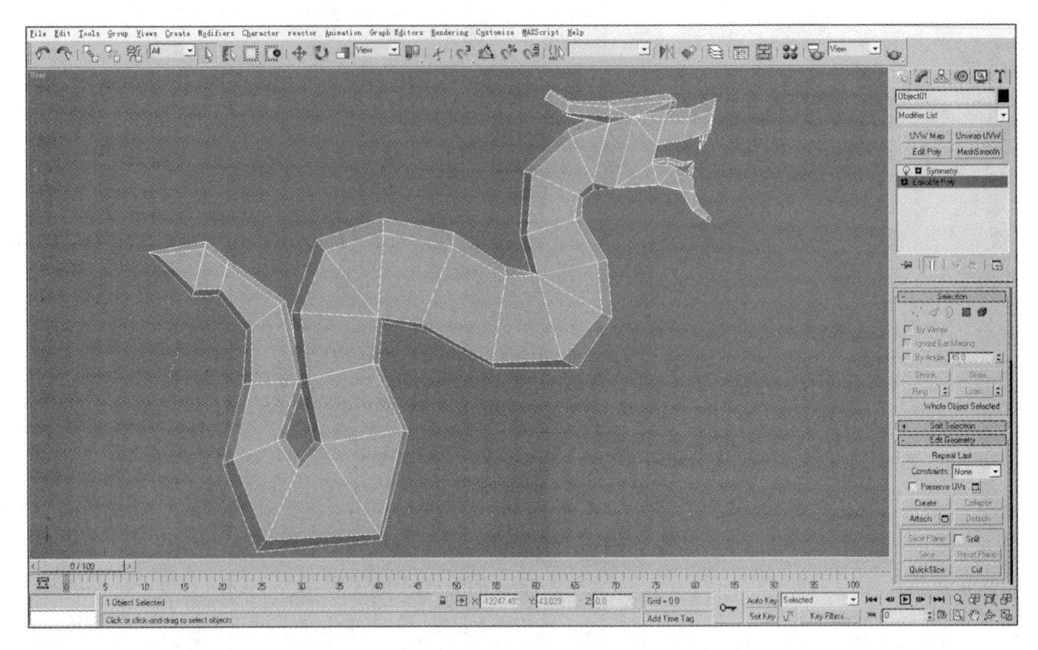

· 图4-48 | 制作龙身模型

（9）用编辑多边形的方法制作出龙前肢模型，如图4-49所示（另一条腿通过“Mirror”命令直接复制可得）。该模型结构相对简单，所以这里不做详细讲解。

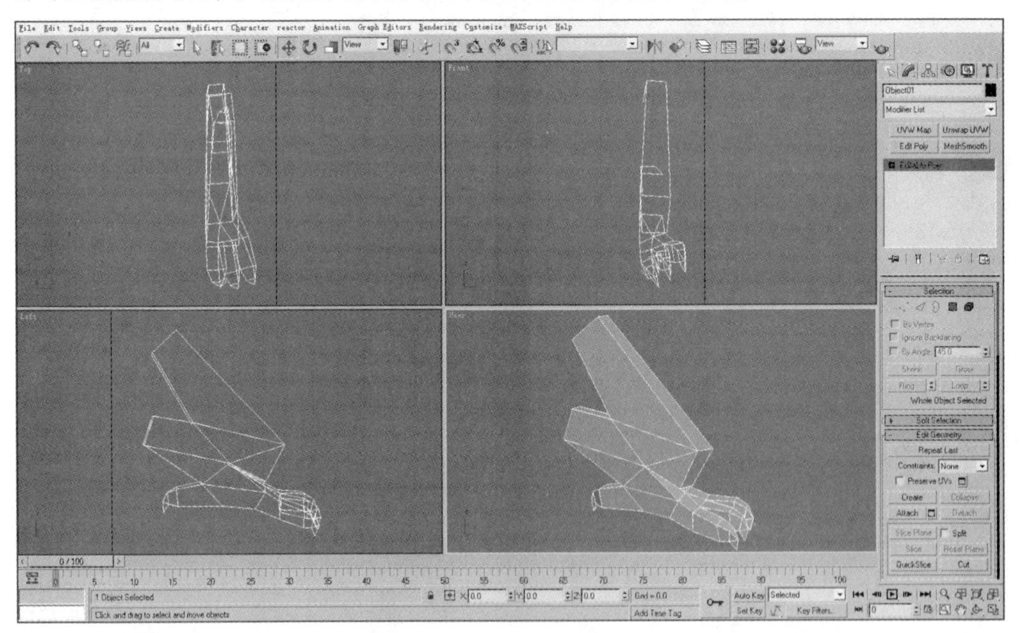

· 图4-49 | 制作龙前肢模型

（10）利用“Attach”命令将龙前肢模型结合到龙的主体模型上，并将模型的所有多边形面都设置为统一的光滑组，这样龙的模型就制作完成了，如图4-50所示。

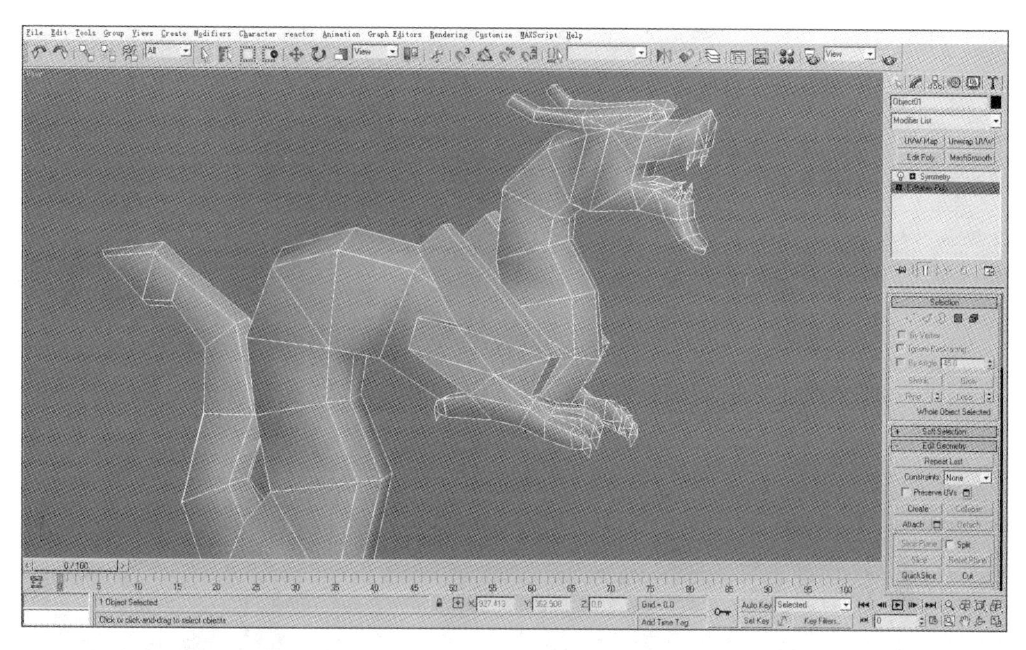

·图4-50｜龙的整体模型

下面开始制作鼓形雕塑模型。

（11）创建一个分段数为1的十二边形柱体模型，旋转轴心面将其与x轴对齐，并将新建模型塌陷为可编辑的多边形，然后选中外侧的面将其整体收缩一定的比例，如图4-51所示。

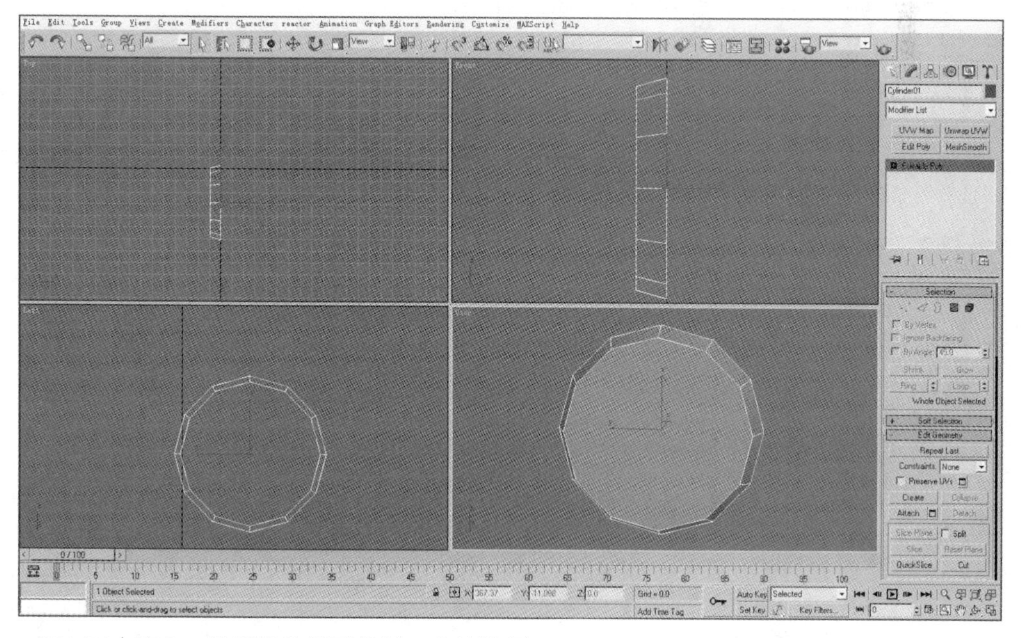

·图4-51｜将十二边形柱体模型收缩一定的比例

（12）添加Symmetry修改器，选择合适的对称轴向，连接侧面的顶点，将其调整为合理的线面结构。这里要注意在编辑多边形模型时，要保证模型上的面都为四边形或三角形，切忌出现4条边以上的多边形面。如果出现了就要连接顶点、添加边线，让面细分为四边形面或三角形面。这样鼓形雕塑模型就制作完成了，如图4-52所示。

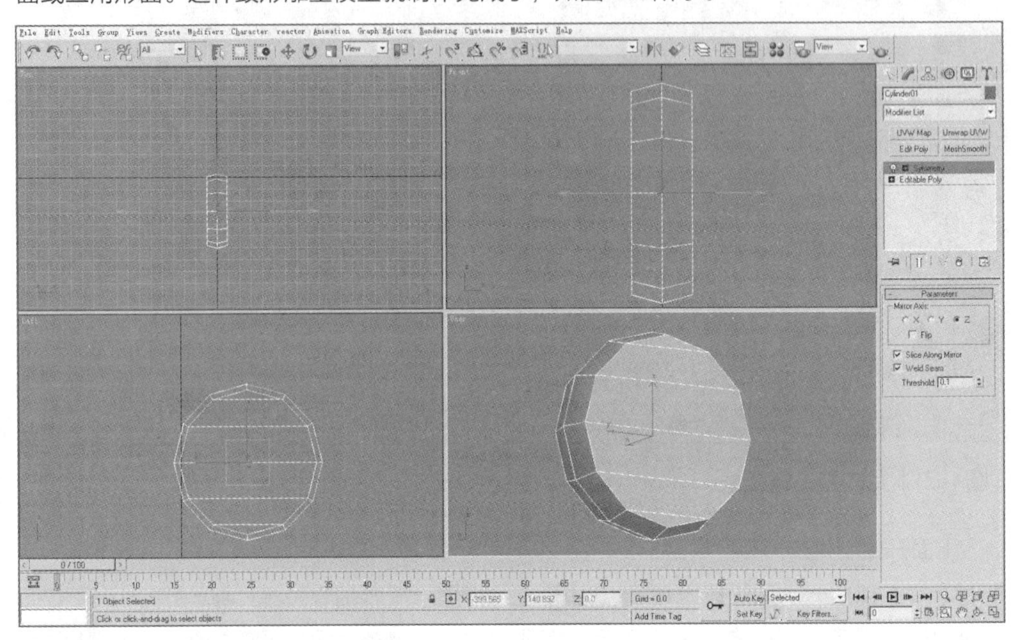

· 图4-52 | 鼓形雕塑模型制作完成

（13）利用立方体模型制作出基座模型的基本结构，如图4-53所示。

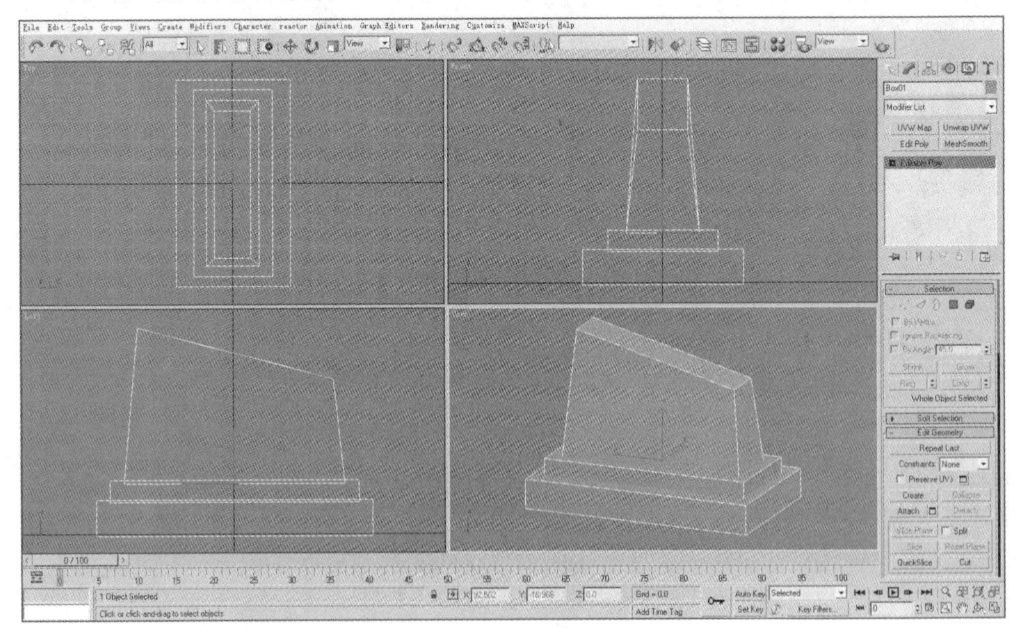

· 图4-53 | 制作基座模型的基本结构

（14）进一步划分布线，制作出的基座模型的细节部分，如图4-54所示。

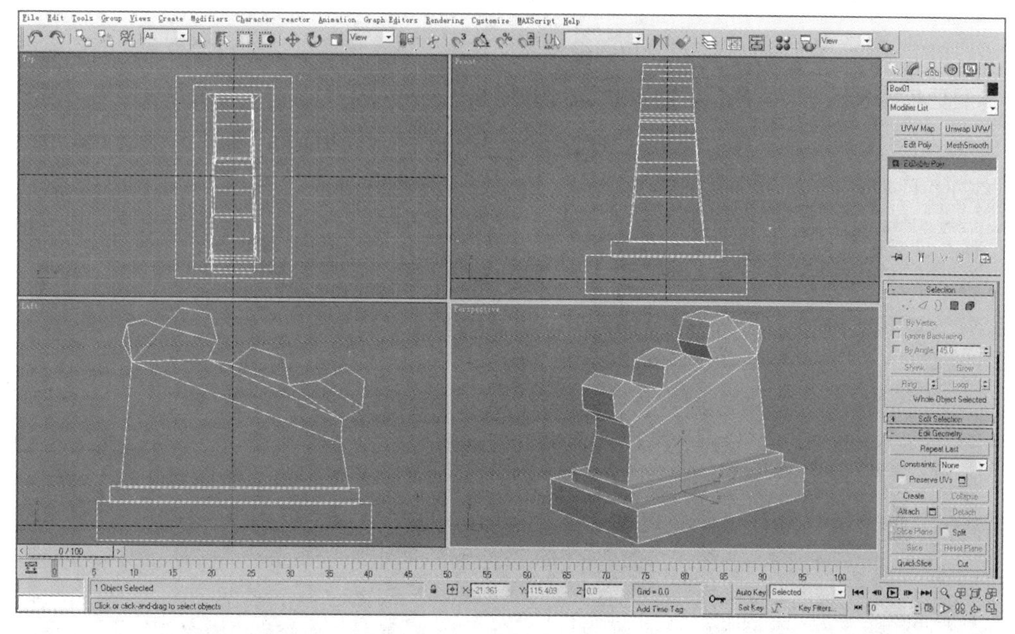

·图4-54｜制作基座模型的细节部分

（15）利用“Merge”命令将之前制作的模型全部结合到一起。图4-55所示为制作完成的雕塑模型。

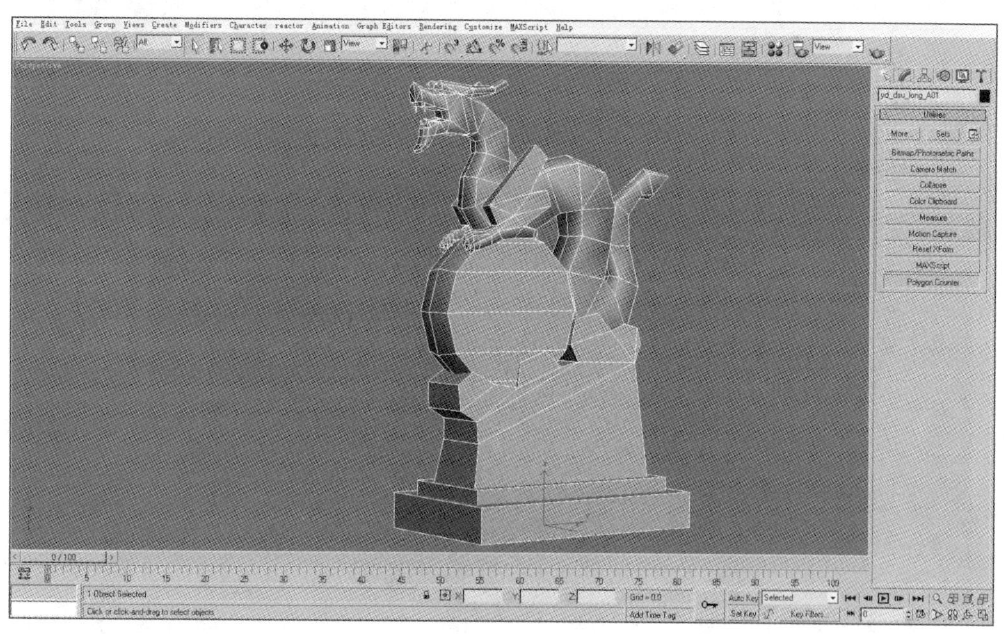

·图4-55｜完整的雕塑模型

4.2.2 为龙雕塑模型添加贴图

接下来的工作就是调整模型UV网格和添加贴图。由于该模型结构较为复杂，而且贴图需要更多地表现细节，所以将整个模型的UV网格拆分为两张贴图：一张是龙形结构，另一张是剩余的石雕结构。图4-56所示为剩余的石雕结构的UV网格分布，图4-57所示为龙形结构的UV网格分布。

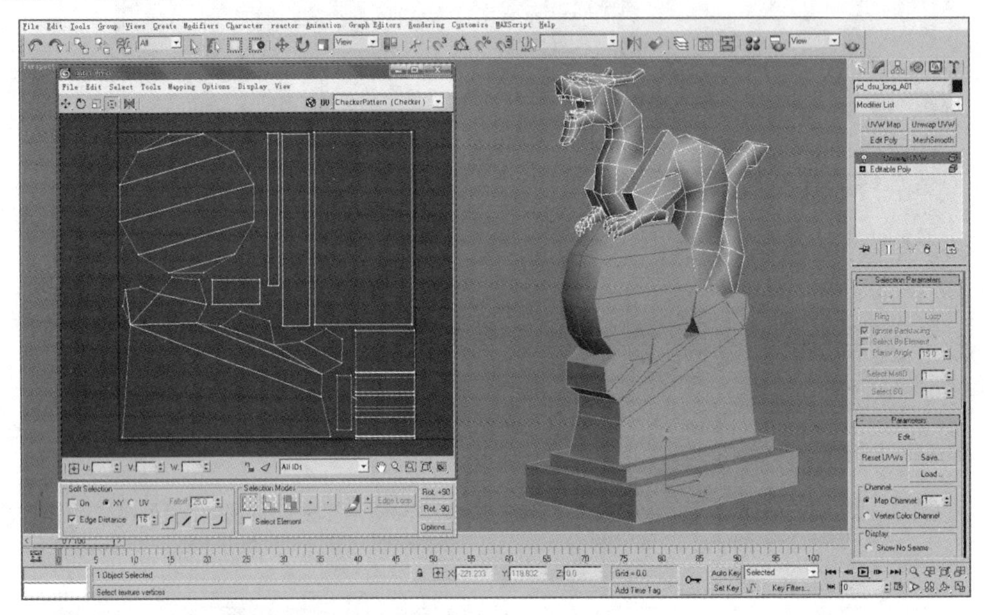

·图4-56 | 剩余的石雕结构的UV网格分布

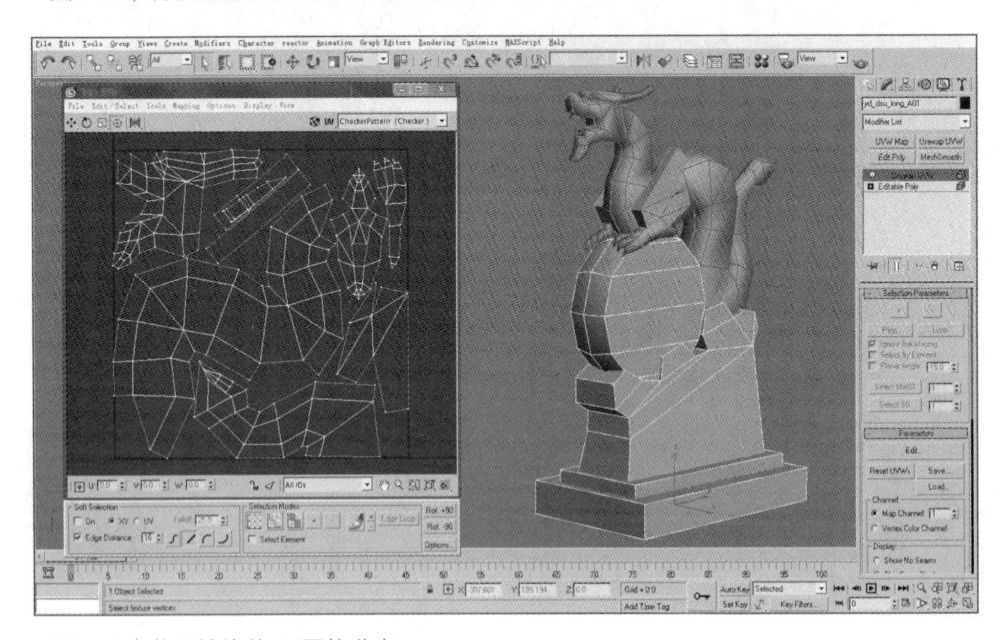

·图4-57 | 龙形结构的UV网格分布

这里对石质雕塑贴图的绘制做一下基本讲解。首先需要在“Edit UVWs”窗口中渲染出UV网格的图片，如图4-58所示，然后导入Photoshop中进行绘制。具体步骤如下。

（1）勾勒出基本的结构线稿，并填充固有色，如图4-59所示。

·图4-58｜渲染出UV网格的图片

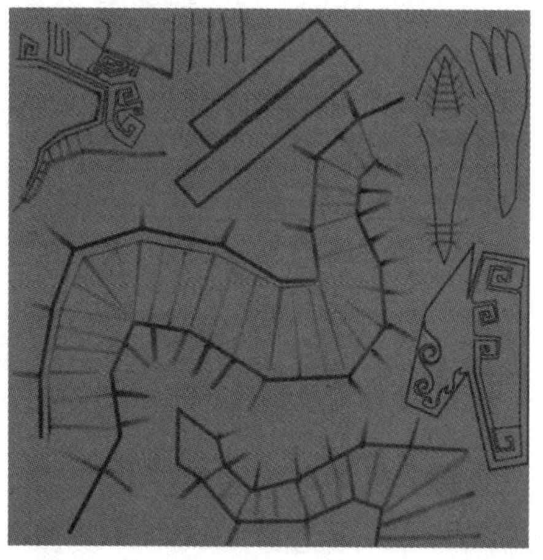

·图4-59｜勾勒出基本的结构线稿并填充固有色

（2）在贴图中表现出基本的明暗关系，如图4-60所示。

（3）向贴图中添加一张石质纹理的图片，如图4-61所示。这里为了增强纹理细节不选择叠加的方式，而是直接将纹理图片放置到最底部的图层中。

·图4-60｜表现出基本的明暗关系

·图4-61｜添加石质纹理图片

（4）进一步完善贴图细节，提亮高光区域，增强贴图质感，调整整体颜色。制作完成的贴图如图4-62所示。

（5）用类似的方法绘制出剩余的石雕结构的贴图，如图4-63所示。这里要注意石雕纹理细节的刻画。

· 图4-62 | 完善贴图的细节部分

· 图4-63 | 剩余的石雕结构的贴图

（6）将制作完成的贴图赋予模型，图4-64所示为最终的模型效果。在游戏引擎支持的前提下，在材质球贴图通道中添加一张凹凸贴图，可以强化石质纹理和雕刻的效果。选择Polygon Counter工具，可以看到外观效果如此复杂的雕塑模型，其模型面数其实还不到900面。

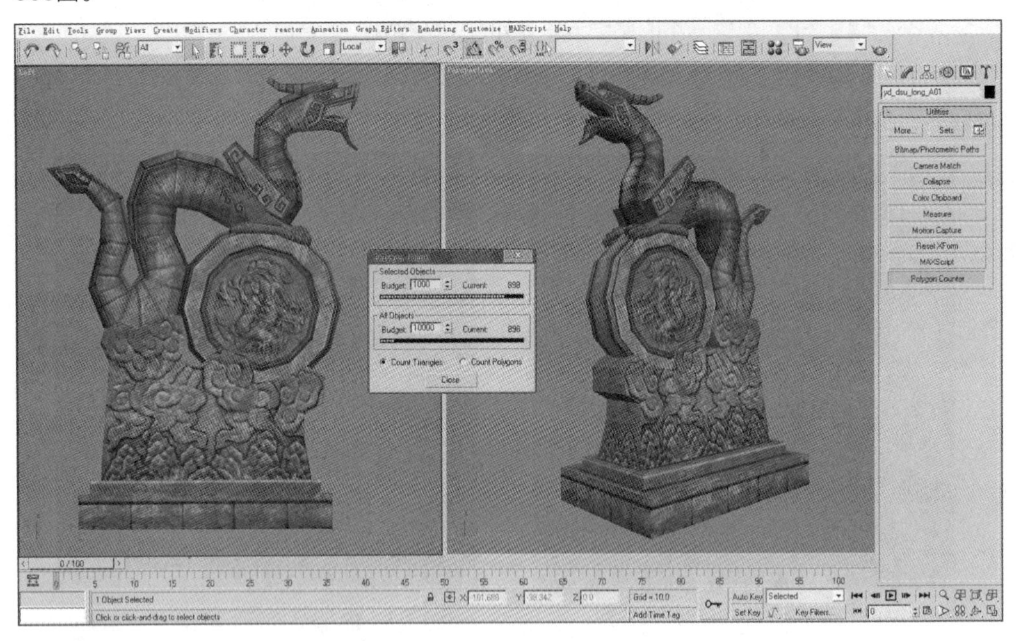

· 图4-64 | 龙雕塑模型效果图

4.3 | 实例制作——游戏场景道具模型之影壁

游戏场景道具模型制作（1）

游戏场景道具模型制作（2）

游戏场景道具模型制作（3）

游戏场景道具模型制作（4）

本节的实例内容是三维游戏场景中常见的影壁模型。影壁，也称照壁，古称萧墙，是中国传统建筑中用于遮挡视线的墙壁，根据建筑样式可分为一字影壁和八字影壁。这里要制作的就是八字影壁。图4-65所示为影壁模型在3ds Max中制作完成的最终效果。

从建筑结构上来看，影壁从上到下主要分为3个部分：影壁上面是瓦檐部分，从上到下依次为屋脊、瓦、斗拱等；中间是影壁的主体——墙面部分；下面是基座部分。八字影壁从整体结构上也分为3部分，即中间的主影壁与两边的侧影壁。

在实际制作中只需要制作出八字影壁的主影壁部分，两边的侧影壁可以通过复制的方式制作，只需要改变墙面的贴图即可。主影壁除了屋脊是单独的模型结构，其他部分都是由一个多边形编辑而成的整体结构，其细节部分大多是通过贴图来完成的。下面开始实际制作。

· 图4-65 | 影壁模型的最终效果

拓展阅读

中国古代影壁

4.3.1 影壁模型的制作

（1）首先制作屋脊正脊两端的鸱尾结构。所谓的“鸱尾”简单理解就是屋顶两端的装饰结构。打开3ds Max，创建一个立方体模型，将其分为3段，并塌陷为可编辑的多边形（见图4-66）。进入“Polygon”层级，选中左侧的顶面，利用“Extrude”命令将其挤压（见图4-67）。然后利用“Target Weld”命令将左侧一条边中间的顶点，垂直焊接到底面的顶点上，如图4-68所示。

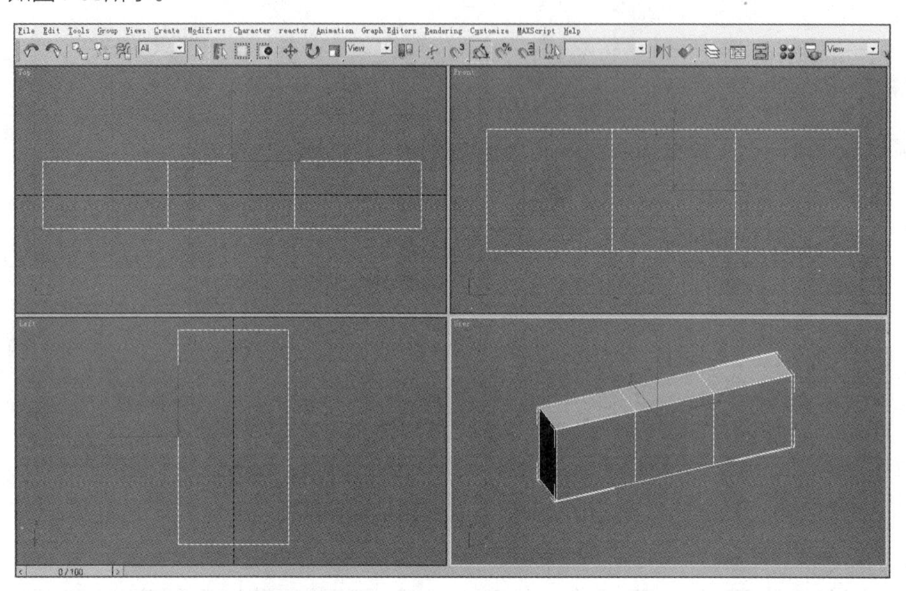

· 图4-66 | 创建立方体模型并塌陷为可编辑的多边形

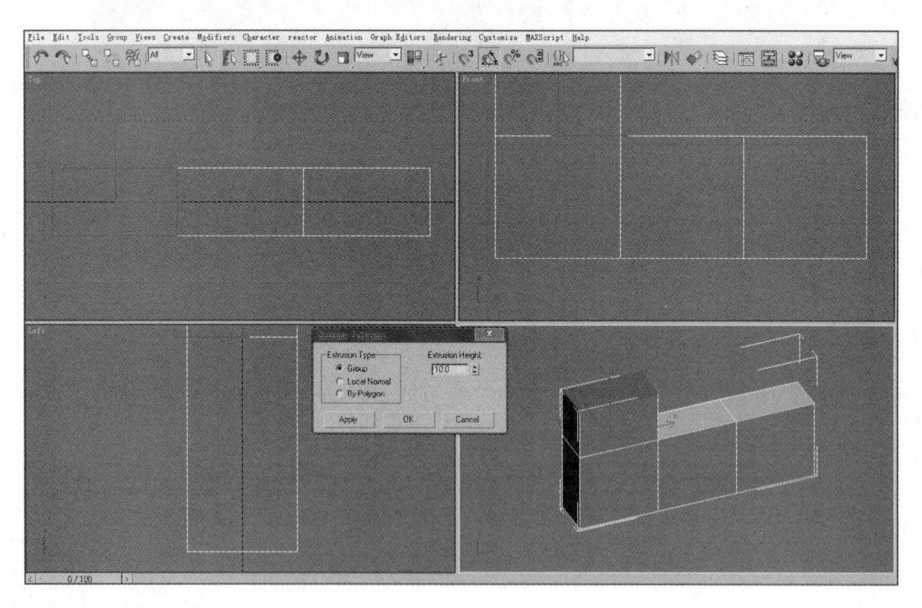

· 图4-67 | 挤压模型面

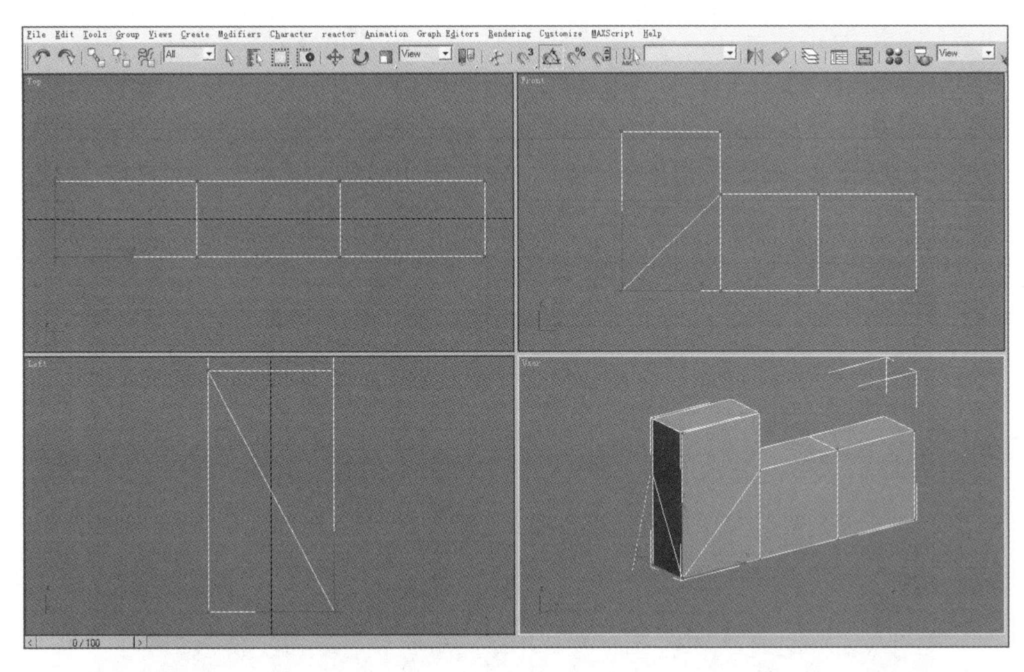

· 图4-68 | 焊接顶点

（2）将多边形右侧上方的顶点同样垂直焊接到下面的顶点上，并调整各顶点的位置，调整鸱尾的整体结构，如图4-69所示。

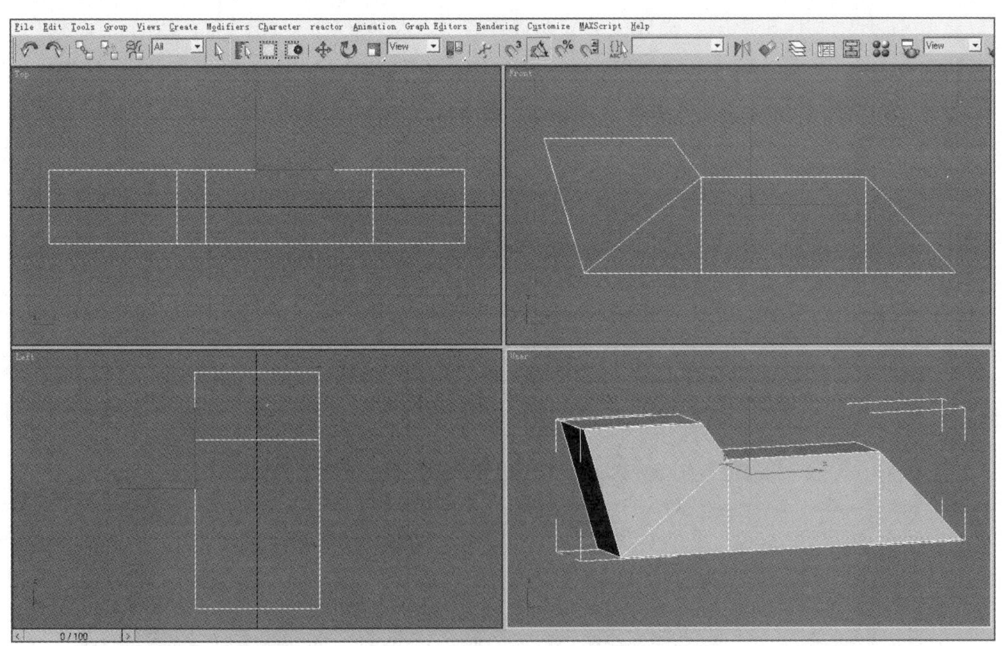

· 图4-69 | 调整鸱尾结构

（3）开始制作垂脊结构。在中国古代建筑结构中，房顶正中的屋脊称为“正脊”，与其相连的4条屋脊就是“垂脊”。通常只需要制作一条垂脊，然后通过镜像复制出其他3条即可。垂脊的制作方法与鸱尾的类似，都是把立方体模型塌陷为可编辑的多边形，然后通过挤压、焊接等操作进行简单编辑实现的（见图4-70）。

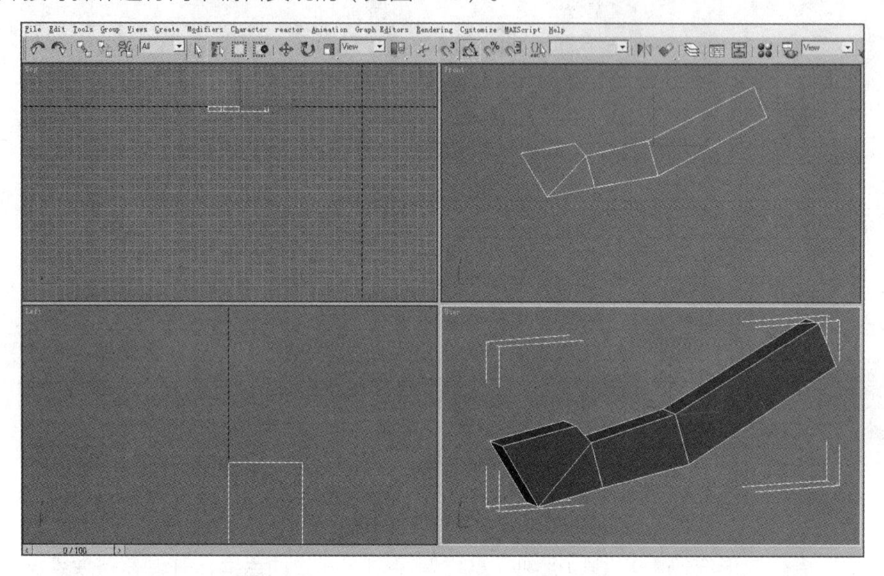

·图4-70｜编辑制作垂脊结构

（4）开始制作主影壁。首先创建立方体模型（见图4-71），调整基本结构及尺寸，然后利用“Bevel”命令制作出屋顶模型的大致结构（见图4-72）。进入“Polygon”层级，选中模型底面，利用“Inset”命令使底面收缩，如图4-73所示。

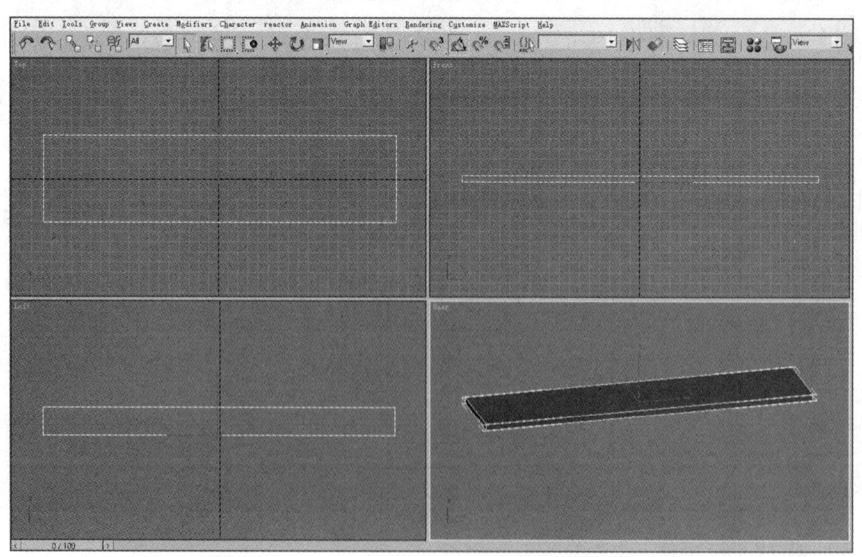

·图4-71｜创建立方体模型

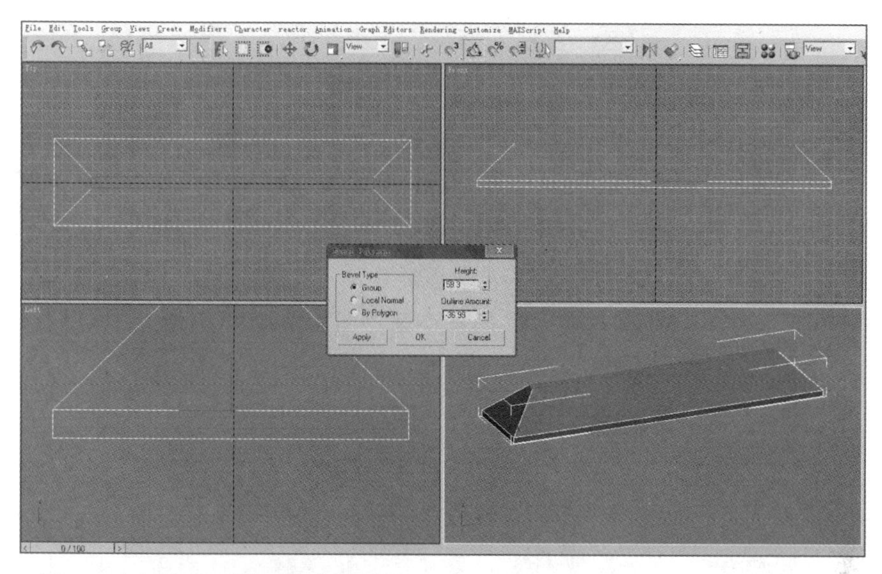

·图4-72｜制作屋顶模型的大致结构

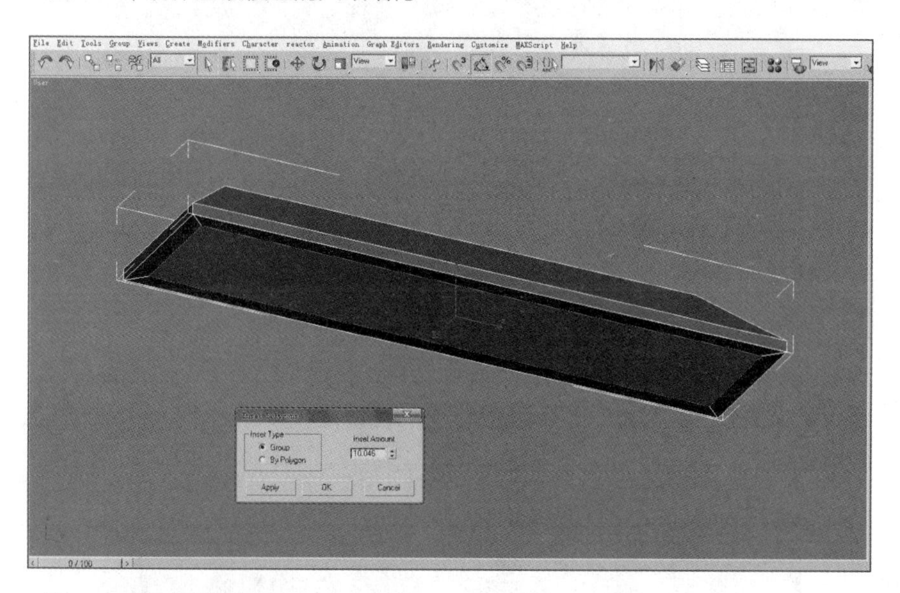

·图4-73｜收缩模型底面

（5）利用“Inset”和“Extrude”命令反复收缩和挤压模型面，制作出屋顶下面的斗拱等支撑结构（见图4-74）；继续利用“Inset”和“Extrude”命令，制作出主影壁的墙面部分和基座部分（见图4-75）。

（6）进入“Edge”层级，选中屋顶四周的4条边线，利用“Connect”命令为其增加分段，同时缩放、移动新增加的边线，将其调整到合适位置，完成屋顶坡度的制作（见图4-76）。这种增加分段的方法可以让模型边缘过渡得更加自然。

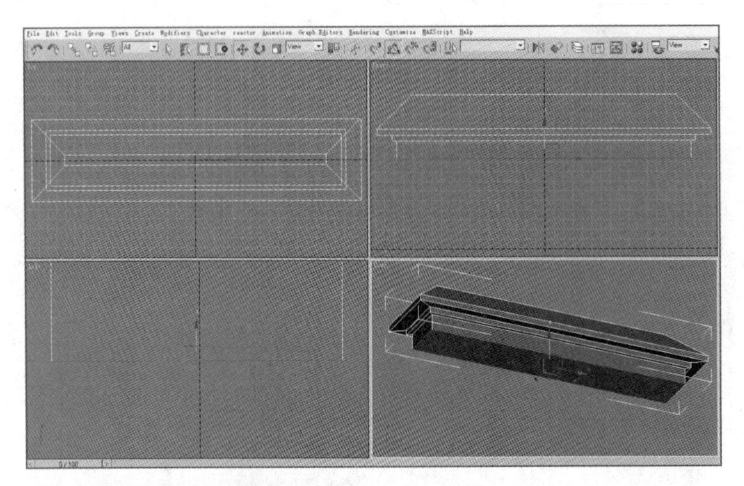

·图4-74 | 制作斗拱等支撑结构

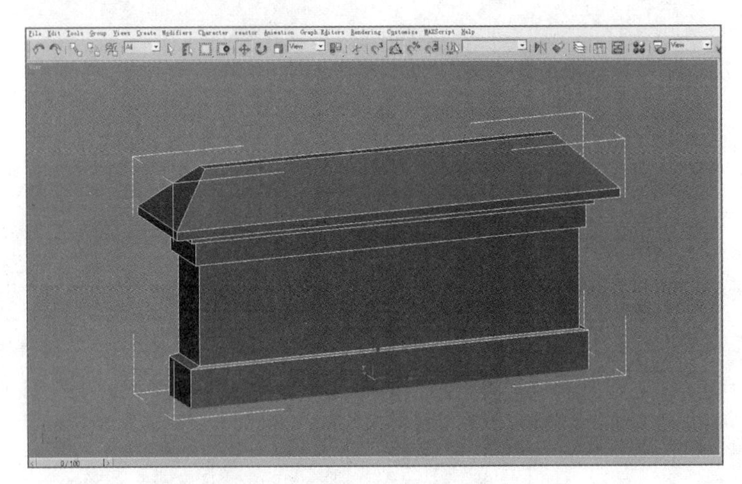

·图4-75 | 制作主影壁的墙面部分和基座部分

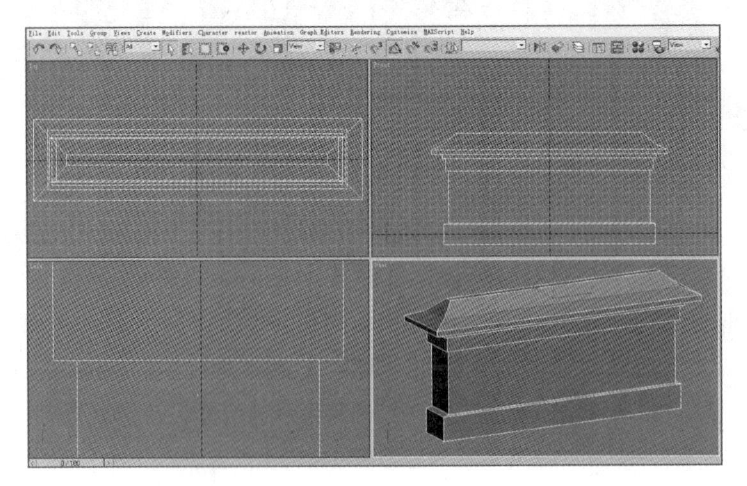

·图4-76 | 完成屋顶坡度的制作

（7）在屋角处利用“Cut”命令切割出如图4-77所示的边线，用同样的方法在每个屋角的两边都制作出这样的边线。这样布线是为下一步制作飞檐结构做准备。这种制作方法也是在后面的游戏场景建筑模型制作中常用的制作古代建筑飞檐的方法。

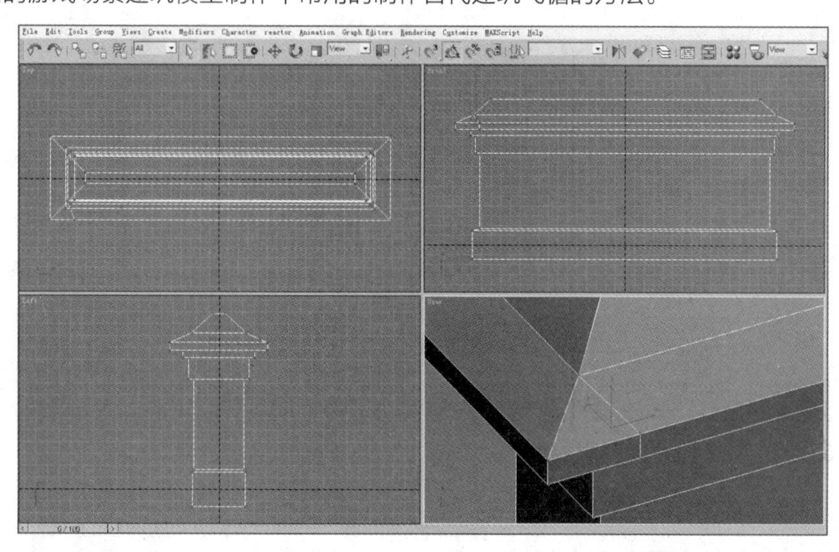

· 图4-77 | 布线

（8）进入“Vertex”层级，选中屋角的4对顶点，向上提起形成屋顶的飞檐结构（见图4-78）。选中影壁前后墙面部分的上下两条边线，利用“Connect”命令产生新的分段并调整其位置（见图4-79），这一步操作是为后面的贴图做准备。然后将之前制作好的垂脊模型移动到屋顶上合适的位置，如图4-80所示。

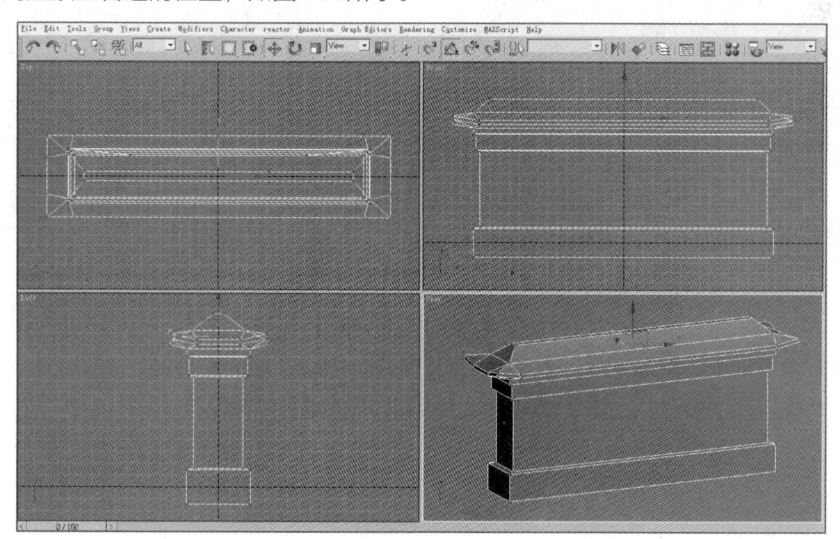

· 图4-78 | 制作飞檐结构

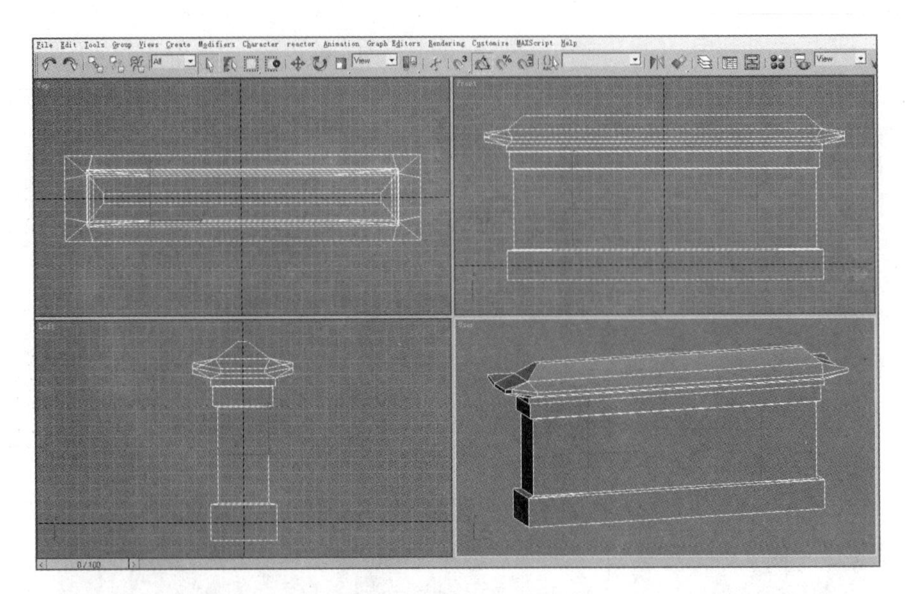

· 图4-79 | 产生新的分段并调整其位置

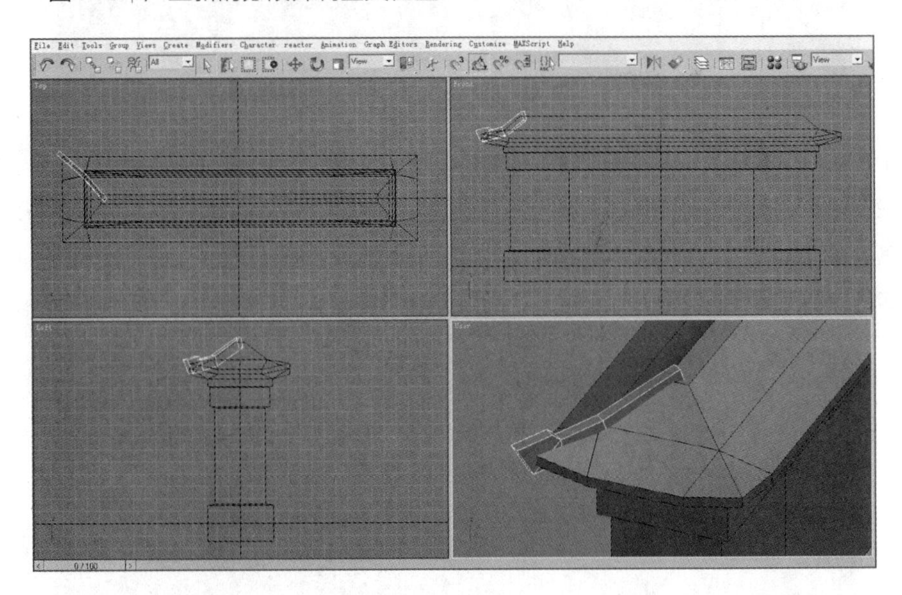

· 图4-80 | 放置垂脊模型

（9）选中垂脊模型并进入“Hierarchy”面板，单击“Affect Pivot Only”按钮，然后利用快捷按钮区中的“Align”按钮，将其轴心与主影壁主体模型结构的中心对齐（见图4-81）。

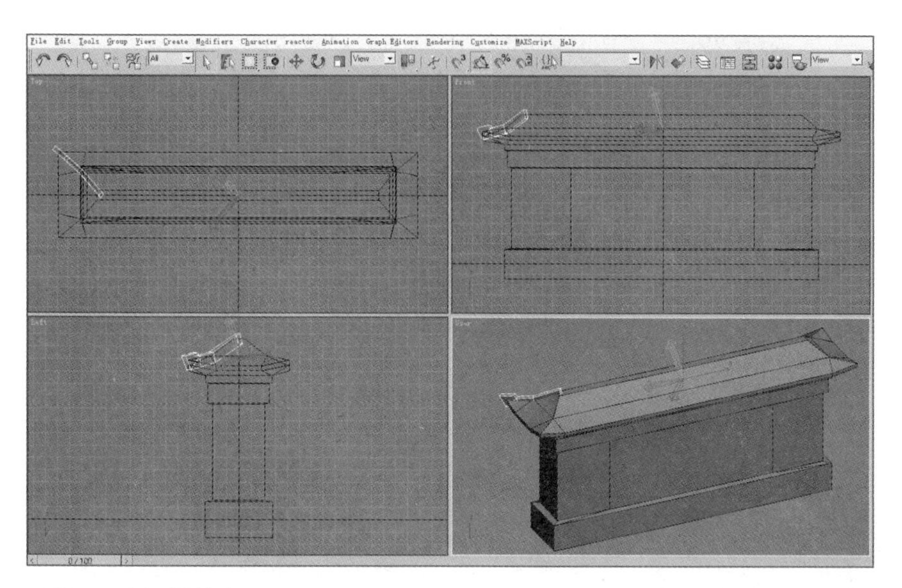

·图4-81 | 调整轴心

（10）利用快捷按钮区中的“Mirror”命令，将垂脊分别镜像复制到屋顶的其他3个位置，完成4条垂脊的制作，如图4-82所示。这种镜像复制的方式也是游戏场景建筑模型制作中的常用方法。

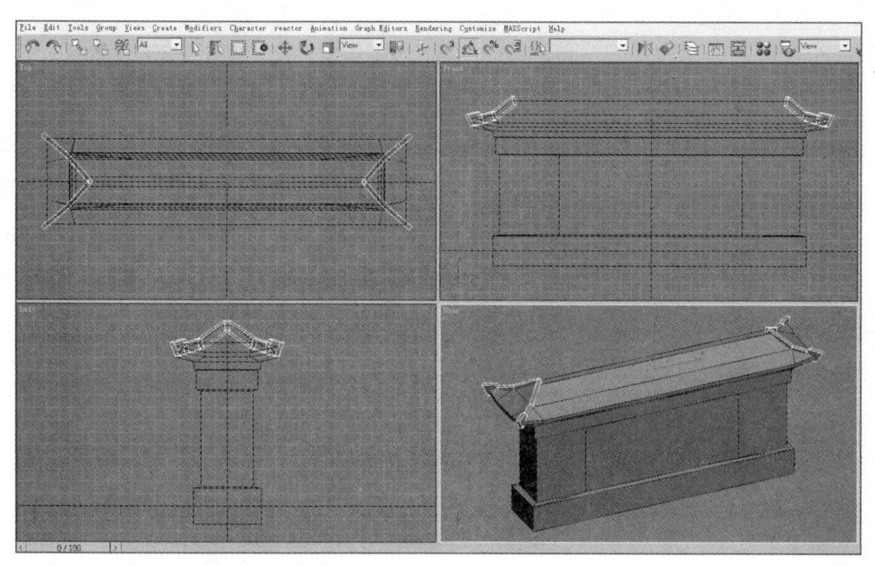

·图4-82 | 镜像复制垂脊模型

（11）将鸱尾和正脊放置到屋顶上合适的位置，这样八字影壁中主影壁的模型就制作完成了，其最终效果如图4-83所示。

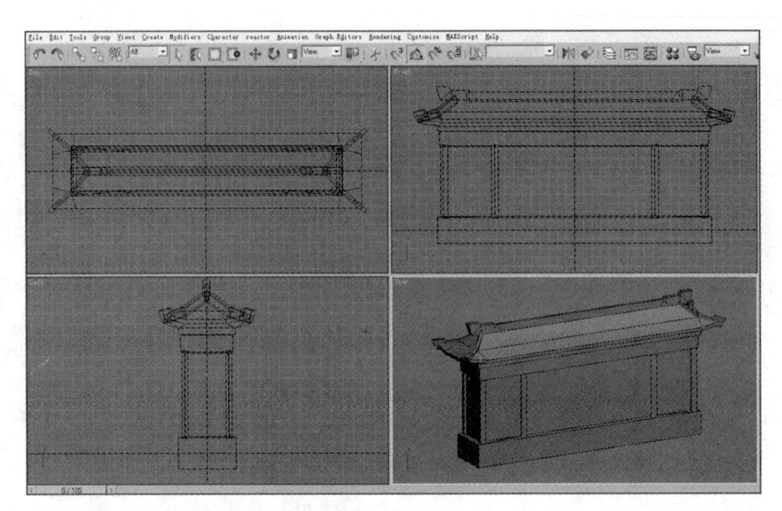

· 图4-83 | 主影壁模型的最终效果

4.3.2 为影壁模型添加贴图

模型制作完成后，接下来的工作就是给已经完成的三维模型添加贴图。对这种面数只有几百面的场景道具模型来说，要想表现建筑的精细与细节，就必须靠贴图来实现。因为本实例主要应用前文提到的循环贴图技术，所以并不需要过多的贴图张数，除了影壁的主体墙面用一张1024像素 × 1024像素的贴图，其他结构用512像素 × 512像素或256像素 × 256像素的贴图即可。

在绘制贴图前，先针对模型需要用到的贴图进行简要分析。首先，影壁的屋脊需要一张独立贴图；其次，屋顶需要一张瓦片的循环贴图，紧接着下面的斗拱等支撑结构也需要贴图；再次，主体墙面需要一张精致的纹饰贴图，墙侧面需要一张石砖的循环贴图，这张循环贴图同时也用作侧影壁的墙面；最后是影壁底座部分的贴图。从整体分析来看，整个影壁模型大概要用7～8张贴图。

在对模型贴图有了基本概念之后，接下来就是贴图的绘制工作，主要应用的是Photoshop。首先利用绘图板绘制出贴图的基本纹理和样式，然后通过Photoshop进一步修改以增强效果，对于写实类模型贴图的绘制还要叠加真实照片，最后即可完成贴图的绘制。对于贴图的绘制过程，这里只针对一般场景模型贴图的基本绘制原理进行简单讲解，希望大家能触类旁通。

图4-84所示为三维场景模型木质贴图的基本绘制过程：第一步，在空白的Photoshop文档中绘制出基本的贴图线稿，然后为贴图填充主体颜色；第二步，绘制出贴图材质的基本纹理并表现出基本的明暗关系，进一步加强明暗对比；第三步，在绘制的贴图图层上叠加一张真实的纹理图片，这样不仅能节省大量的绘图时间，还能提高贴图的真实感，图层的叠加模式一般选择叠加、柔化或正片叠底等；第四步，在此基础上进一步刻画贴图细节即可完成绘

制。图4-85所示为石质贴图的绘制过程，其绘制方法与木质贴图的基本一致。

· 图4-84｜木质贴图的绘制过程

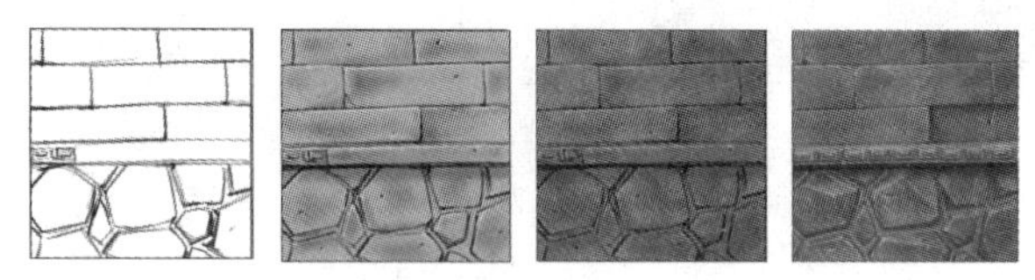

· 图4-85｜石质贴图的绘制过程

为影壁模型贴图的具体步骤如下。

（1）选择一条垂脊，将其侧面和上、下边面的贴图UV坐标分别平展到UVWs的边界内，如图4-86所示，然后可以通过Render UVW template工具将贴图坐标输出为JPG格式的图片，并导入Photoshop中绘制贴图。完成一条垂脊的UV坐标平展后，另外3条垂脊的UV坐标平展只需要拖曳复制Unwrap UVW修改器即可完成，这也是一个常用技巧。图4-87所示为绘制完成的垂脊贴图效果，为了节约贴图张数，这张垂脊的贴图可同时用作正脊和鸱尾的贴图。

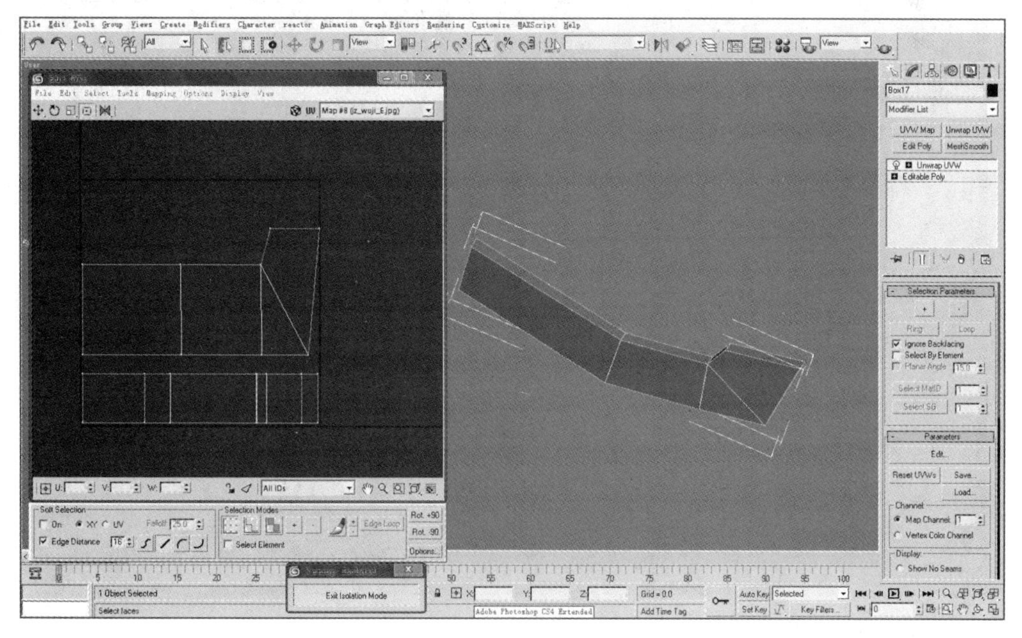

· 图4-86｜调整模型UV坐标

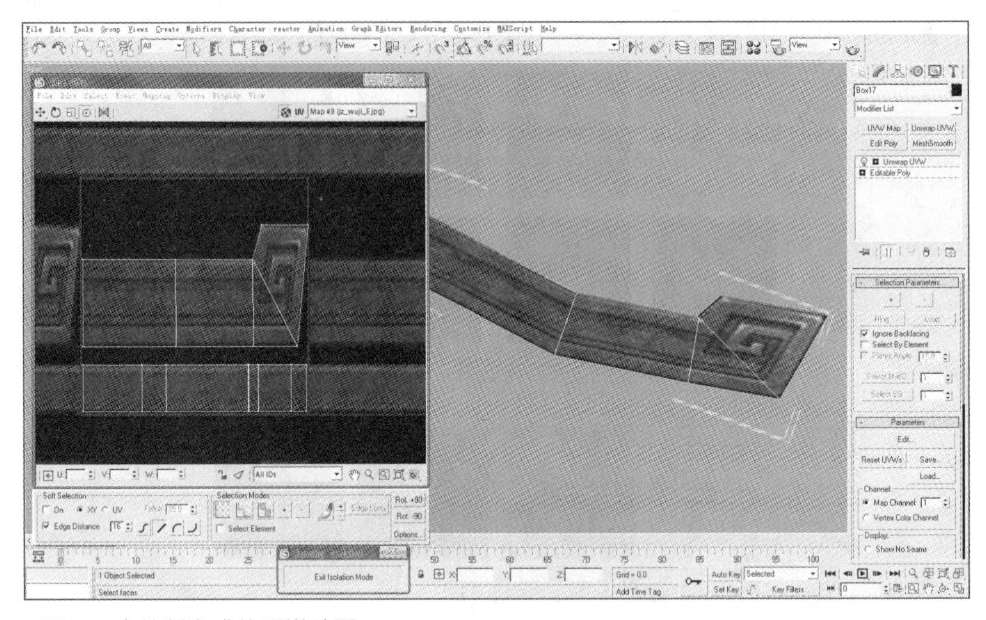

· 图4-87 | 绘制完成的垂脊贴图

下面介绍其他模型结构的贴图方法，进入“Polygon”层级，选择整个顶部的面（见图4-88）。将绘制好的瓦片贴图赋予刚才选择的多边形面，这时的模型UV坐标还没有处理和平展，所以贴图还处于错误状态（见图4-89）。接下来需要将贴图坐标平展，让贴图正确投射到模型表面上。

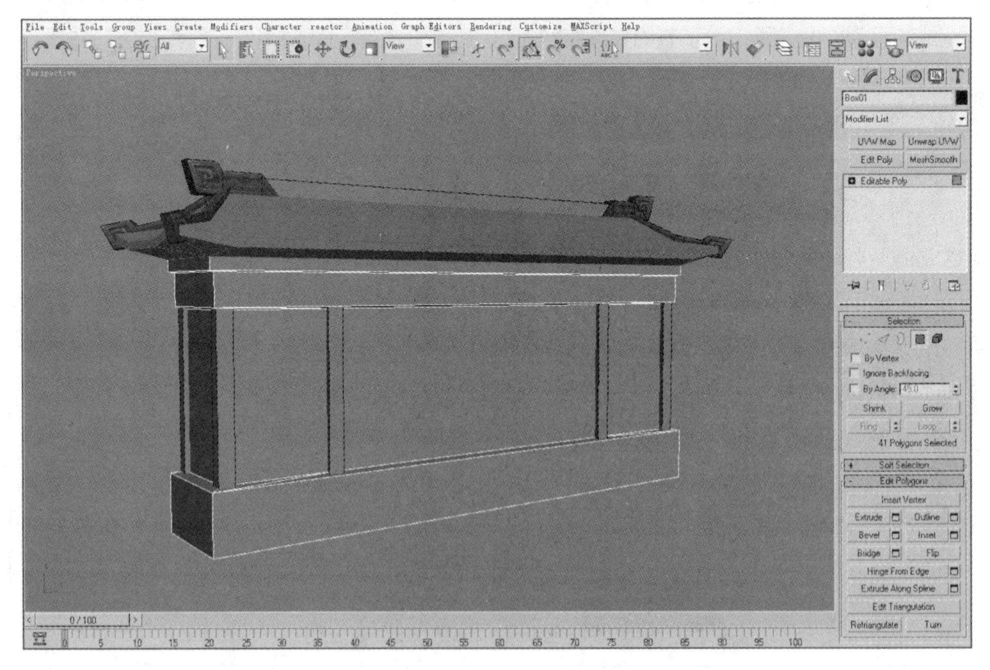

· 图4-88 | 选中顶部的面

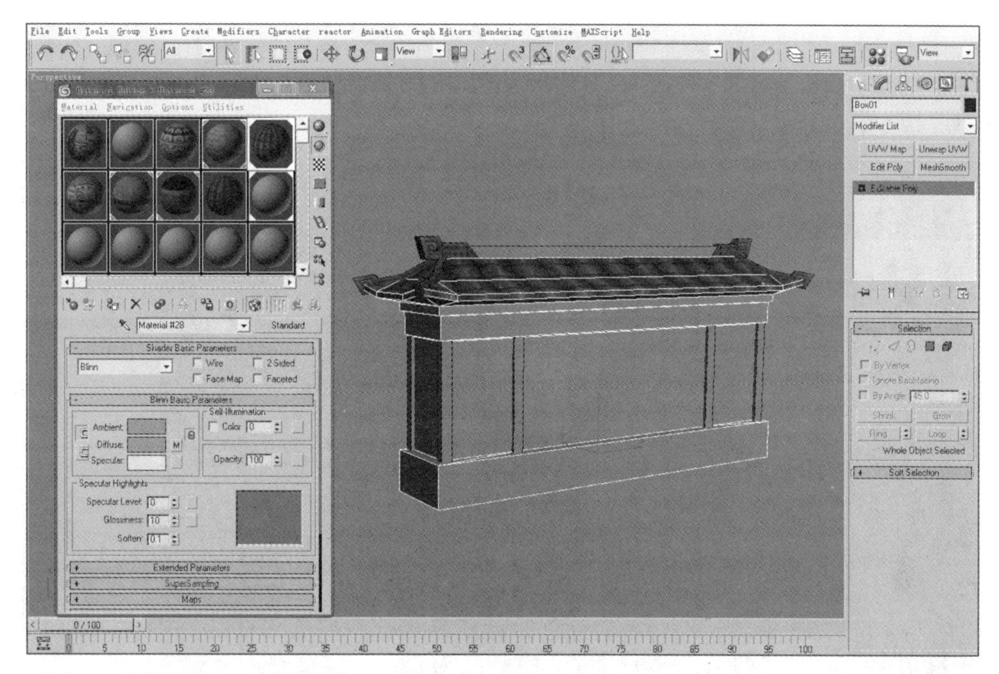

· 图4-89 | 错误的UV坐标显示

① 进入“Polygon”层级，选择刚才被赋予瓦片贴图的屋脊前后两侧的多边形面，添加UVW Mapping修改器（见图4-90），选择Planar贴图坐标投影方式，然后在“Alignment”面板中单击“Fit”按钮。这一步操作是为了让贴图正确投射在指定的多边形面上。

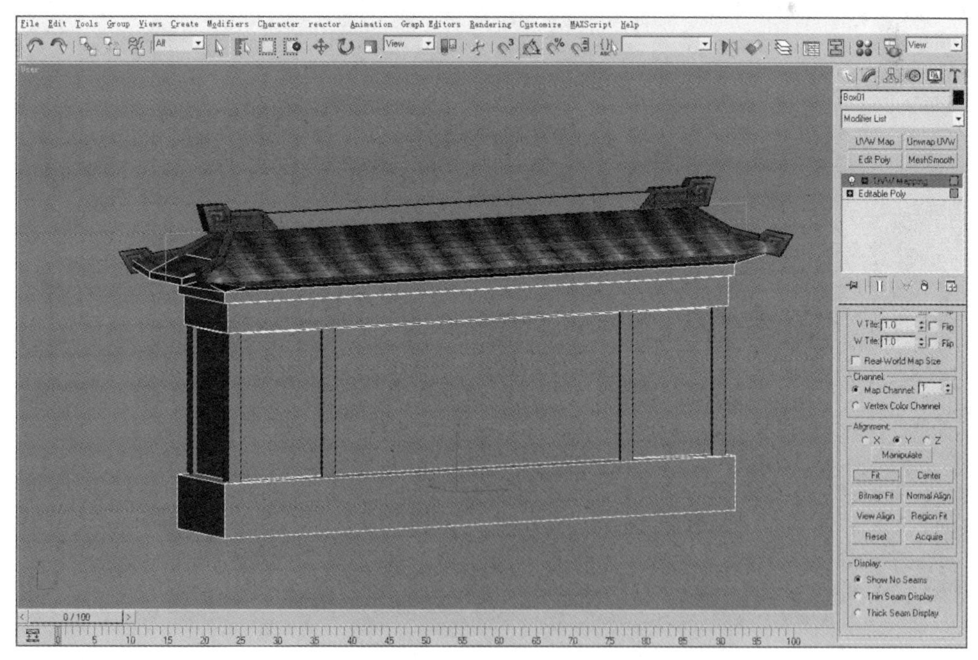

· 图4-90 | 添加UVW Mapping修改器

② 添加Unwrap UVW修改器，在“Edit UVWs”窗口中调整所选面的UV网格，让贴图正确分布显示在模型表面上（见图4-91）。用类似的方法调整模型顶部两侧瓦片贴图的UV坐标（见图4-92）。

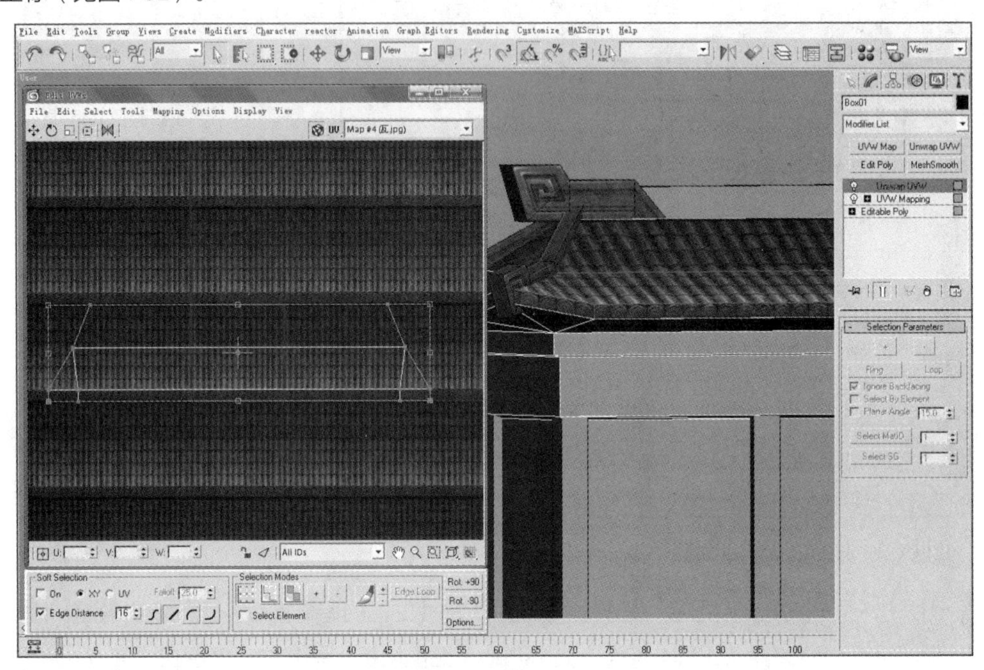

· 图4-91｜添加Unwrap UVW修改器调整UV网格

· 图4-92｜调整侧面瓦片贴图的UV坐标

③ 遵循“一选面，二贴图，三投射，四调UV”的流程，调整影壁模型其他结构的UV坐标，将贴图正确赋予模型表面。这种处理模型UV坐标和贴图的方式也是三维游戏场景建筑模型制作中的主要技术手段，在以后的实例制作中会经常用到。图4-93所示为正确添加贴图后的模型效果。

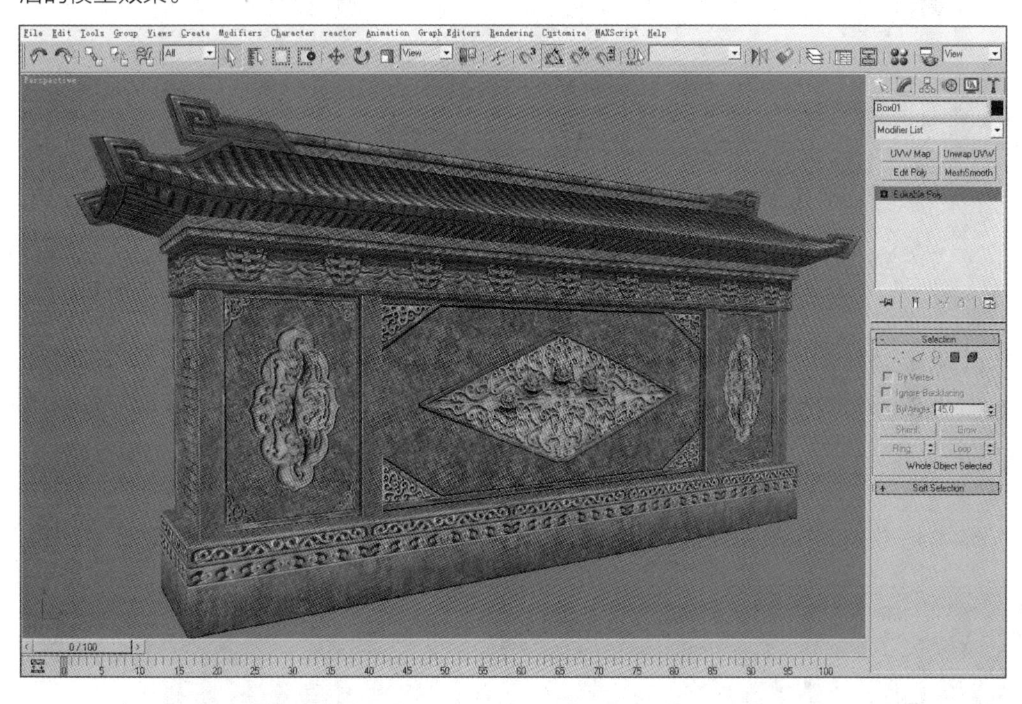

· 图4-93 | 正确添加贴图后的模型效果

在场景模型尤其是建筑模型的贴图过程中，经常会遇到类似图4-94所示的模型角落和细窄边面。这些地方不仅不能放任不管，还需要做精细处理。因为在三维游戏中，模型的各个方位都要接受玩家的观察，所以对任何细小的边面贴图都要认真处理，避免出现贴图拉伸、扭曲等错误。对于这些结构的贴图调整，没有十分快捷的方法，都需要按照前文讲解的流程来处理。通常不需要为这些结构绘制单独的贴图，只需要重复利用其他结构的贴图即可。

（2）接下来从中间切割主影壁模型，选择一边的模型进行整体复制，然后将复制出来的模型整体缩小，并调整模型细节，得到侧影壁的模型。将之前制作完成的贴图按照前文介绍的方法赋予侧影壁模型，调整发生错误的个别UV坐标，并将侧影壁的墙面换成砖块贴图（见图4-95）。然后将侧影壁模型整体旋转、移动连接到主影壁模型上，再镜像复制出另一侧的侧影壁模型，这样八字影壁的三维模型就制作完成了，最终的模型效果如图4-96所示。

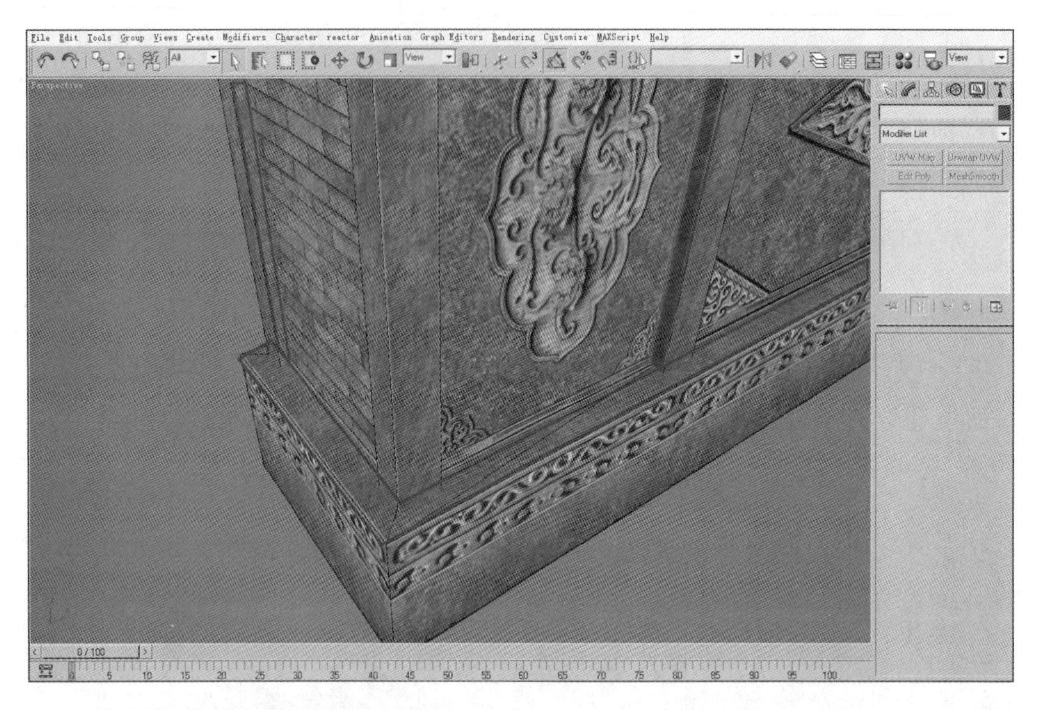

· 图4-94 | 模型细节部位的贴图效果

· 图4-95 | 制作侧影壁模型

· 图4-96 | 最终的模型效果

4.4 | 游戏场景道具模型制作要点和技巧总结

游戏场景道具模型的实例制作部分到此就结束了，其实对不同游戏中的场景道具模型来说，其分类不计其数，内容也各有特点，这里无法一一列举展示，希望大家通过学习能举一反三。这里对本章场景道具模型的制作要点和技巧做一个简单的总结。

（1）在制作模型之前，要注意根据原画设定来分析模型结构，理顺制作的基本思路。

（2）要学会总结归纳模型中重复的结构，巧妙利用“Clone”命令来节省制作时间。

（3）对于结构对称的模型，可利用Symmetry修改器来制作另一半模型。

（4）要熟练利用各种常用命令来编辑多边形模型。

（5）掌握模型结构UV网格的编辑和拆分方法，对于相同结构可以只编辑一个结构的UV网格，其他的可通过复制修改器的方式来制作，以节省制作时间。

（6）要掌握模型贴图的基本绘制方法，善于运用照片叠加方式。

最后需要注意的是，模型的基础制作没有捷径可走，唯一的方法就是“多看、多学、多做”，只有这样才能提高自己的专业技巧。场景道具模型在所有游戏场景模型中相对简单、独立、小巧，因此大家应在日常学习中随时练习，不断积累，就可以逐渐形成自己的场景道具库，从而可以在较复杂的大型场景制作中加以利用，提高工作效率。

装饰类场景道具模型和雕塑类场景道具模型的基本制作方法同样可以用于组合类场景道具模型的制作。虽然组合类场景道具模型最大的特点就是模型个体数量多，但其中每个个体的制作方法和流程与其他场景道具模型并没有太大区别，只要辨认出需要制作的模型种类，然后通过复制、旋转等操作将其摆放到不同的位置，就可以得到形式多样的组合模型。

例如，要制作图4-97所示的摊铺模型，首先需要制作出摊铺的主体结构，也就是支撑木柱和顶棚，然后制作出一组桌子和板凳，并通过复制将其摆放到不同的位置，这样摊铺的基本结构就制作完成了。最后需要制作每张桌子上和周围的细节道具模型，如案板、菜刀、坛子、笼屉、食物等，再通过不同形式的摆放得到自然的场景模型。制作的关键还是对模型面数的控制，尤其是在对锅碗瓢盆等模型细节的处理上，要用最简单的结构去概括模型，后期尽量通过贴图去表现细节。而贴图的尺寸也要控制在256像素×256像素以内，只有这样才能保证整体模型可以大面积地用于主体场景中。该摊铺模型全部面数为3300余面。

·图4-97 | 摊铺模型

拓展训练

制作要点

本章学习了游戏场景道具模型的制作，下面要求制作游戏场景中常见的马车道具模型，其原画设定如图4-98所示。制作过程中要根据原画设定中的人物标识正确把握模型与角色的比例关系。模型主要以木结构为主，在制作时要注意模型的自然效果，不要将结构制作得横平竖直、过于呆板。除了模型部分，还要善于利用贴图来进行细节的表现，如棚顶、车轮轴、布帘等。

·图4-98 | 马车道具模型的原画设定

制作思路

根据模型的结构，首先制作马车主体的木板模型，再利用圆柱体或立方体模型搭建木板上面的框架结构，可以设置合适的分段让立柱表现出自然的弯曲效果；然后制作车轮和马车前方的连接结构；最后利用Alpha贴图制作出马车顶棚、车轮轴及破碎的布帘等。

第5章

游戏场景建筑模型实例制作

本章以实例制作的形式讲解三维游戏场景建筑模型的制作技巧：按照循序渐进、由浅入深的方式，分别讲解如何制作古代民居模型、古代楼阁模型及复杂的古代宫殿建筑模型；同时讲解相应的贴图制作方法。

知识技能目标

- 熟练掌握古代民居、古代楼阁、古代宫殿的制作方法和操作技巧。

素养目标

- 了解我国古代建筑的特色，加深对传统文化的热爱。
- 培养专业报国的责任感和使命感。

建筑是三维游戏场景制作的主要内容之一，它是游戏场景主体构成中十分重要的一部分，无论是人文场景还是野外场景，场景建筑模型都是必不可少的。熟练制作三维建筑模型是场景美术设计师必须具备的基本能力。

在游戏公司中，三维游戏场景美术设计师大多数时间都在设计和制作场景建筑，从项目开始就要忙于制作场景建筑模型所必需的各种单体建筑模型，随着项目的深入还会逐渐扩展到制作复合建筑模型，再到后期制作主城、地下城等建筑群。所以建筑模型制作的能力及建筑学知识的掌握程度是游戏公司对场景美术设计师进行考核和评价的基本标准。新人进入游戏公司后，最先接触的就是制作场景建筑模型。因为建筑模型大多方正有序、结构明显，只需掌握3ds Max基础的建模功能就可以进行制作，所以制作场景建筑模型也是场景制作中最易于上手的部分之一。

在学习场景建筑模型制作之前，要先了解游戏中不同风格的建筑。这主要是针对游戏的整体美术风格而言的，首先要确立基本的建筑风格，然后抓住其风格和特点进行制作，这样制作出来的模型才能生动、贴切，符合游戏的需要。

目前市面上有多种不同类型的游戏，按题材可以分为历史类、现代类和幻想类。历史类就是以古代为背景的游戏，如《傲视三国》系列、《秦殇》系列、《刺客信条》系列；现代类就是贴近人们生活的当代背景下的游戏，如《模拟人生》系列；幻想类就是以虚拟的背景为题材的游戏，如《最终幻想》系列。

游戏按照美术风格可以分为写实类和卡通类。写实类的场景建筑模型就是按照真实生活中人与物的比例来制作的建筑模型；而卡通类就是通常所说的Q版风格，如《跑跑卡丁车》《梦幻西游》等。

游戏按照地域风格又可以分为东方类和西方类。东方类主要是指我国古典建筑风格的游戏，国内大多数MMORPG都属于这个风格；西方类主要是指欧美建筑风格的游戏。

综合以上各种不同的游戏分类，可以把游戏场景建筑风格分为中国古典建筑、西方古典建筑、Q版中式建筑、Q版西式建筑、东方幻想建筑、西方幻想建筑和现代建筑7种，分别如图5-1～图5-7所示。

· 图5-1 | 中国古典建筑

· 图5-2 | 西方古典建筑

· 图5-3 | Q版中式建筑

· 图5-4 | Q版西式建筑

·图5-5｜东方幻想建筑

·图5-6｜西方幻想建筑

·图5-7｜现代建筑

本章主要以写实类的中国古典建筑（这也是国内大多数游戏公司的主要制作方向）为例，通过单体建筑模型及复合建筑模型的实例制作让大家了解游戏场景建筑模型的基本制作流程和方法。

5.1 | 实例制作——单体建筑模型之古代民居

游戏场景的主体模型一般是指游戏场景建筑模型。对三维美术设计师来说，只有接触了专业的场景建筑设计才算是真正步入了这个领域，才会真正明白这个职业的内涵和难度所在。场景建筑模型的学习通常都是从单体建筑开始的，本章也从单体建筑开始，带领大家逐步深入学习游戏场景建筑模型的制作方法。

单体建筑模型制作

单体建筑模型是指在三维游戏中用于构成复合场景的独立建筑模型，它与场景道具模型一样也是构成游戏场景的基础模型单位。单体建筑模型除了具有独立性还具有兼容性。这里的兼容性是指不同的单体建筑模型之间可以通过衔接结构相互连接，进而组成复合建筑模型。学习单体建筑模型的制作方法是每位三维美术设计师必修的基本功课，掌握的深度也直接决定了三维美术设计师日后制作复合建筑模型及大型三维游戏场景的能力，所以大家在学习本章内容时一定要遵循从精、从细的原则，牢牢掌握每一个制作细节，同时要加强日常练习，为以后大型场景的制作打下良好的基础。

对场景建筑模型来说，最重要的就是“结构”，只要抓住模型的结构特点，制作将变得十分简单。基于以上原因，对于原画设定的分析、把握就是整个制作流程的重中之重。对原画设定中模型结构的特点有清晰的把握，不仅会降低整体制作的难度，还会节省大量的制作时间。本章在实际制作前会进行原画分析，同时从本章开始，讲解过程中会涉及一些与建筑学相关的知识和术语，向大家普及建筑常识。

5.1.1 古代民居模型的制作

图5-8所示为一幅中国古代传统民居建筑模型的原画设定，主体结构一目了然，且线稿原画把细节部分也交代得很清楚，这种标准的结构设定图很适合新手参考。对基本建筑结构的了解和掌握，对大家日后顺利进入游戏公司有重要的意义。大家可以凭借掌握的建筑学知识完善原画中交代不明确的结构部分，还可以在原画的基础上加入自己的创意，让制作出来的模型更加独特。

依照惯例，先来分析模型结构。从整体来看，该模型分为房屋主体和外墙两大部分。房屋的主体是一座上下两层的悬山式建筑，所谓悬山式建筑，是指屋顶两端平行且宽于房屋侧墙的建筑结构。乍看之下其结构十分复杂，但只要归纳出各部分的结构，其实该模型的制作还是较为简单的。房屋上层主要包括悬山式的屋顶和有窗户的墙体部分；下层主要包括正门、侧门、柱体及突出的附属建筑结构（如侧窗和檐顶等），还有与房屋连接的布帘结构。房屋的上层与下层之间靠一层楼板相隔，楼板上有围栏，各墙体转折处靠柱式结构来衔接。外墙部分主要包括沿顶结构、中间墙体和地基3个部分。

·图5-8｜中国古代传统民居建筑模型的原画设定

经过简单的分析后，可以将一个建筑模型拆分为几大部分，包括各种房顶结构、门窗结构、柱式结构和基本墙体等。设计师只需要分别将每一部分的模型制作完成，然后将之整合到一起。图5-9所示为古代民居模型制作流程图，模型的整体制作基本遵循从零到整、从上到下的思路，通过分析让复杂问题简单化，在明确基本的制作思路后，可以开始模型的实际制作。

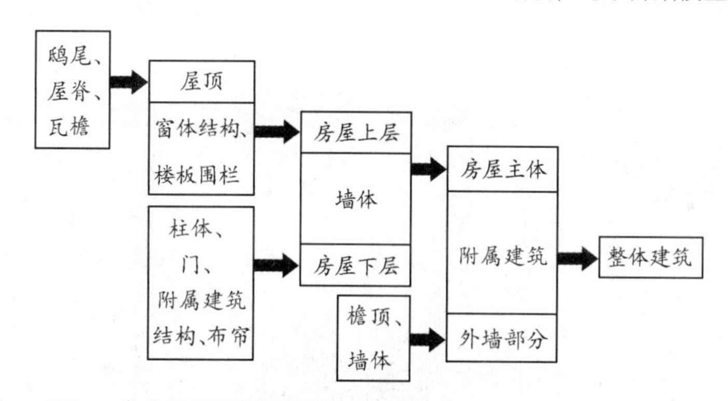

·图5-9｜古代民居模型制作流程图

（1）制作外墙部分。

① 打开3ds Max，利用立方体模型建立基本的墙体结构并将其塌陷为可编辑的多边形，通过编辑多边形得到图5-10所示的外墙部分。

② 处理外墙底部，利用“Polygon”层级下的“Bevel”“Extrude”等命令制作出墙体的地基部分，如图5-11所示。

③ 利用“Extrude”命令将外墙顶部制作成图5-12所示的结构，为制作墙顶瓦檐部分做准备。

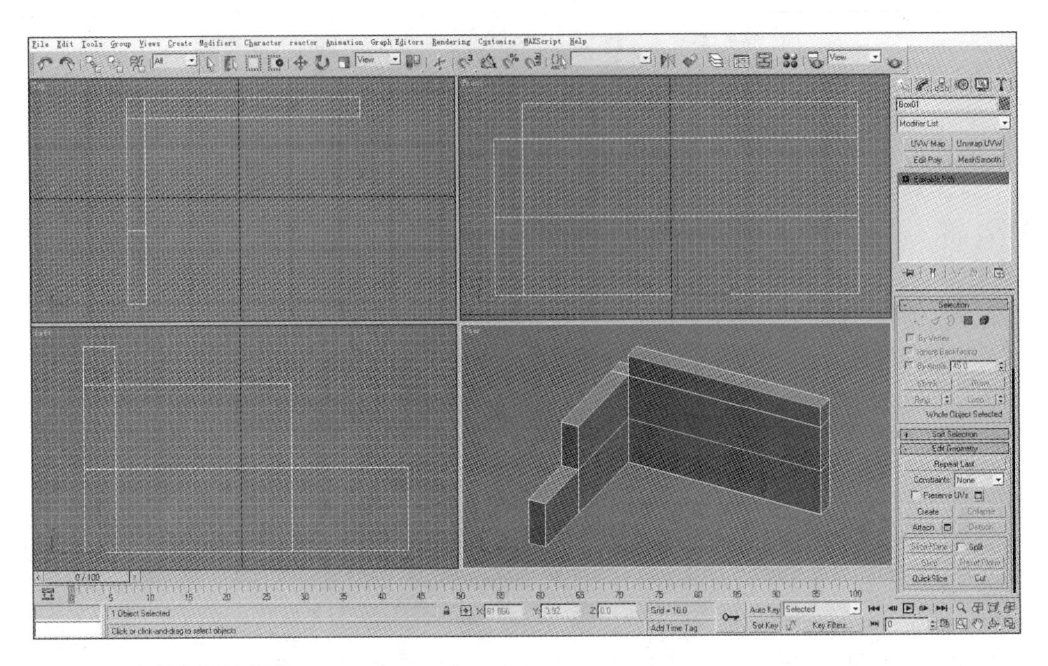

· 图5-10 | 制作外墙部分

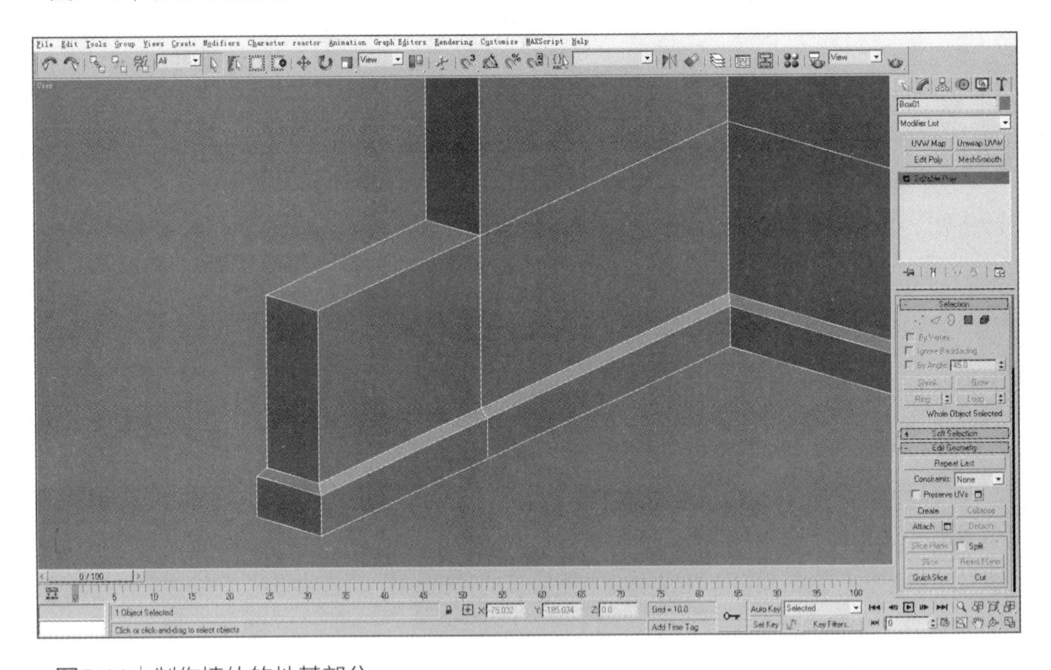

· 图5-11 | 制作墙体的地基部分

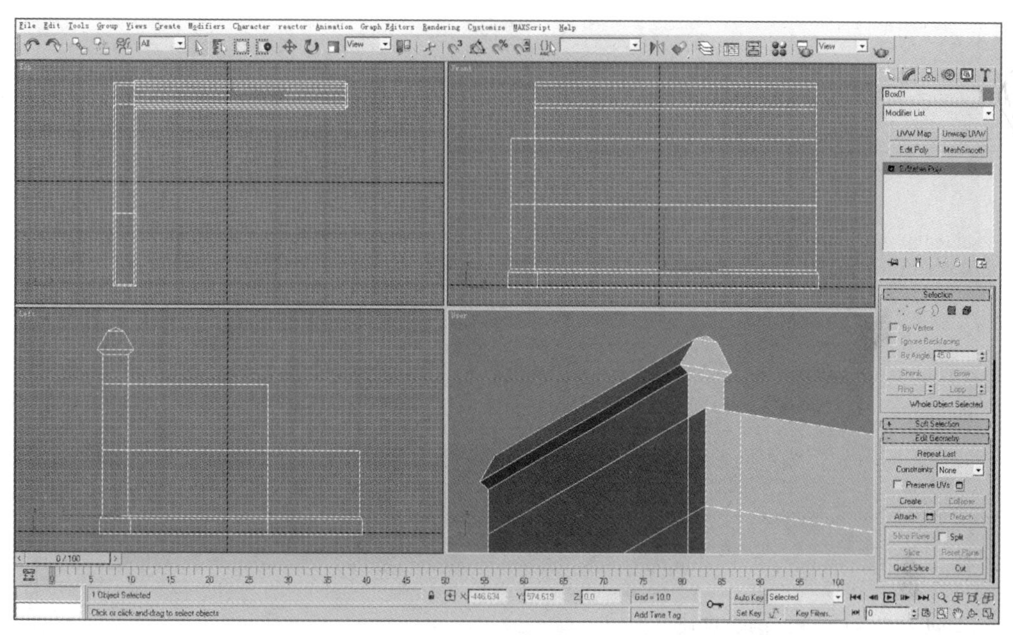

· 图5-12｜制作外墙顶部

④ 创建新的立方体模型，并沿着上一步制作的外墙顶部，利用“Editable Poly”命令制作墙顶瓦檐结构，如图5-13所示。

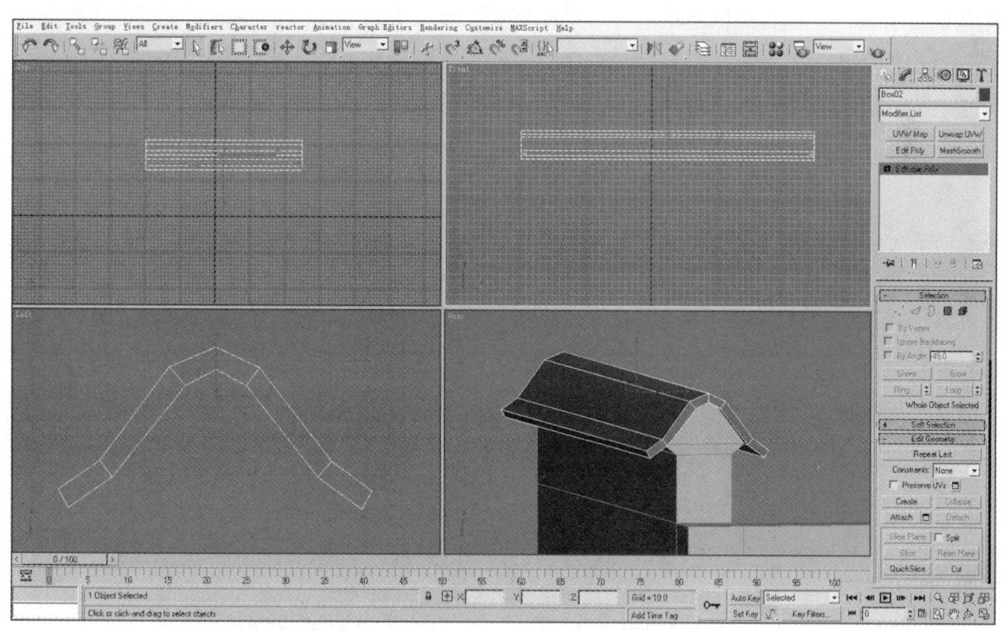

· 图5-13｜制作墙顶瓦檐结构

⑤ 利用“Editable Poly”命令制作墙顶屋脊结构，将其放置在瓦檐的两端，如图5-14所示。

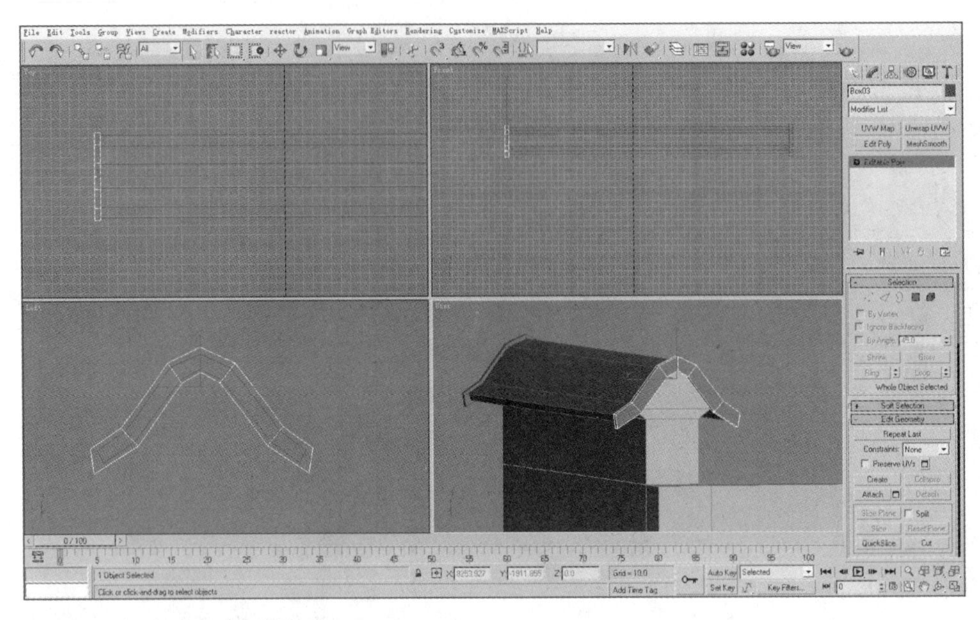

· 图5-14 | 制作墙顶屋脊结构

⑥ 通过上述步骤，外墙模型（见图5-15）就制作完成了。然后进一步整理模型的线面，焊接顶点以减少多余的边线，删除多余的多边形面（例如包裹在模型内部看不到的面及墙体的底面等）。这种高低错落的外墙结构多见于我国南方的建筑，一般建筑左右两侧都会用到这样的外墙，主要用于隔开住宅和防火。根据不同地方的建筑特点，外墙的形态也各有不同，常见的有人字形、锅耳形和波浪形等。

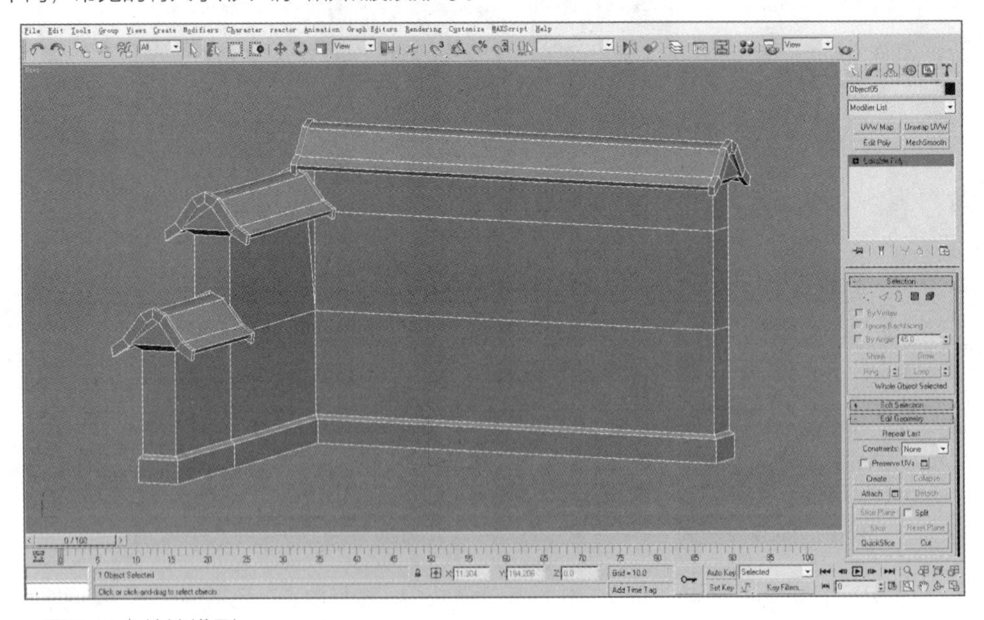

· 图5-15 | 外墙模型

（2）下面开始制作房屋主体的屋顶部分。利用立方体模型建立基本模型，然后利用“Editable Poly”命令制作屋顶的瓦檐和两侧的屋脊结构，如图5-16所示。

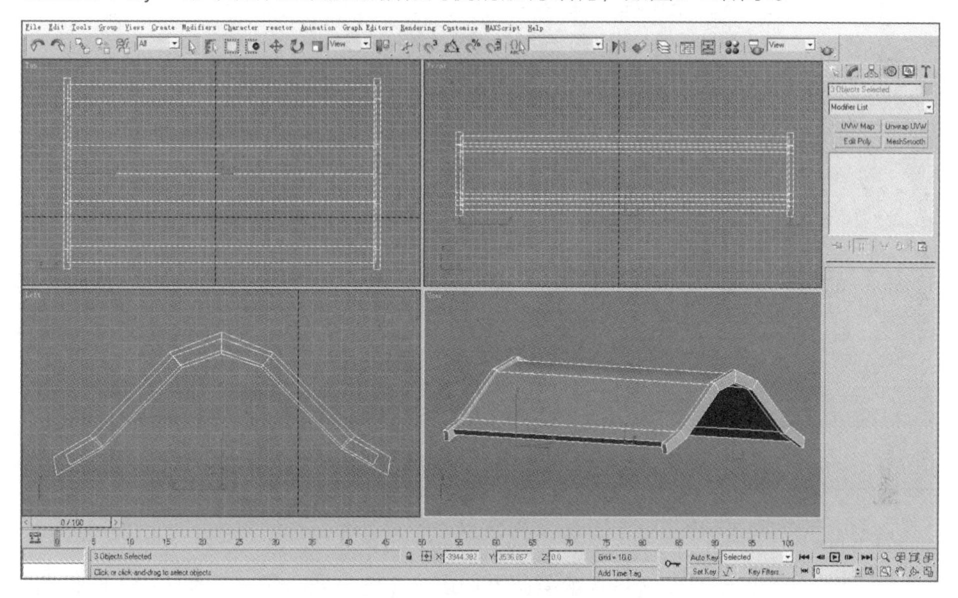

·图5-16｜制作屋顶的瓦檐和两侧的屋脊结构

（3）利用“Editable Poly”命令制作房屋上层墙体的基本结构，注意屋顶的瓦檐和屋脊要稍长于墙体，如图5-17所示。

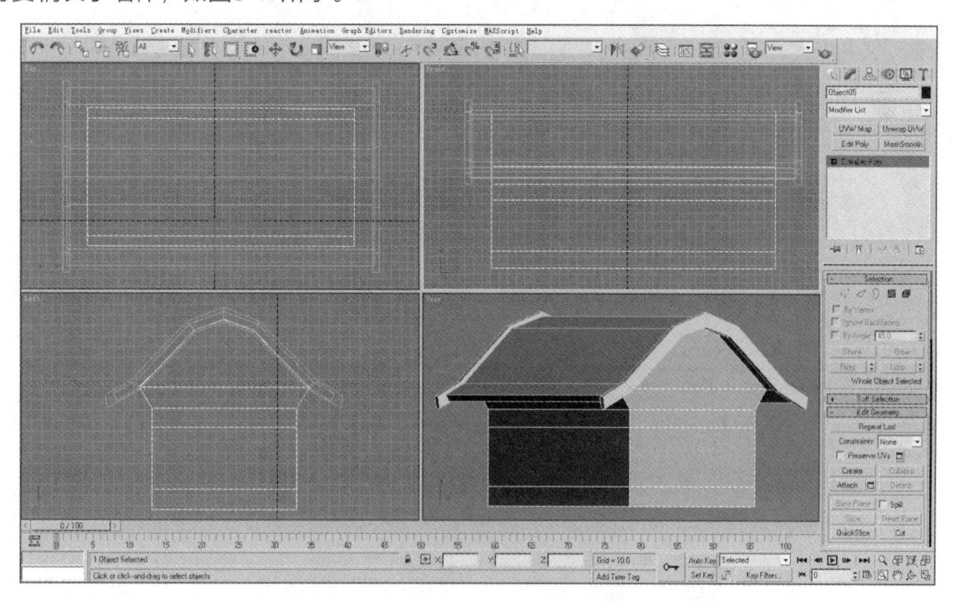

·图5-17｜制作房屋上层墙体的基本结构

（4）利用“Editable Poly”命令制作屋顶主脊两端的鸱尾结构，如图5-18所示（另一端复制可得）。

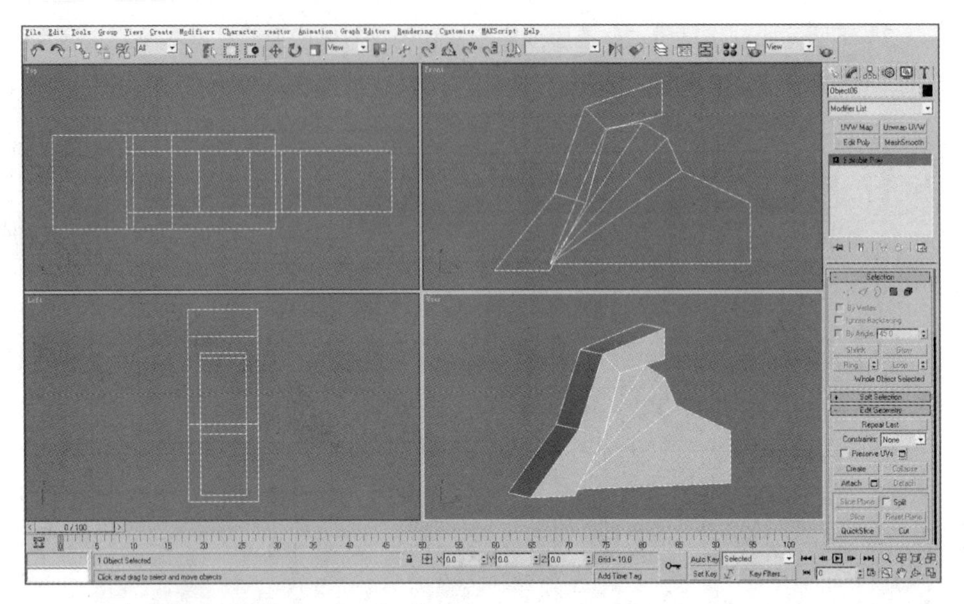

· 图5-18｜制作鸱尾结构

（5）制作房屋的主脊，并将其放置在屋顶正中（前、后、左、右都居中）的位置上，如图5-19所示。

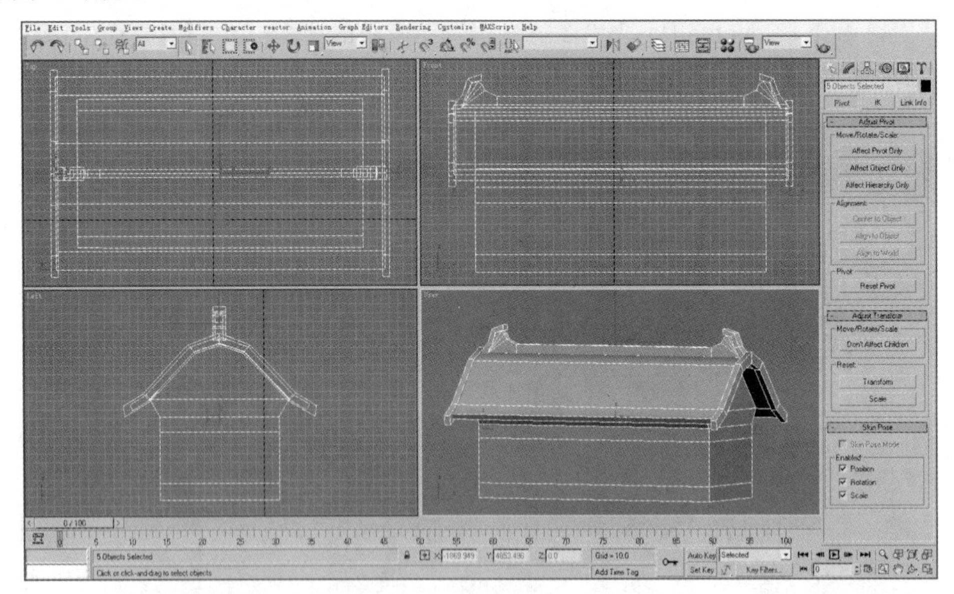

· 图5-19｜制作房屋的主脊

（6）图5-20所示为悬山式屋顶下方靠近墙体的内部支撑结构，其实就是复制了屋脊模型，并将其缩小对齐到墙体上合适的位置，然后制作一个三角形支撑结构。这种三角形支撑结构在后面的建筑模型中会大量用到，其专业的建筑学术语叫“雀替”，形制和纹饰多种多样，常用于建筑结构的辅助支撑。

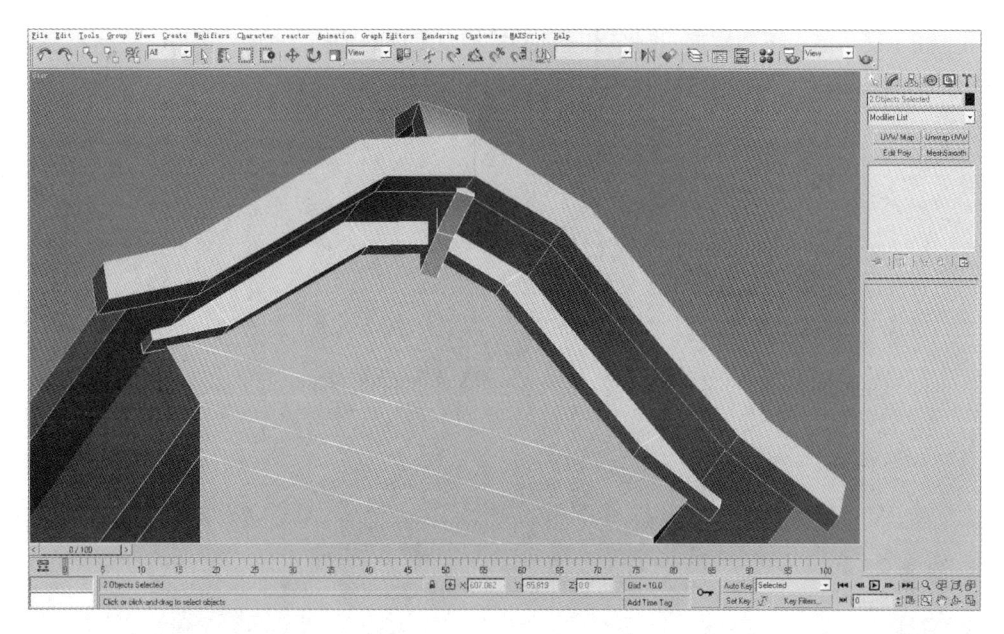

·图5-20 | 内部支撑结构

（7）将上层墙体模型顺势向下延伸，制作下层墙体的大致模型及墙面转折衔接处的柱式结构，如图5-21所示。对建筑模型来说，转折衔接处的结构通常会暴露低模粗糙的缺点，所以一般在模型转折面处或模型结构的交叉面处都会制作一些衔接结构，用于掩盖低模的缺点，具体到这里就是柱式结构。在建筑结构上，立柱也能起到支撑建筑的作用。

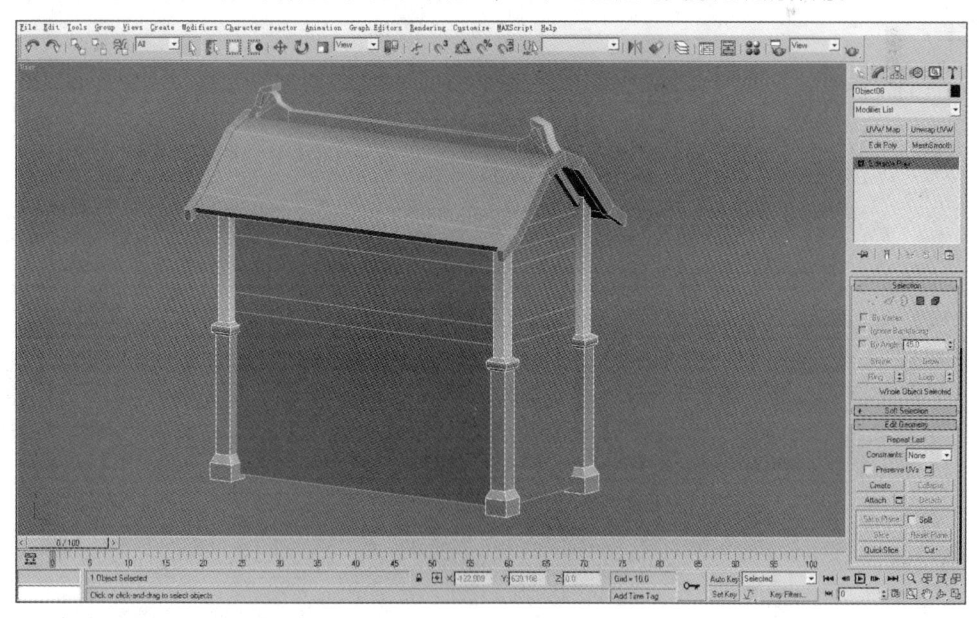

·图5-21 | 制作墙面转折衔接处的柱式结构

（8）在房屋上下两层之间制作出间隔的楼板及上层的围栏结构，如图5-22所示，这些结构都是由简单的立方体模型制作出来的，所以这里不做过多讲解。

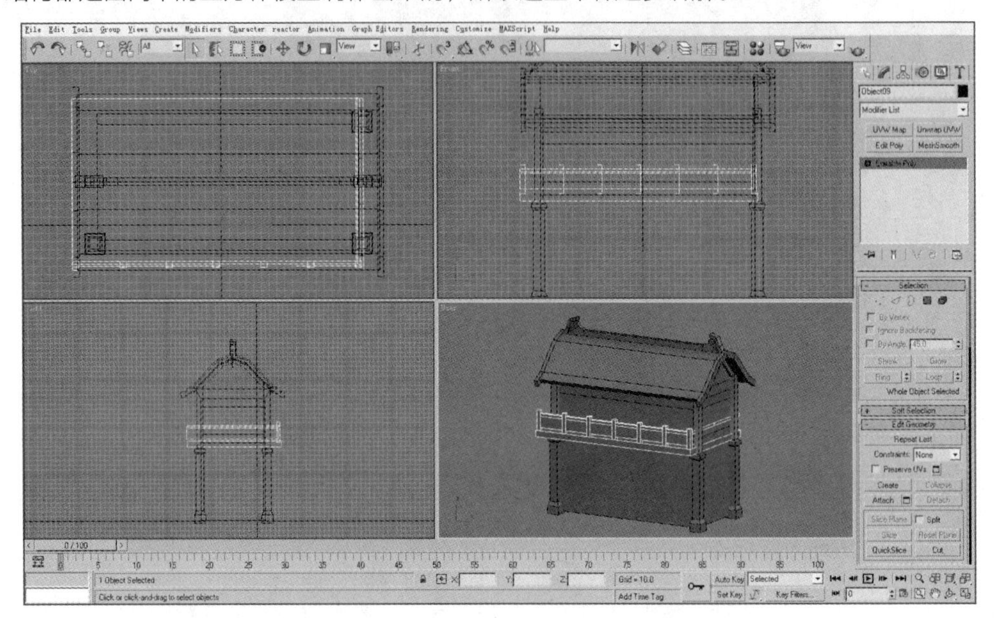

·图5-22｜制作楼板和围栏结构

（9）制作房屋下层的门体结构，如图5-23所示。这个结构的制作相对简单，主要包括瓦檐和屋脊结构、门柱和支撑结构，而门只是一个平面，具体的细节则要靠后期模型贴图来完善。

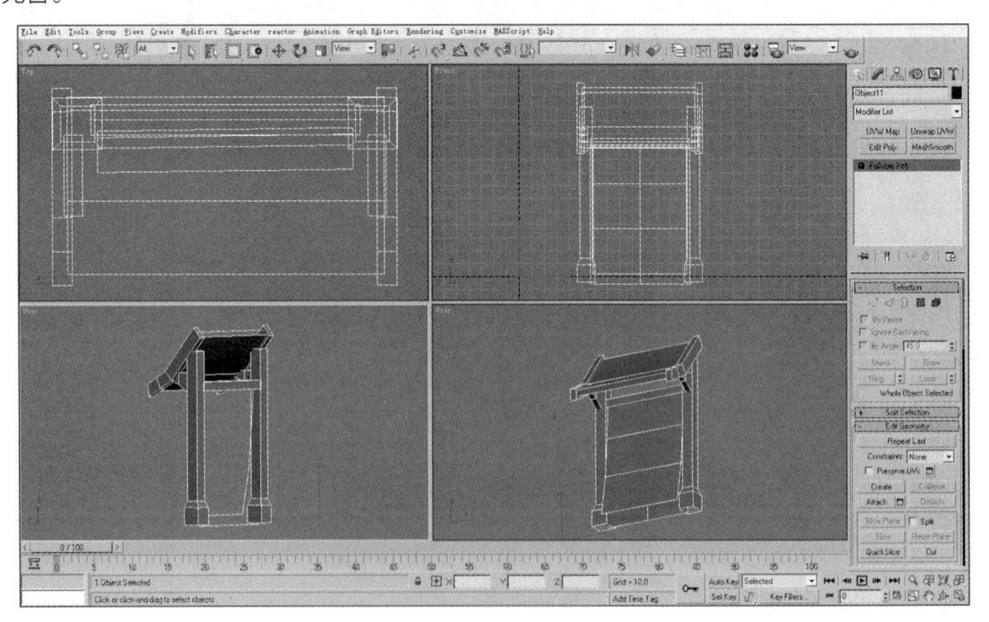

·图5-23｜制作门体结构

（10）将门体结构放置在下层房屋墙体上合适的位置，如图5-24所示（其他门复制可得）。

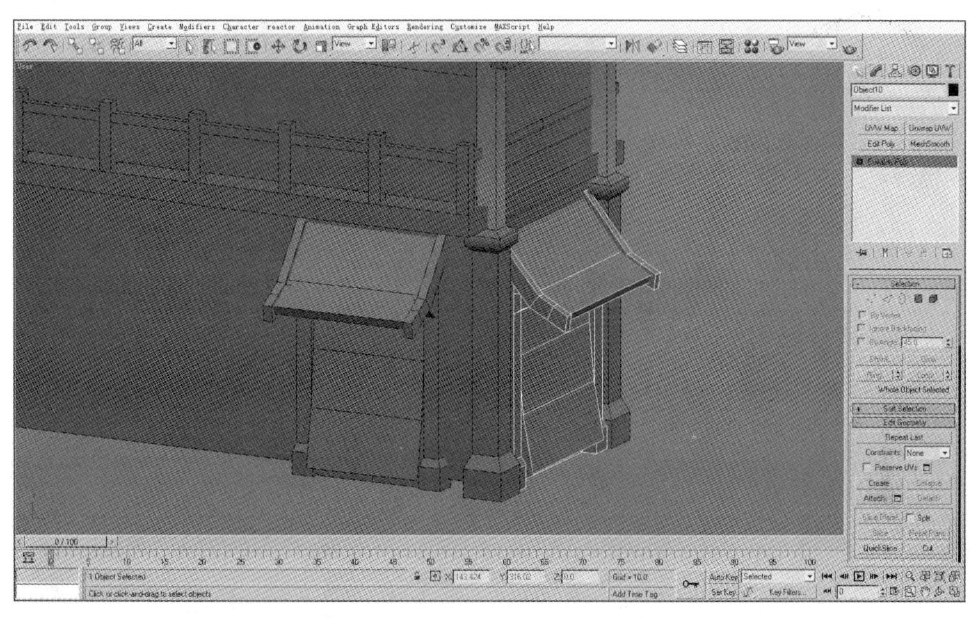

·图5-24｜放置门体结构

（11）开始制作下层房屋前面突出的附属建筑结构。其实这就是一个简单的房屋模型，可以用前面制作的模型直接复制拼接组成，如图5-25所示，但大多数细节仍然要靠后期的贴图来表现。

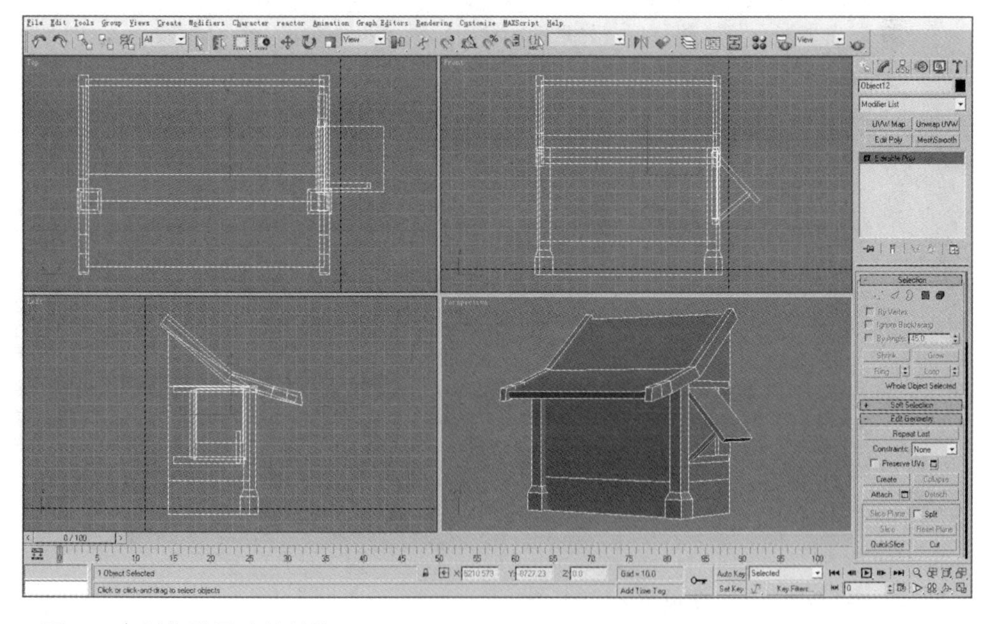

·图5-25｜制作附属建筑结构

此步也要制作上层房屋侧面的窗体结构，如图5-26所示。同围栏结构一样，窗体结构基本也是由立方体模型制作出来的，所以这里不做过多讲解。

· 图5-26 | 制作上层房屋侧面的窗体结构

（12）将前面制作的所有模型结构都拼合到一起就组成了基本的建筑整体模型，如图5-27所示。

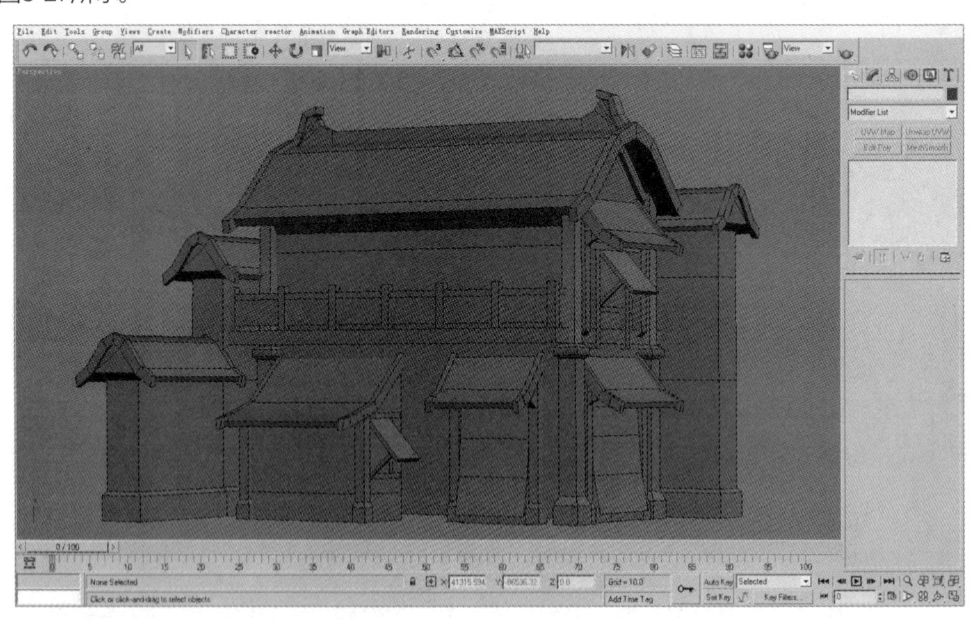

· 图5-27 | 拼合成基本的建筑整体模型

（13）进一步丰富下层墙体模型的细节，包括楼板下的倒角结构及地基结构等；然后多复制几个雀替放置在楼板下，用于支撑房体，如图5-28所示；最后精简模型线面，焊接顶点，减少边线，并删除多余的多边形面。

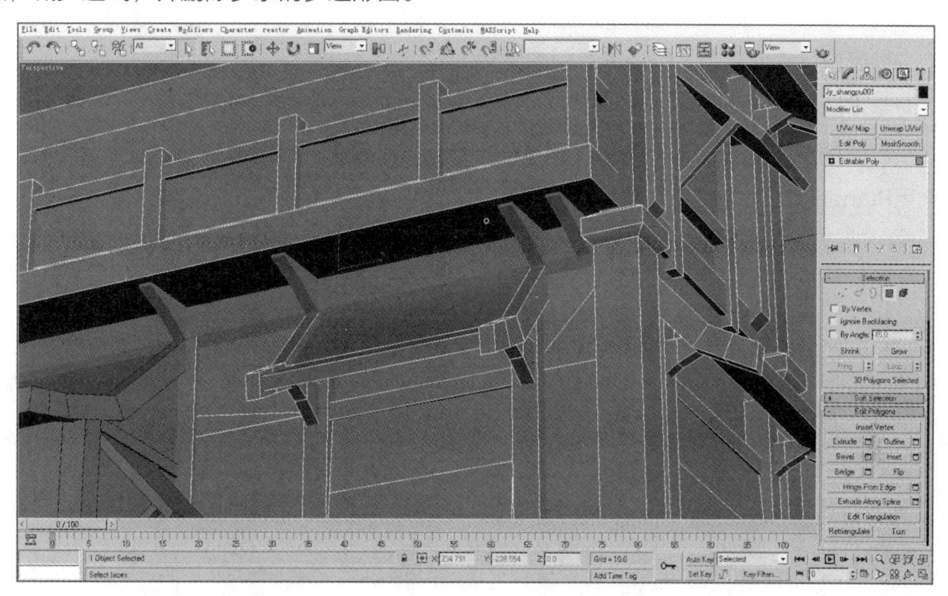

· 图5-28 | 丰富下层墙体模型的细节

（14）整理模型后，再制作一些与房屋相连的布帘结构，如图5-29所示。这样古代民居模型就制作完成了。选择Polygon Counter工具，可看到模型面数只有2200余面，可见整体模型还是十分紧凑的，符合三维游戏场景建筑模型的制作要求。

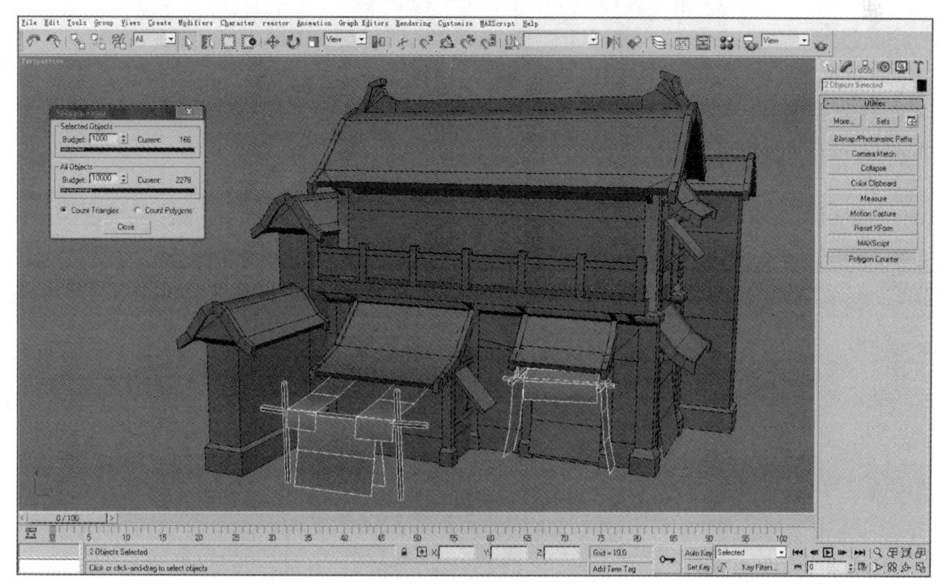

· 图5-29 | 制作布帘结构

5.1.2 为古代民居模型添加贴图

下面对制作完成的模型进行贴图。前文多次提到，对场景建筑模型来说，大部分细节都要靠贴图来表现，例如砖瓦的细节、墙体石刻、木纹雕饰、门窗结构等全都是通过贴图来实现的。场景建筑模型贴图与场景道具模型贴图不同，除了屋脊等特殊结构的贴图，一般要求将贴图制作成循环贴图，墙体和地面石砖贴图等通常是四方连续贴图，木纹雕饰、瓦片等一般是二方连续贴图，对同一个模型的不同表面可以重复应用不同的贴图。贴图坐标的投影一般采用Planar方式，要求充分利用循环贴图的特点来展开UV网格，具体的贴图方法在影壁的制作中已经讲过，这里就不重复讲解。图5-30所示为古代居民模型贴图完成后的一些细节部分的展示。

· 图5-30 | 古代民居模型贴图完成效果

一个看似复杂的建筑模型，其贴图也不过10张左右。图5-31所示为古代民居模型应用到的全部贴图。这里要说一下贴图命名的问题，不同的游戏公司对贴图的命名有不同的要求，只要没有重复命名即可。贴图的名称对游戏引擎来说并没有什么实际意义，只是便于在游戏制作中进行区分，合理的命名规则可以避免之后将贴图导入游戏引擎贴图库时出现重名的情况。一般来说，贴图名称包括3个部分：前缀、名称和后缀。前缀可以是游戏场景的简称，也可以是制作者的姓名简称；名称就是名称的拼音或英文（游戏引擎不支持中文，必须用英文字母）；后缀通常是贴图的序号，如果游戏引擎支持法线贴图和高光贴图，一般用“_B”表示法线贴图，用“_S”表示高光贴图。作为一名合格的三维游戏场景美术设计师，不仅要能够控制模型面数，还要能对贴图有整体的规划和把握。

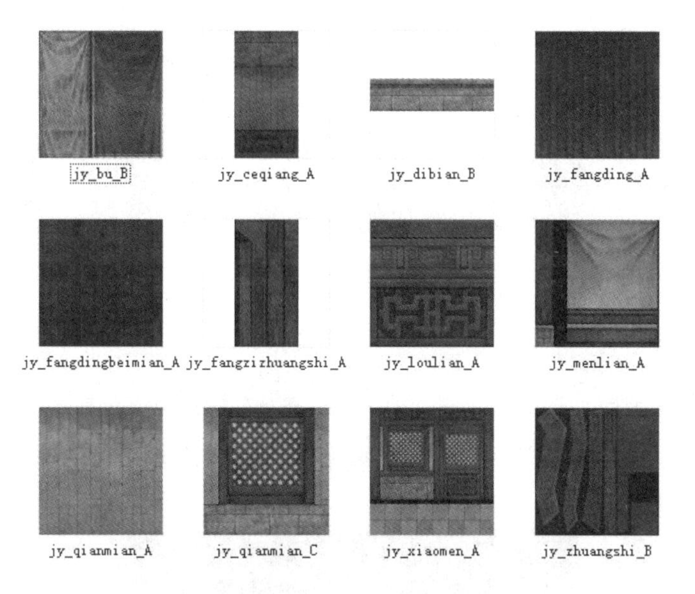

· 图5-31 | 古代民居模型应用到的全部贴图

图5-32所示为古代民居模型的最终效果，与原画设定进行对比，在结构上几乎分毫不差，这体现的就是三维美术设计师的原画还原能力。

· 图5-32 | 古代民居模型的最终效果

5.2 | 实例制作——单体建筑模型之中国古代楼阁

游戏场景建筑模型制作（1）

游戏场景建筑模型制作（2）

游戏场景建筑模型制作（3）

游戏场景建筑模型制作（4）

游戏场景建筑模型制作（5）

这一节来制作中国古代楼阁。图5-33所示为该单体建筑模型的原画设定，这种多层式的古代楼阁建筑在三维游戏场景中多用作主城或野外场景的主体建筑，具有相对的独立性，通常不会被重复使用。

· 图5-33 | 中国古代楼阁模型的原画设定

从设定图来看，这是一座3层式的传统建筑，顶层有着类似于悬山式的结构，中层和下层有着类似于歇山式的结构。除了每层瓦檐、底层的基墙和底层下面的石质平台，建筑整体多为木质结构，而建筑中除主脊外的所有屋脊结构都相同，所以只需要制作一个以供复制使用。整体建筑的制作思路有两种：一是把建筑的每一层看作独立的模型结构，先分别制作出每一层的模型，然后将3层拼接到一起；二是把3层结构看作统一、独立的整体，先制作出瓦檐和墙体的主体模型，然后制作出柱子、屋脊、木梁等其他装饰结构，最后将装饰结构拼接到主体模型上。

这两种思路在实际制作中都可以使用，对最后导入游戏引擎中的成品模型没有太大影响。但为了强调模型的整体结构及熟悉整体化建筑模型的制作流程，同时考虑到要为日后大型场景的制作做准备，这里选择第二种制作思路，这其实也是一种“由零到整”的制作方法。下面开始实际制作。

5.2.1 古代楼阁模型的制作

（1）打开3ds Max，创建立方体模型，并将其塌陷为可编辑的多边形，分别制作顶层屋顶的瓦檐和侧脊结构，如图5-34所示。

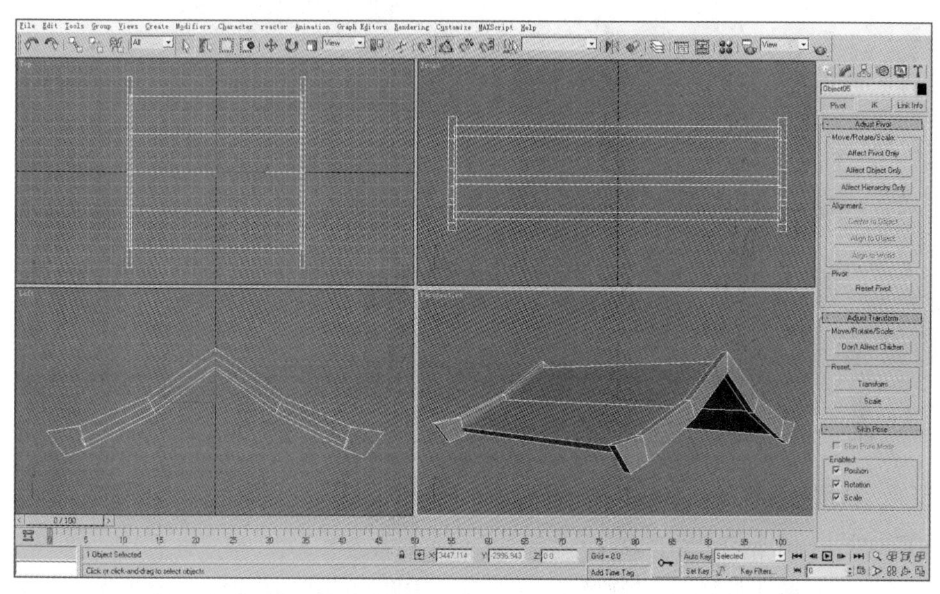

· 图5-34 | 制作顶层屋顶的瓦檐和侧脊结构

（2）根据上一步制作的屋顶尺寸，利用“Editable Poly”命令制作房屋主脊模型，如图5-35所示。该建筑模型的主脊结构类似于一些寺院中常见的建筑结构，拥有双层主脊和侧面的竖向鸱尾结构。

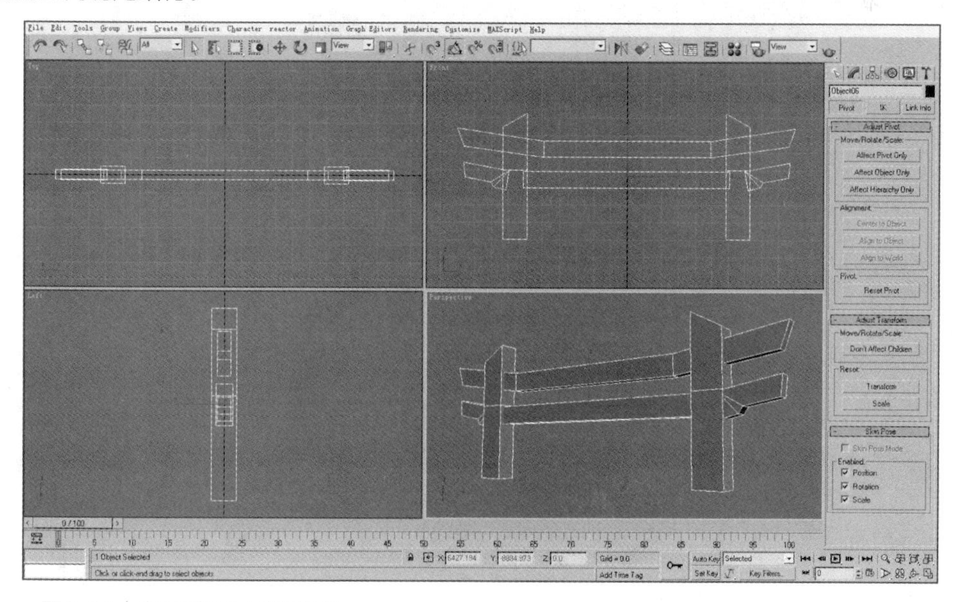

· 图5-35 | 制作房屋主脊模型

（3）将主脊和顶层屋顶拼接到一起后，开始制作建筑的主体结构。首先根据上层屋顶的模型制作上层墙体模型，如图5-36所示。

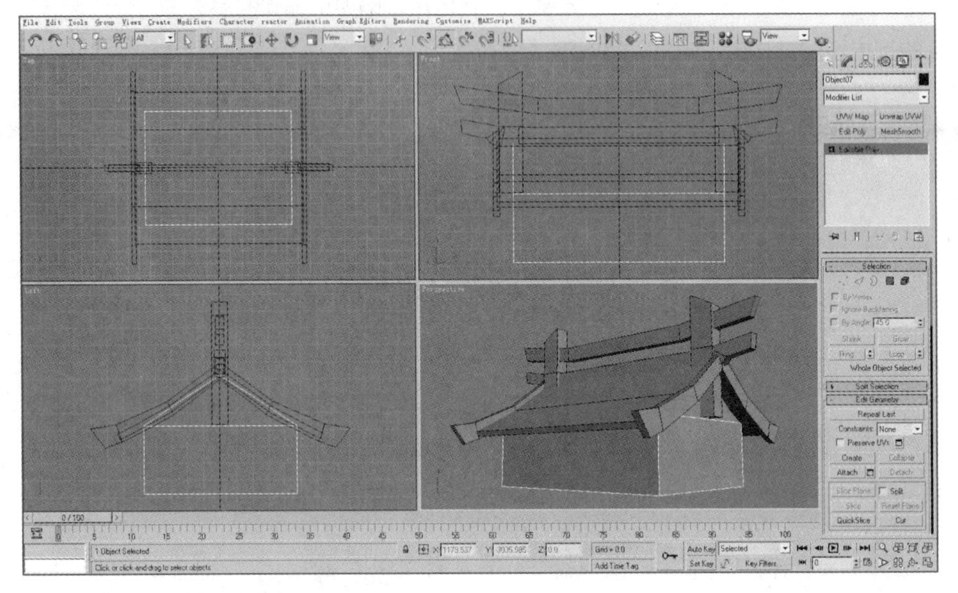

·图5-36 | 制作上层墙体模型

（4）沿着上层墙体模型，利用“Extrude”“Chamfer”等命令顺势制作中层屋顶结构（见图5-37，此处仅从“Polygon”层级操作）。其实对大部分中国古代建筑的屋顶模型来说，基本都可以分4步来制作：① 以瓦当的平板立方体模型为中心，向上挤压瓦顶；② 向下收缩平面制作屋顶底面；③ 在屋顶上面加装屋脊；④ 在下面顺势制作墙体模型。

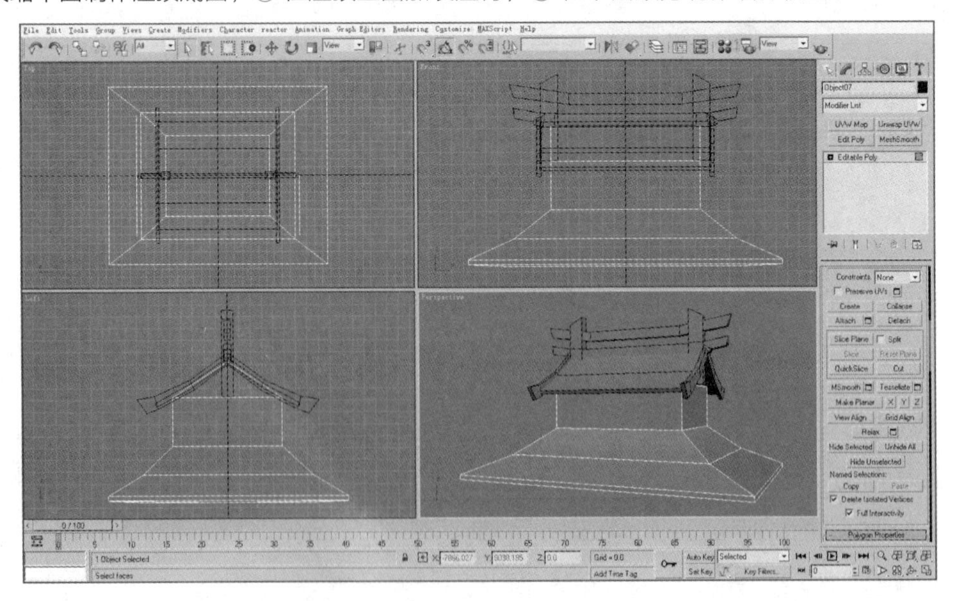

·图5-37 | 制作中层屋顶结构

（5）利用“Editable Poly”命令，向下制作中层墙体、下层屋顶和下层墙体的基本模型结构，如图5-38所示。

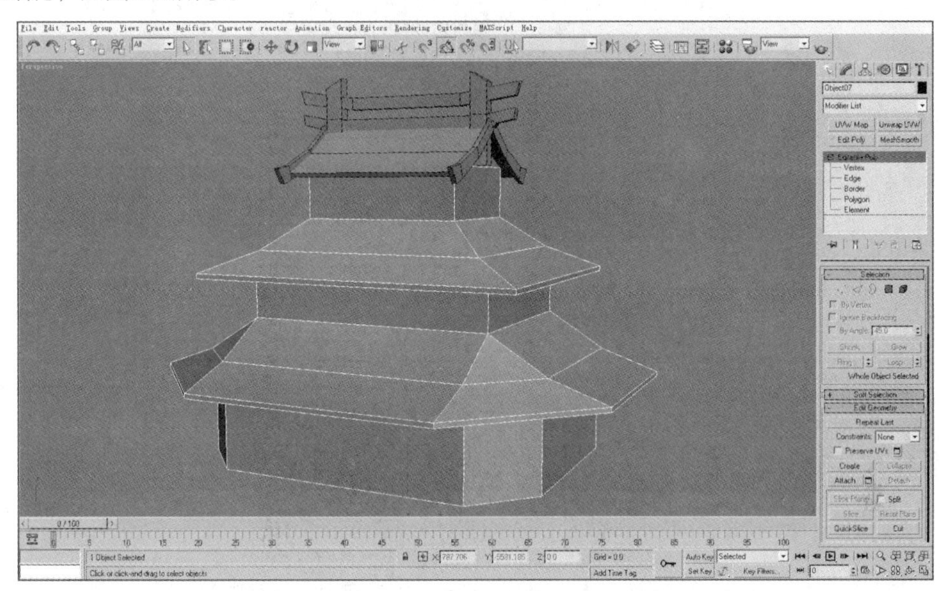

· 图5-38 | 制作中层墙体、下层屋顶和下层墙体的基本模型结构

（6）进入“Edge”层级，选择模型边线，如图5-39所示。

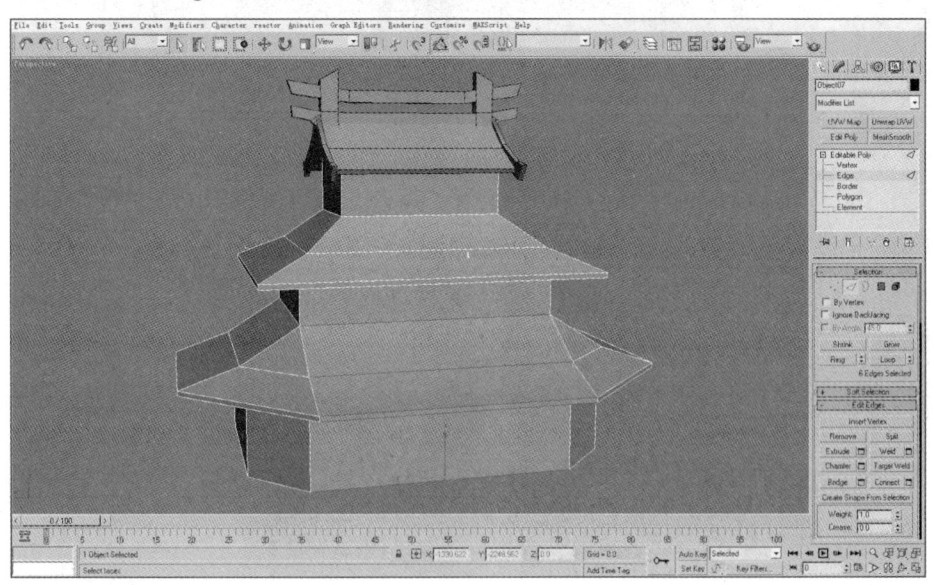

· 图5-39 | 选择模型边线

（7）单击“Edit Edges”层级面板中的“Connect”按钮，进行分段布线，为制作底层正门的模型结构做准备，如图5-40所示。

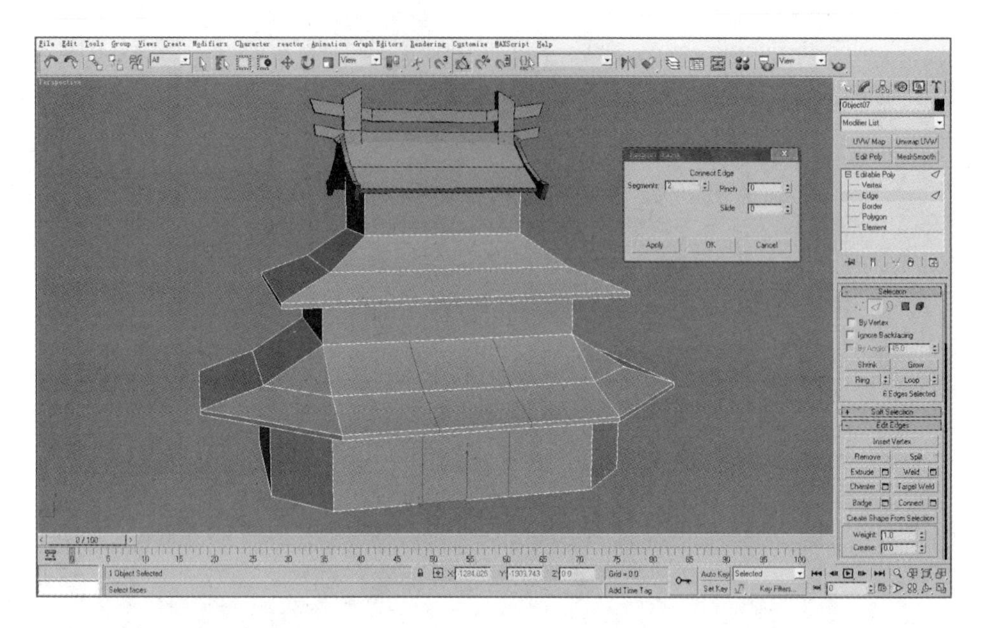

·图5-40｜分段布线

（8）进入“Polygon”层级，选择图5-41所示的模型面并将其删除。

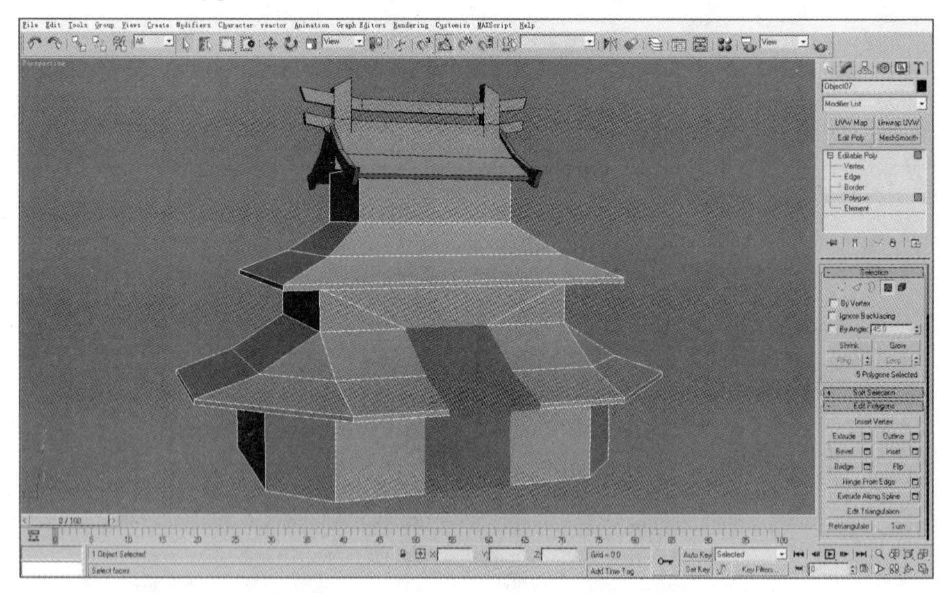

·图5-41｜删除所选模型面

（9）连接相应的顶点和边线，补全删除的模型面，将其制作成一个内凹的结构，作为建筑的正门，如图5-42所示。

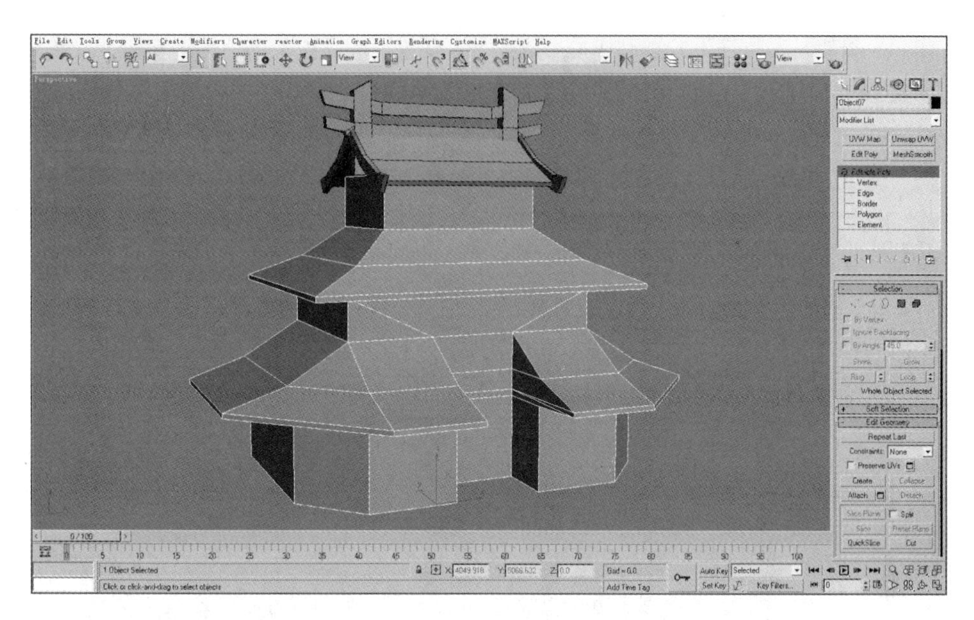

· 图5-42 | 制作建筑的正门

（10）对中层侧面的墙面进行中心分段，并连接相应的顶点，为后面的贴图做准备，如图5-43所示。侧面窗户的贴图可以只绘制一半，然后利用对称来贴图。这样做相当于增加了几个模型的面数，却节省了半张贴图。模型面数和贴图资源的均衡分配是贯穿三维场景制作全程的一个重要课题。

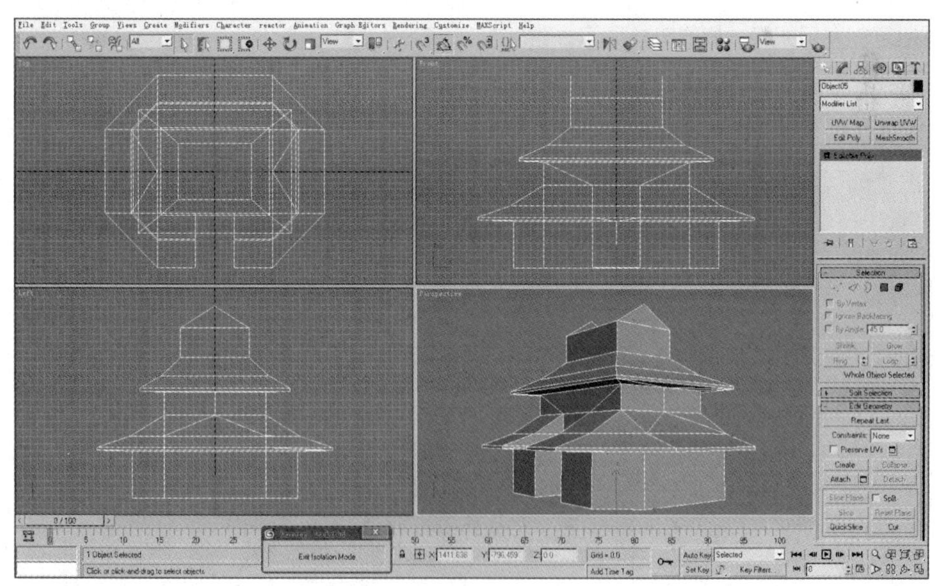

· 图5-43 | 对中层侧面的墙面进行中心分段

至此，建筑主体的模型结构基本制作完成。

（11）开始从上层往下分别制作每层的柱子、横梁、门窗等装饰结构。先制作上层装饰结构，如图5-44所示。在墙面转折处添加4个柱式结构，在墙面底部和房顶下分别添加横梁，然后在4个面分别制作出窗体结构。

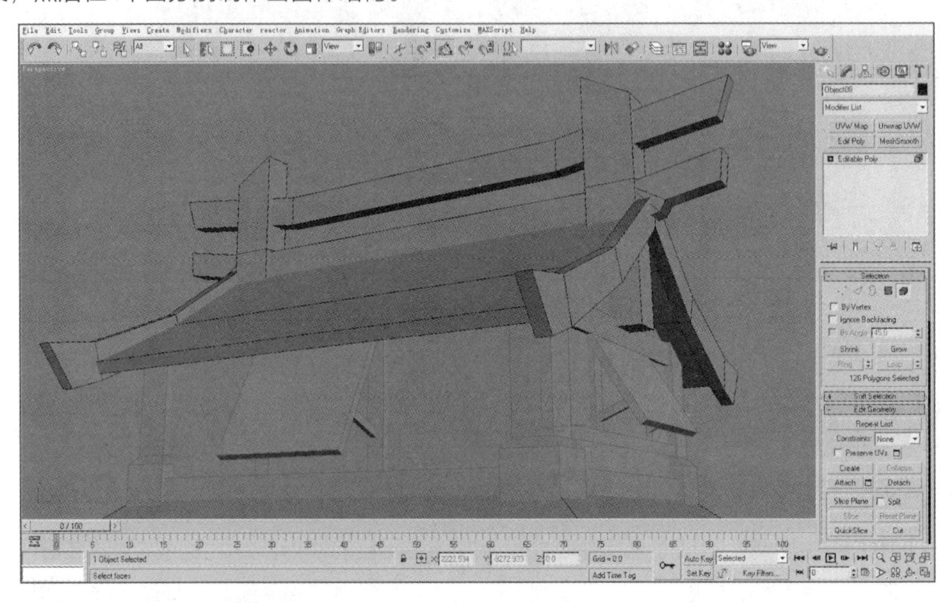

·图5-44｜制作上层装饰结构

（12）利用“Editable Poly”命令制作建筑的屋脊结构。该结构十分简单，只需制作一个然后复制利用即可，如图5-45所示。

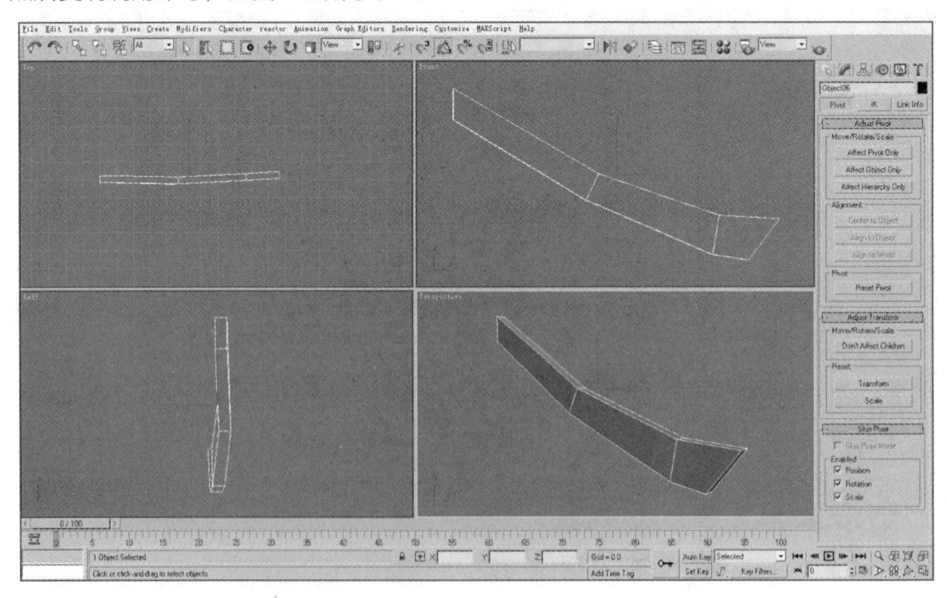

·图5-45｜制作建筑的屋脊结构

（13）将制作好的屋脊旋转放置于中层屋顶上合适的位置，并将其中心与建筑主体模型的中心对齐，再通过“Mirror”命令镜像得到其他3个屋脊。这是快速制作屋脊的常用方法，在前面影壁的制作中也已经详细讲过。之后为中层墙体添加柱子、横梁和窗体结构，如图5-46所示。

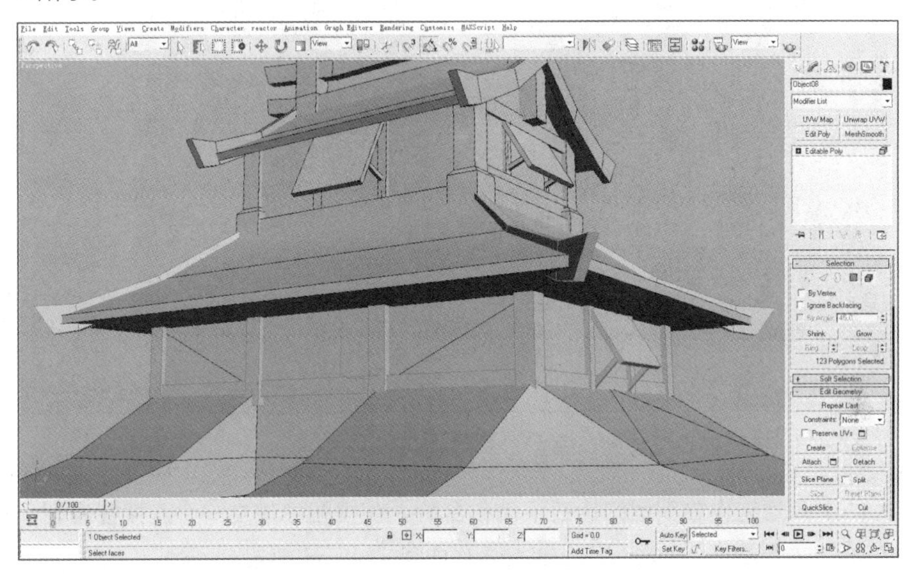

·图5-46 | 为中层墙体添加柱子、横梁和窗体结构

（14）复制屋脊并将其添加到下层屋顶上合适的位置。在下层墙体的每个转折面处添加立柱，底层的立柱是由六棱柱模型编辑制作而成的，在立柱底部利用“Chamfer”命令制作出柱墩结构，如图5-47所示。

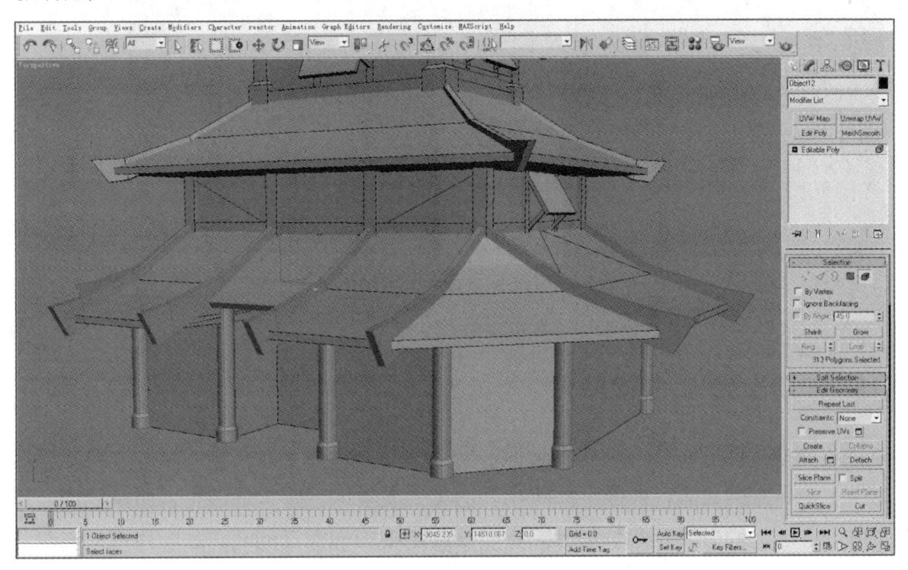

·图5-47 | 制作立柱及柱墩结构

至此，古代楼阁主体建筑的所有模型结构都已经制作完成，如图5-48所示。

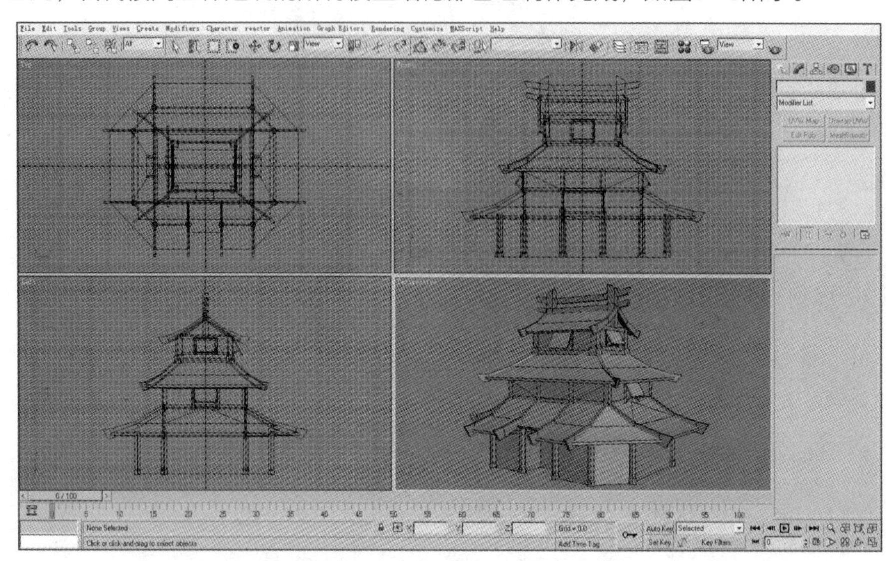

·图5-48｜古代楼阁主体建筑模型

（15）开始制作最下层的砖石平台和台阶。在视图中建立一个八棱柱模型，利用“Extrude”“Chamfer”等命令将其编辑制作成图5-49所示的结构形态。

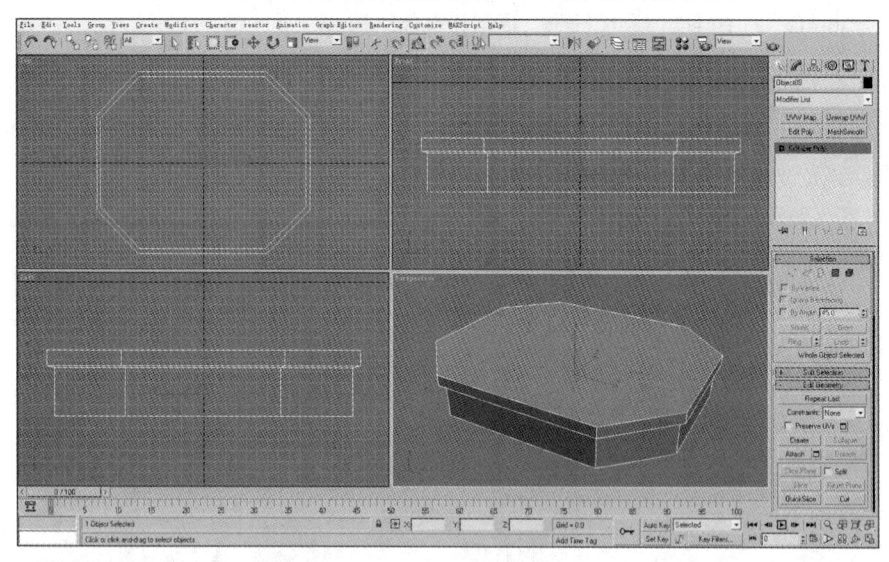

·图5-49｜制作八边形平台

（16）进入“Polygon”层级，选择顶面，利用“Inset”命令收缩表面。这一步操作是为了制作平台表面的包边，如图5-50所示。这里要着重讲一下“包边”，所谓包边，是指在模型转折面处添加的过渡贴图的模型面，且这些模型面都非常细窄。前面提到过为弥补转折面处低模的缺点，可以采用添加装饰结构的方法，而这里制作的包边就是另一种添加装饰结构的方法，目的相同但方法不同。前者利用模型来过渡，后者则利用贴图来过渡。

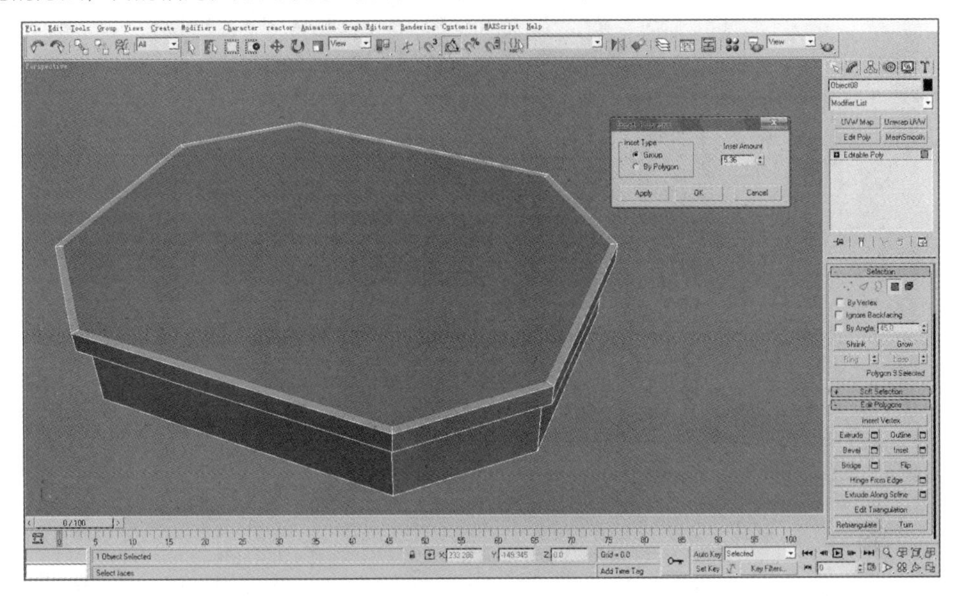

· 图5-50 | 制作平台表面的包边

（17）利用“Editable Poly”命令制作平台的石阶，这里同样要注意包边，如图5-51所示。

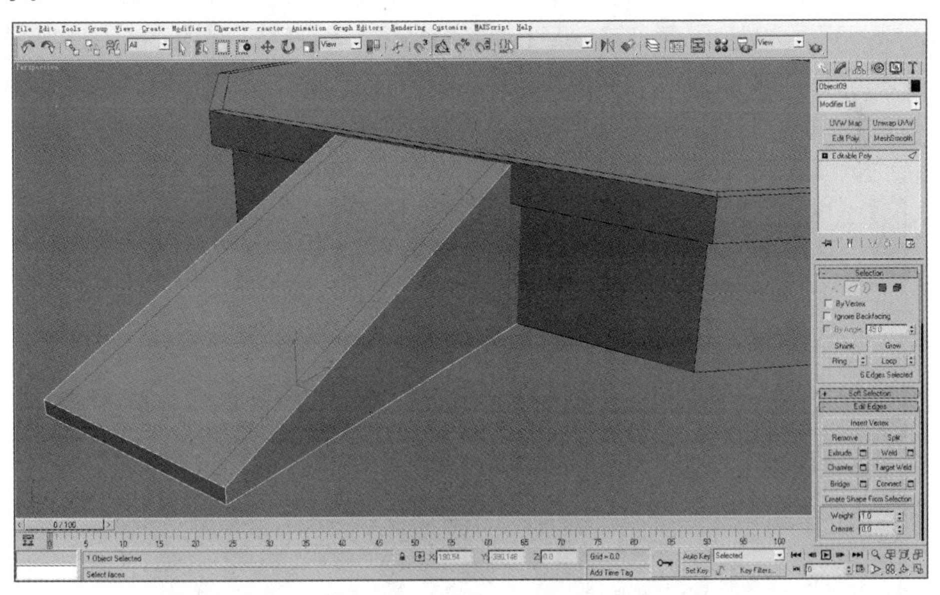

· 图5-51 | 制作平台的石阶

最终的古代楼阁模型如图5-52所示，模型整体面数为1600余面，完全符合三维游戏低模的制作要求。

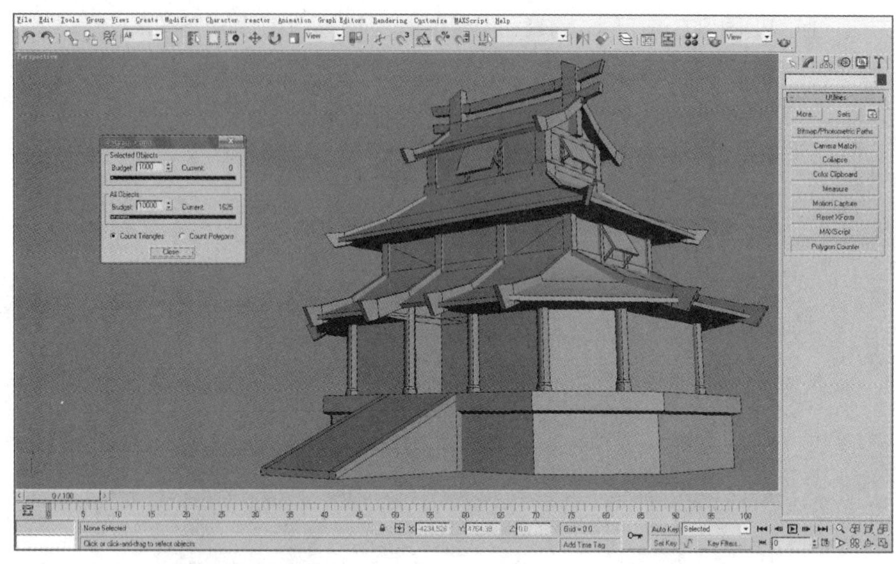

· 图5-52 | 最终的古代楼阁模型

5.2.2 为古代楼阁模型添加贴图

下面进行模型贴图的工作，与5.1节古代民居模型的贴图方法相同，这里仍然是尽量利用循环贴图的特点，在不同的多边形面上重复利用贴图，UV坐标的投影还是采用Planar方式。图5-53所示为模型局部细节贴图后的效果，这里要特别注意左下角视图中平台模型包边的贴图方式。在包边的面上添加的一张包围石砖的贴图，在平台地面石砖和平台侧面石砖之间会起到非常好的过渡作用。有时候采用贴图过渡的方式往往比模型的过渡更加真实、自然。

· 图5-53 | 模型局部细节贴图完成效果图

最后根据原画设定在楼阁模型前方添加之前制作的场景道具模型龙雕塑，这样单体建筑模型古代楼阁就全部制作完成了。图5-54所示为最终效果，整体上基本达到了原画设定的要求。

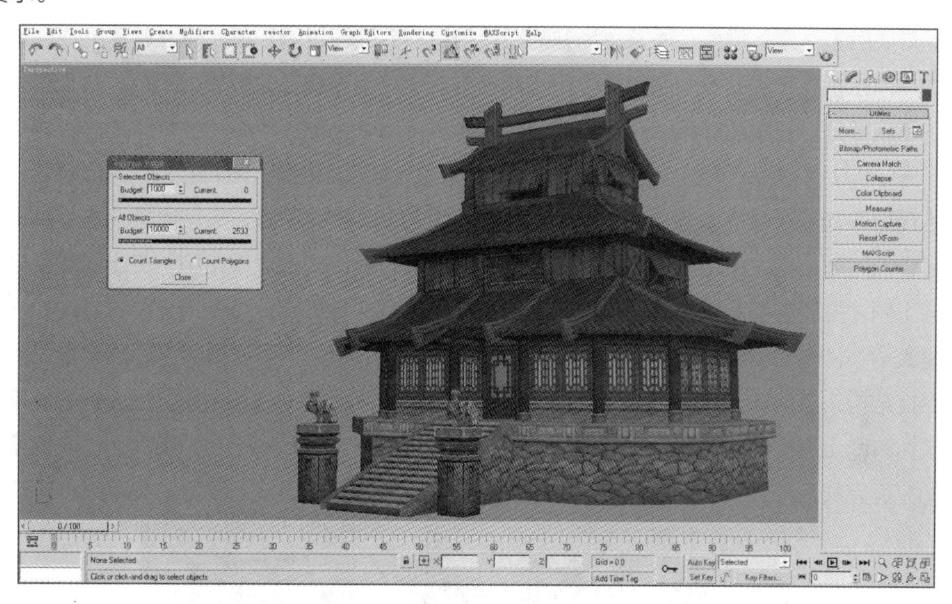

· 图5-54｜中国古代楼阁的最终效果

5.3｜实例制作——复合建筑模型之古代宫殿

前面讲解了游戏场景中单体建筑模型的制作，这一节讲解三维游戏场景中复合建筑模型的制作。所谓复合建筑，是指在三维游戏场景中，通过多种场景道具模型、单体建筑模型等基本建筑单位拼接构成的组合式场景建筑模型。从模型结构的复杂程度来看，复合建筑模型的复杂性要高于场景道具模型和单体建筑模型；从整体来看，复合建筑模型具备较高的独立性，在游戏场景制作中通常不可复制使用，如果想复制使用，可以调整或修改其中单体建筑模型的位置、排列方式等，使之成为全新的复合建筑模型。

复合建筑模型是三维游戏场景中的高等模型单位，在大型游戏场景制作中，往往先通过场景道具模型和单体建筑模型组成复合建筑模型，再通过复合建筑模型之间的衔接构成完整的游戏场景。从这个意义上来说，复合建筑模型本身就可以算作一个完整的场景，在不同的复合建筑模型之间添加衔接结构可以构成规模更大的复合场景模型，所以制作复合场景模型的关键就是衔接结构的制作。衔接结构不一定是多么复杂的模型结构，但巧妙的衔接设计能够起到画龙点睛的作用。

图5-55所示为本节实例——古代宫殿模型的原画设定。图5-55中只完整地展示了主体宫殿建筑和附属塔楼建筑的模型结构，而两者之间的衔接结构表现得不是很清晰。这并不是原画设定的问题，因为在游戏公司中，对于大多数复合场景的原画设定，原画师通常只给出复合场景中的主体建筑模型，而整体场景的衔接组合都要靠三维场景美术设计师来完成，这就需要其具备相当丰富的模型制作经验和建筑结构知识。下面先来分析模型结构，对于模型之间的衔接部分，在后面的实际制作中再进行讲解。

先分析主体宫殿的模型结构（见图5-55），这是一座3层重檐歇山式的古代宫殿建筑，也是古代宫殿建筑中常见的建筑形式。3层屋顶包括主脊和各层垂脊，每层屋檐下方都有横梁和包边的木质结构，中层屋顶的两侧和顶层的正面都有突出式的屋檐结构。突出式的屋檐结构除了刚才提到的基本结构，还包括底下的垂柱。下层的墙体部分是四周全窗式的结构，正面是大门，四角有4根巨型立柱，立柱上方是斗拱支撑结构；下层屋檐的下面建有木质的支撑悬挂结构，上面挂有布帘；再下面是石质平台，包括平台、围栏和台阶。后面的附属塔楼建筑拥有两层屋檐结构，四角的转折处都有立柱结构，下方是石质平台。至此，基本的模型结构分析完成，与之前的模型相比，制作工作量有所提高。下面进入模型的实际制作环节。

· 图5-55｜古代宫殿模型的原画设定

5.3.1 宫殿主体的制作

（1）先制作宫殿主体模型。打开3ds Max，利用“Editable Poly”命令制作出宫殿的主脊模型，如图5-56所示。其结构相对来说有些复杂，但属于基本的多边形编辑范畴，这里不做过多讲解。

（2）对于主体宫殿模型的制作这里仍然采用与5.1节相同的“一体式”建模方式。首先制作建筑顶层的屋顶模型，其结构比较简单，并根据主脊的走势两端稍微翘起，屋檐下方的分段布线是为后面的横梁贴图做准备的，如图5-57所示。

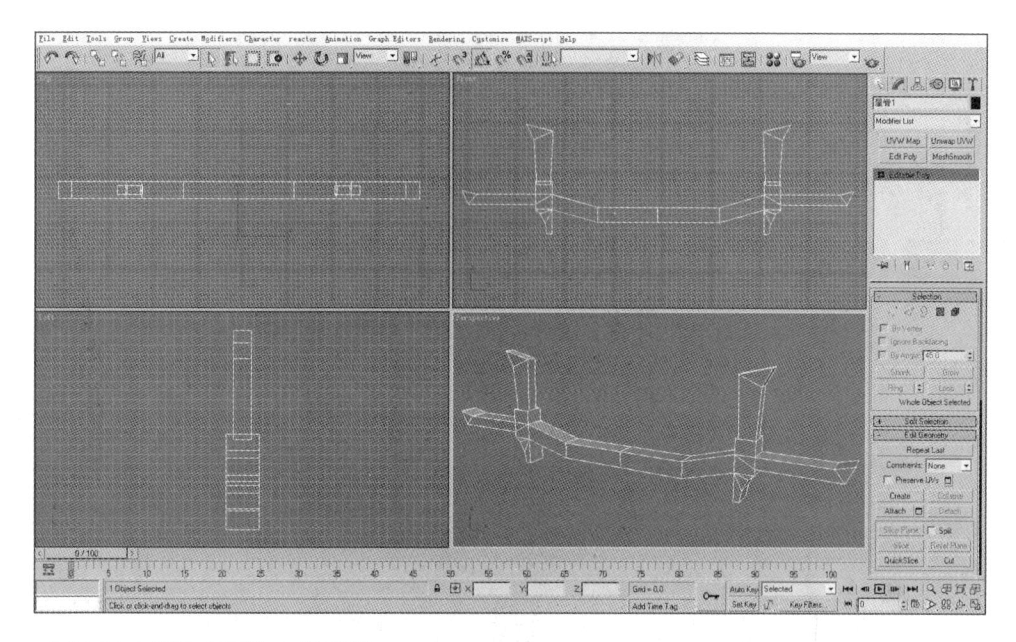

· 图5-56 | 制作宫殿的主脊模型

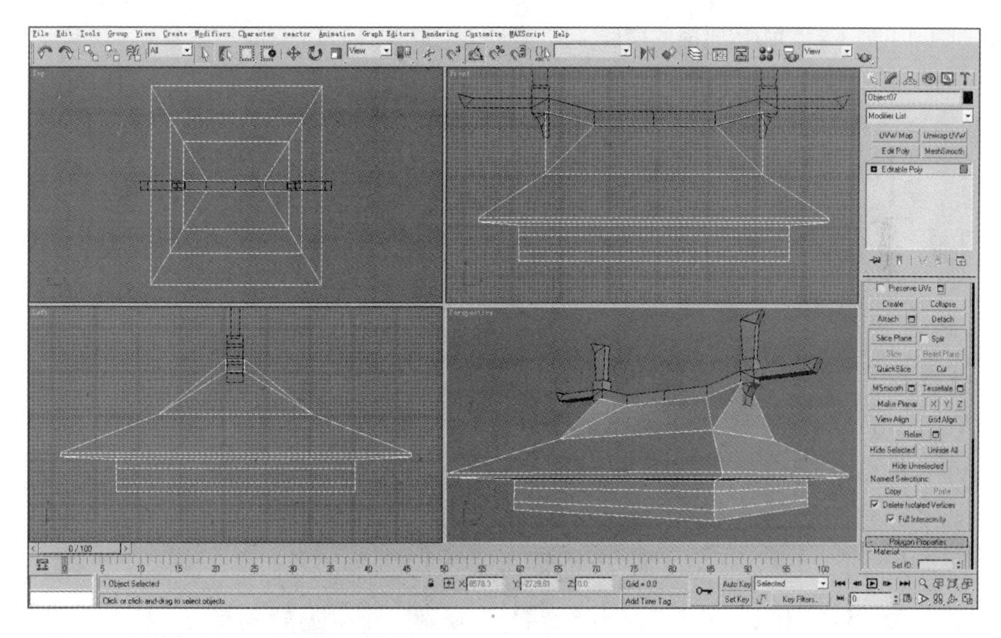

· 图5-57 | 制作建筑顶层的屋顶模型

（3）为了让模型结构更加精细，在屋顶两侧的三角面转折处添加一个木质包边结构，如图5-58所示。对大型建筑模型的制作来说，要适当地增加模型面数，但并不是说要违背省面的基本原则，只是在必要时适当增加模型面数或把通常想要用贴图表现的结构改用模型来表现，以提高模型整体的复杂度和精细程度。

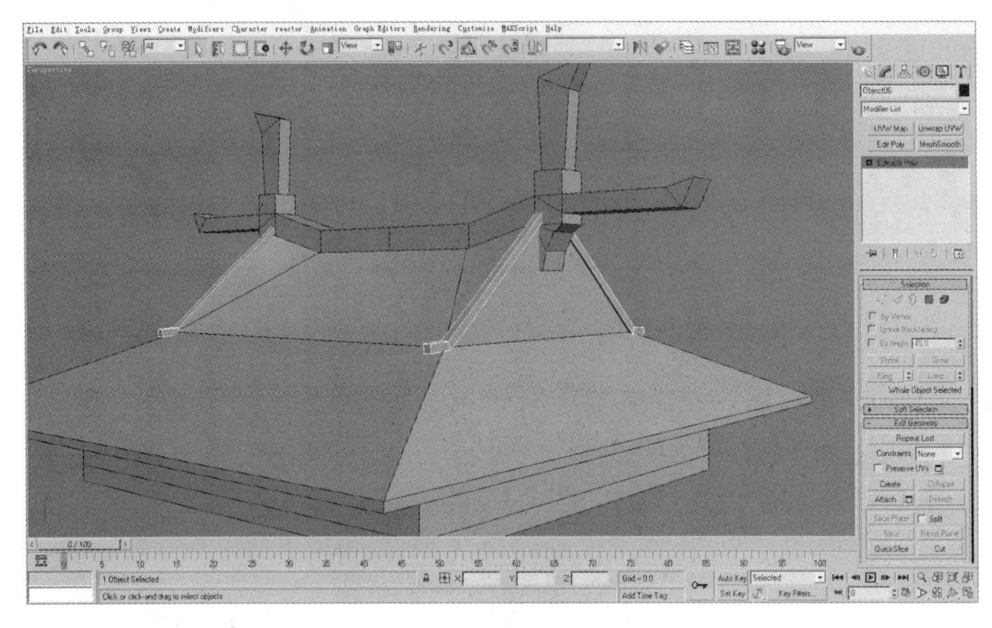

· 图5-58 | 添加木质包边结构

（4）向下制作中层屋顶的模型，其与顶层屋顶基本相同，只是屋檐整体平面有所放大，如图5-59所示。

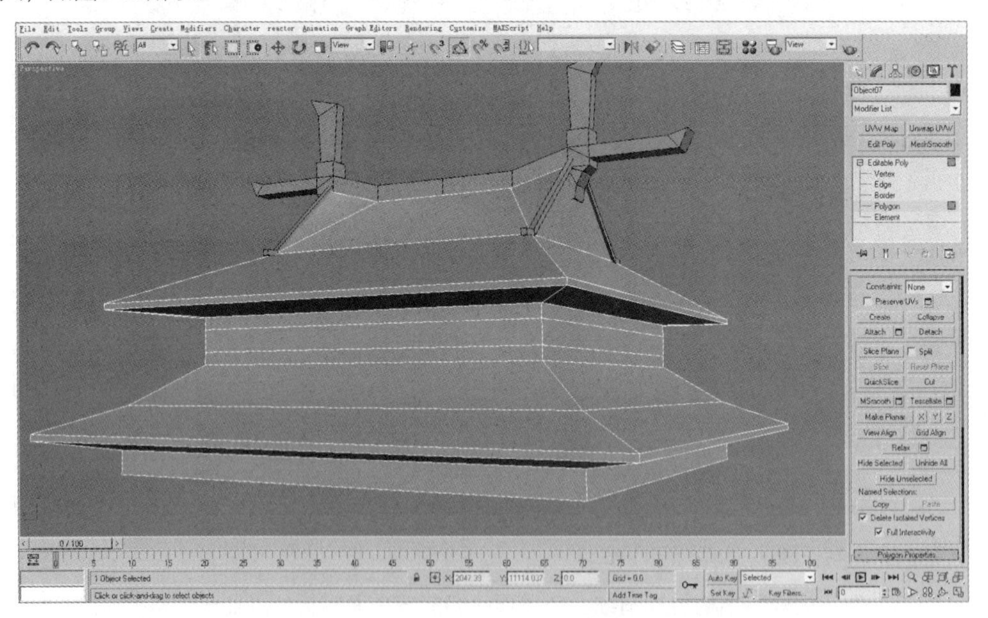

· 图5-59 | 制作中层屋顶的模型

（5）制作下层屋顶和底层墙面的模型，如图5-60所示。

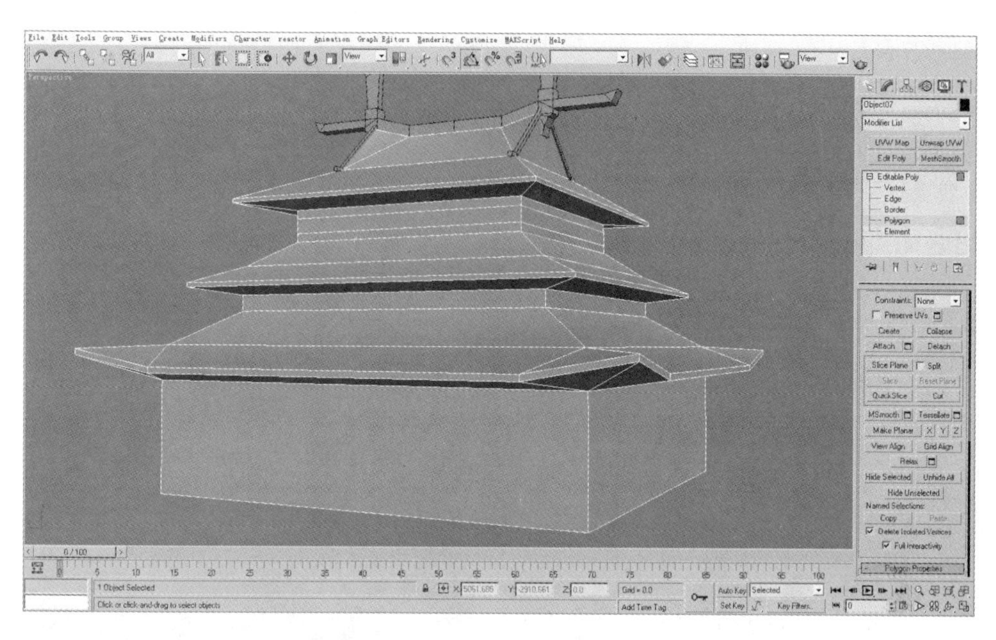

· 图5-60 | 制作下层屋顶和底层墙面的模型

（6）制作下层屋顶的飞檐结构。选中屋檐模型上用来表示瓦当厚度的两条边线，利用“Connect”命令分段布线，然后连接上下顶点添加新的边线，如图5-61所示。

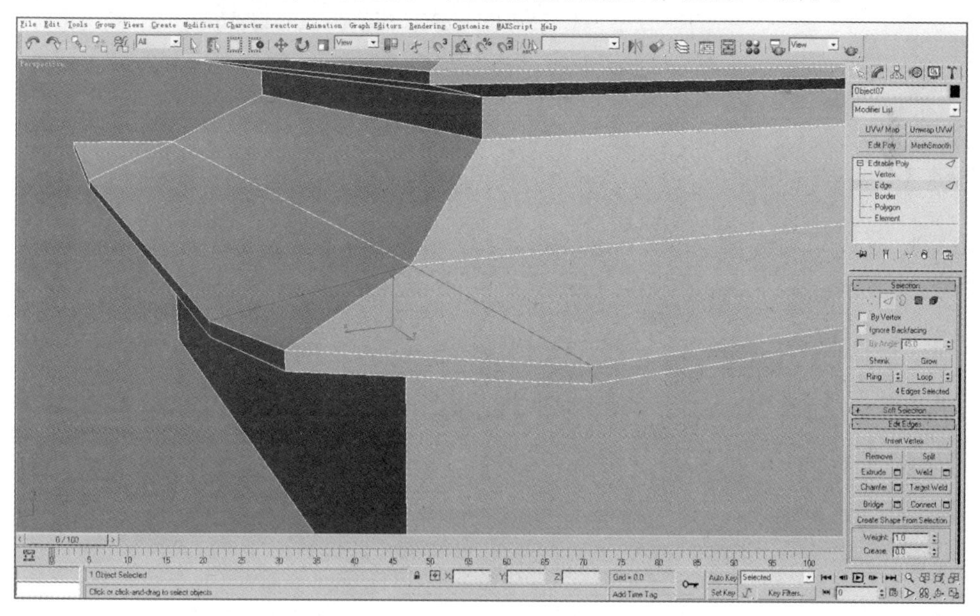

· 图5-61 | 制作下层屋顶的飞檐结构

（7）在中层屋顶的正面，利用“Cut”命令切割，然后删除中间的面制作出一个缺口，如图5-62所示。这个缺口要用来放置正面的牌匾，记得要连接上下对应的顶点，避免四边形面之外的面出现。

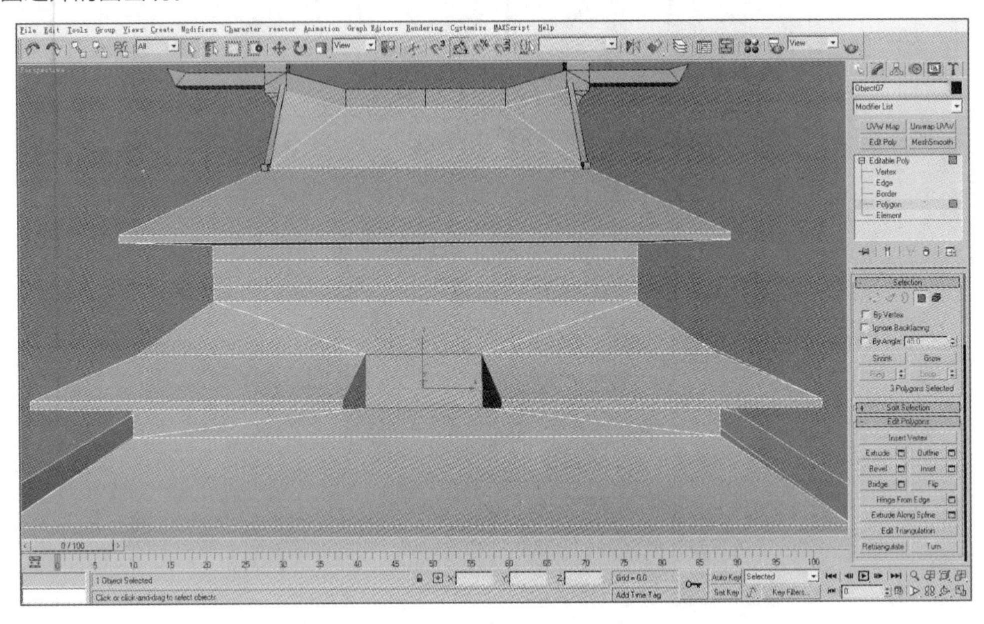

·图5-62 | 制作缺口

（8）在底层墙面的正面画线，切割出一个四边形面，作为正门的贴图面，如图5-63所示。

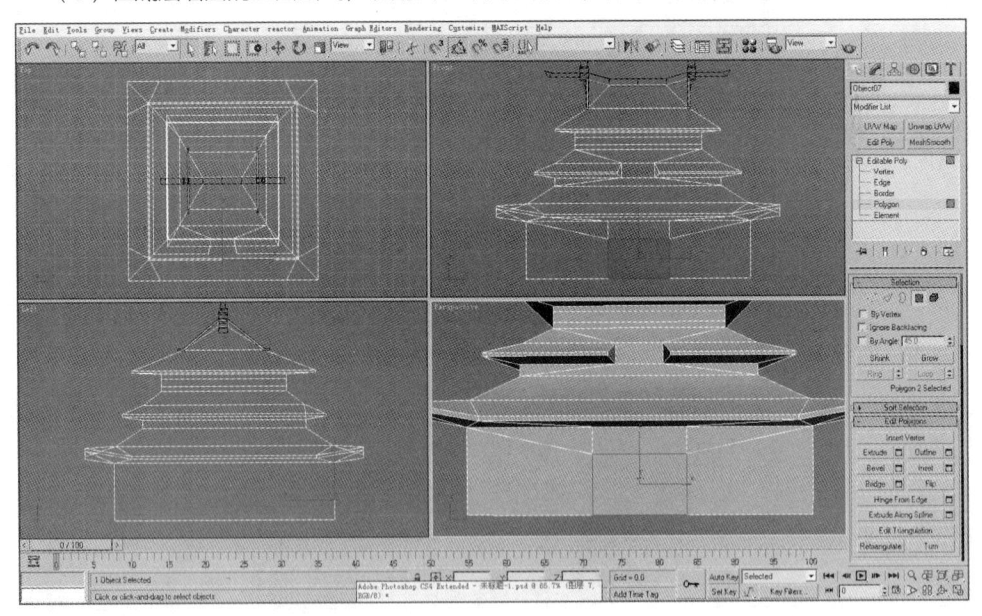

·图5-63 | 制作正门的贴图面

（9）利用“Editable Poly”命令制作3层屋顶的屋脊，从上到下依次是顶层屋脊、中层屋脊和下层屋脊。顶层屋脊结构和中层屋脊结构基本相同，下层屋脊结构相对比较复杂，如

图5-64所示。

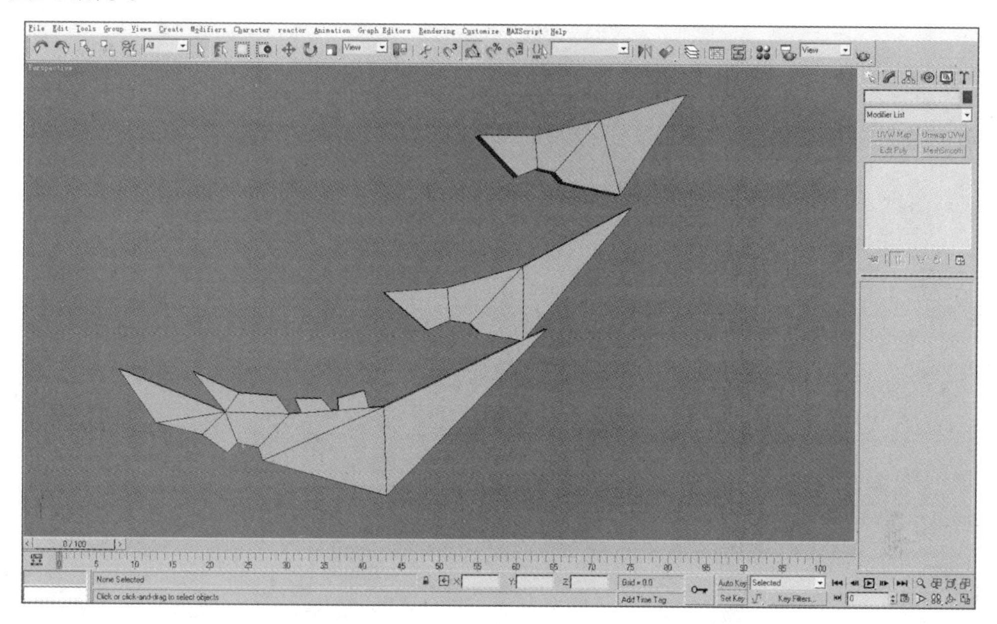

· 图5-64 | 制作3层屋顶的屋脊

（10）将屋脊分别放置在主体模型中的一角，如图5-65所示。

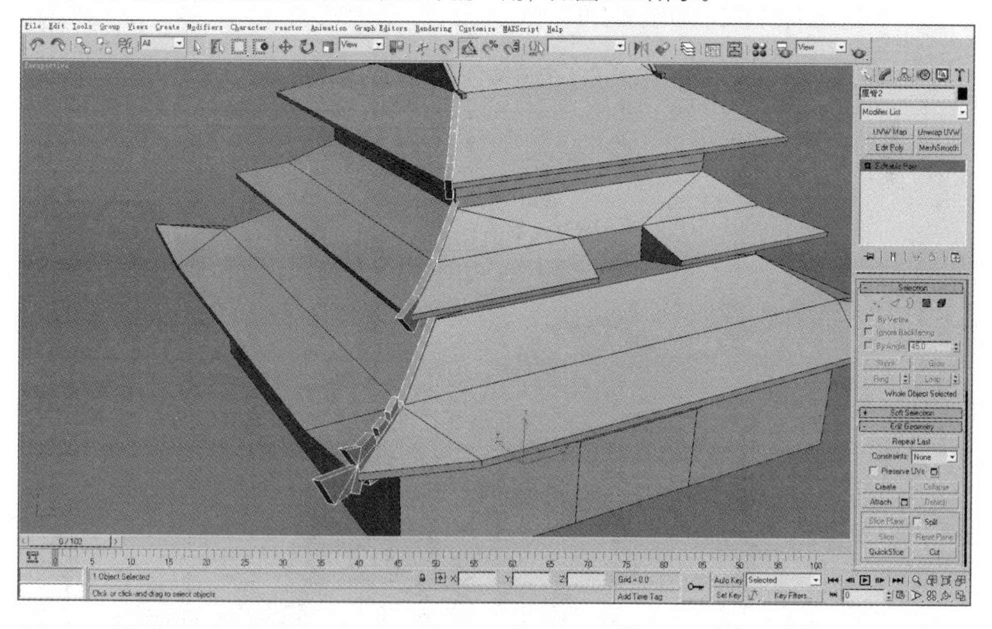

· 图5-65 | 合理摆放屋脊

（11）利用“Attach”命令将3层屋脊模型结合为一个可编辑的多边形，然后将多边形的轴心与建筑主体模型的中心对齐。利用“Mirror”命令制作其他3个角的屋脊模型，如

图5-66所示。

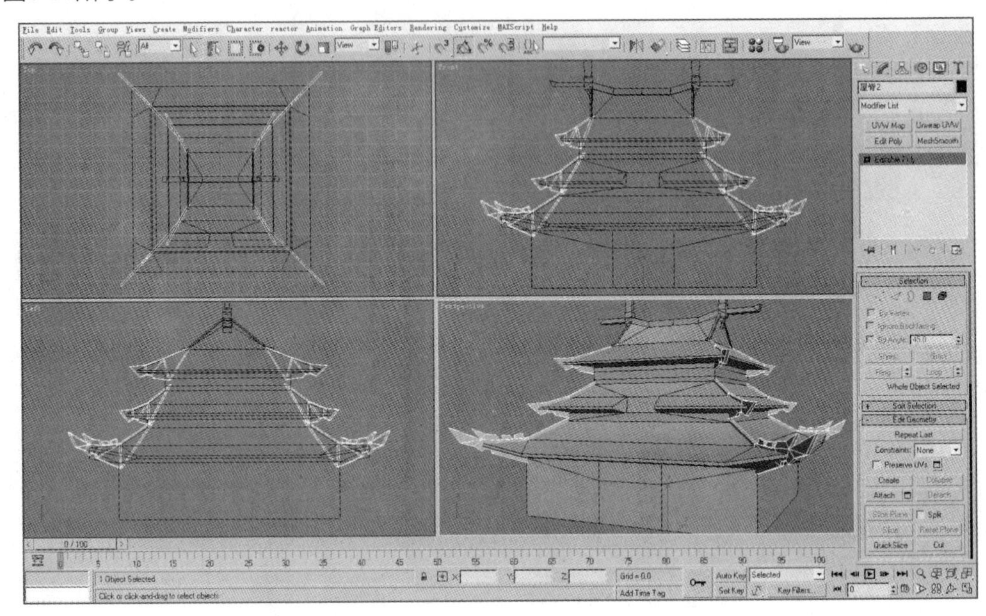

· 图5-66 | 镜像复制出其他3个角的屋脊模型

5.3.2　宫殿附件装饰的制作

（1）利用“Editable Poly”命令制作两侧突出的屋顶的基本模型结构，如图5-67所示。

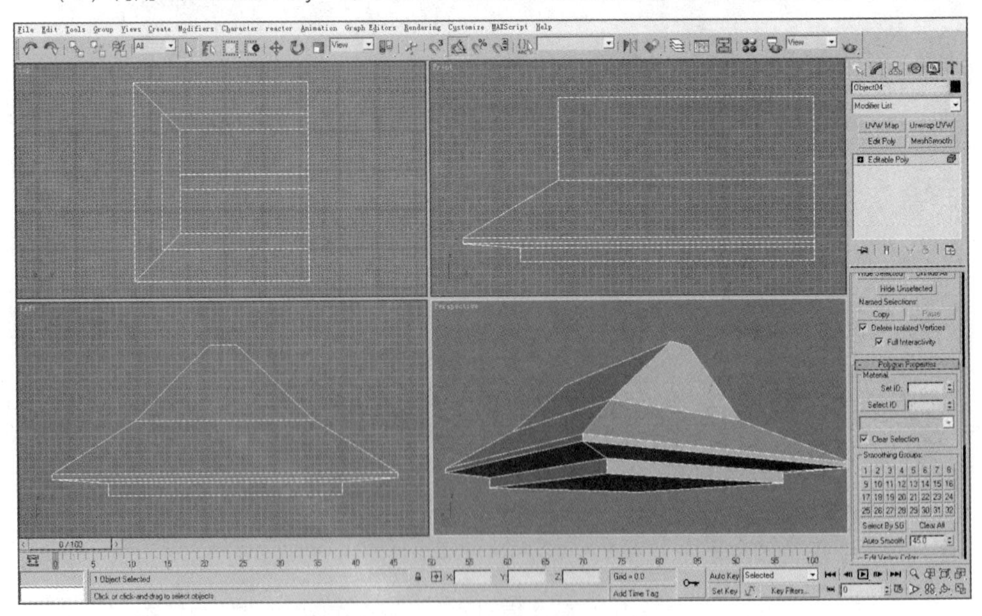

· 图5-67 | 制作屋顶的基本模型结构

（2）制作主脊和侧面的包边结构，如图5-68所示。这里用到的制作方法与宫殿主体的制作方法类似。

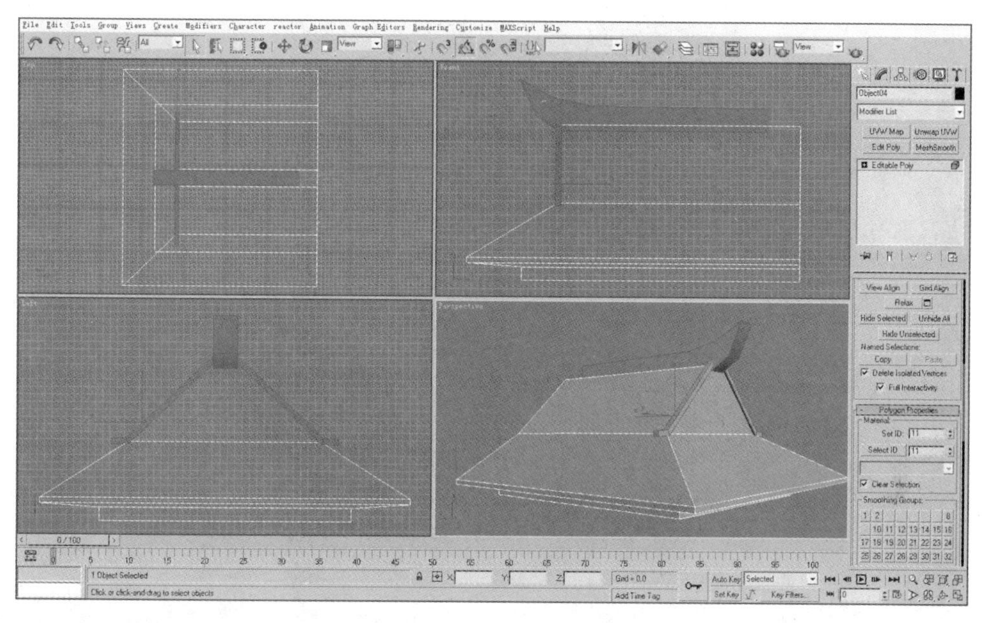

·图5-68｜制作主脊和侧面的包边结构

（3）制作垂脊并将其放置在合适的位置上。这里的垂脊与宫殿中层和顶层的垂脊基本一致，可以复制使用，如图5-69所示。

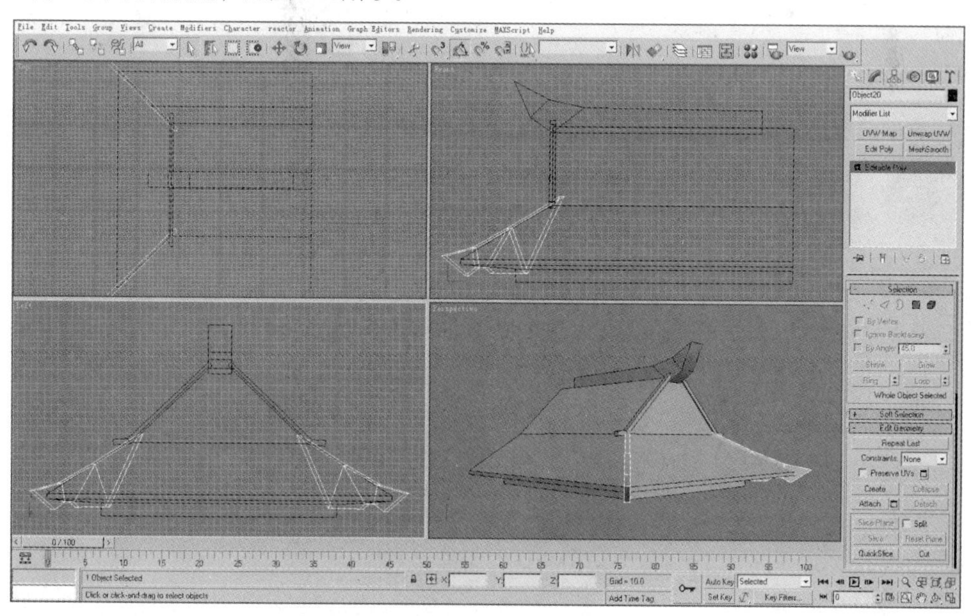

·图5-69｜制作垂脊并将其放置在合适的位置上

（4）制作垂柱结构（见图5-70）。简单来说，垂柱就是倒立垂放在古代建筑上的柱式结构，主要起装饰作用，多见于古代华丽风格的建筑。该结构在后面的制作中会被大量复制使用。

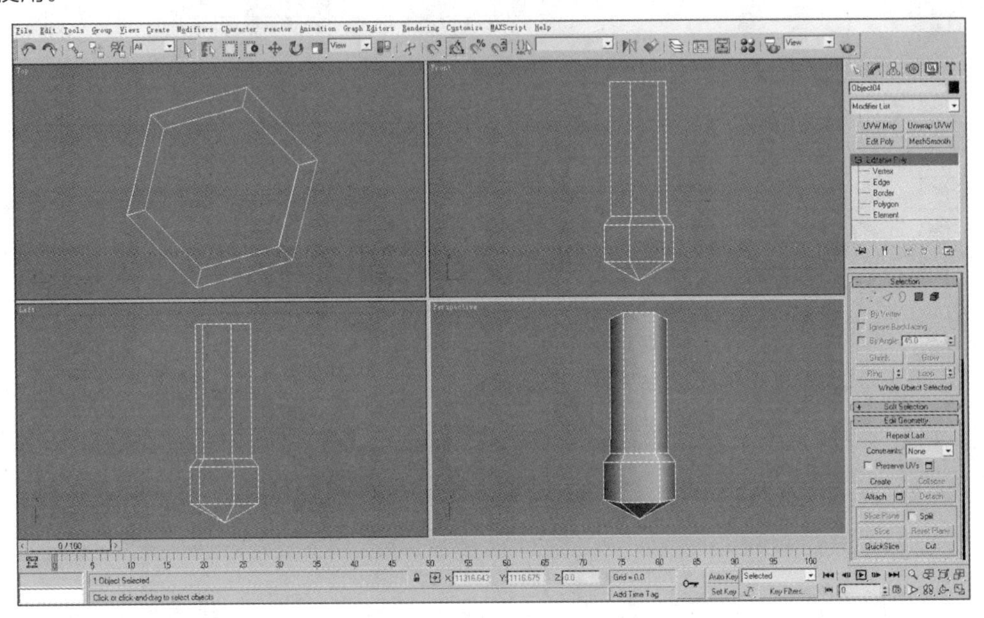

· 图5-70 | 制作垂柱结构

（5）在房檐下方制作横梁结构，如图5-71所示，并在转角处放置上一步制作好的垂柱结构。

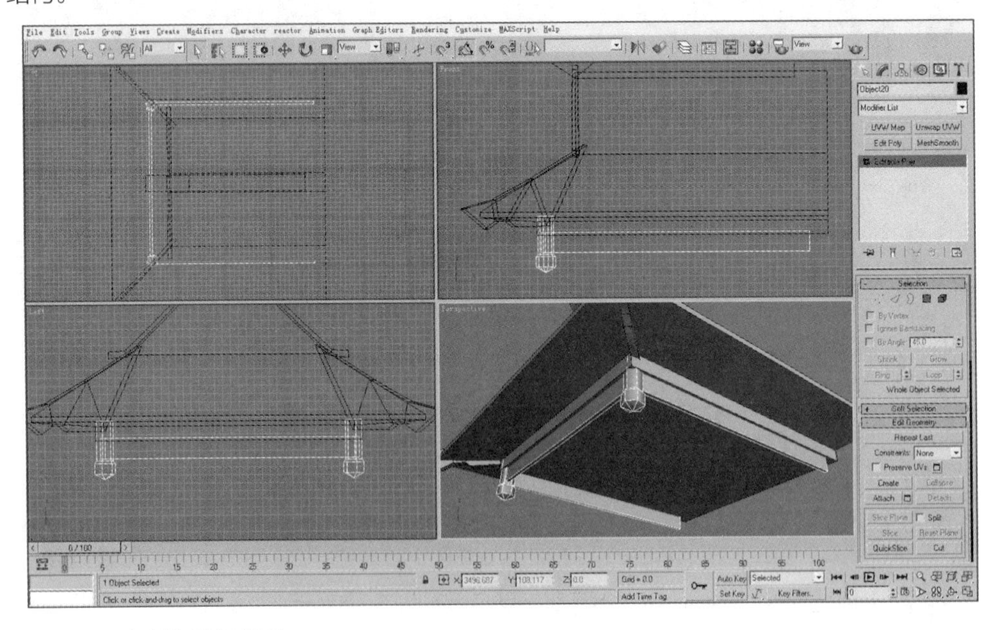

· 图5-71 | 制作横梁结构

（6）沿着横梁制作支撑结构（见图5-72），这里的支撑结构主要用于连接宫殿建筑主体，同时起支撑屋顶、突出结构的作用。至此，屋顶突出结构就制作完成了。

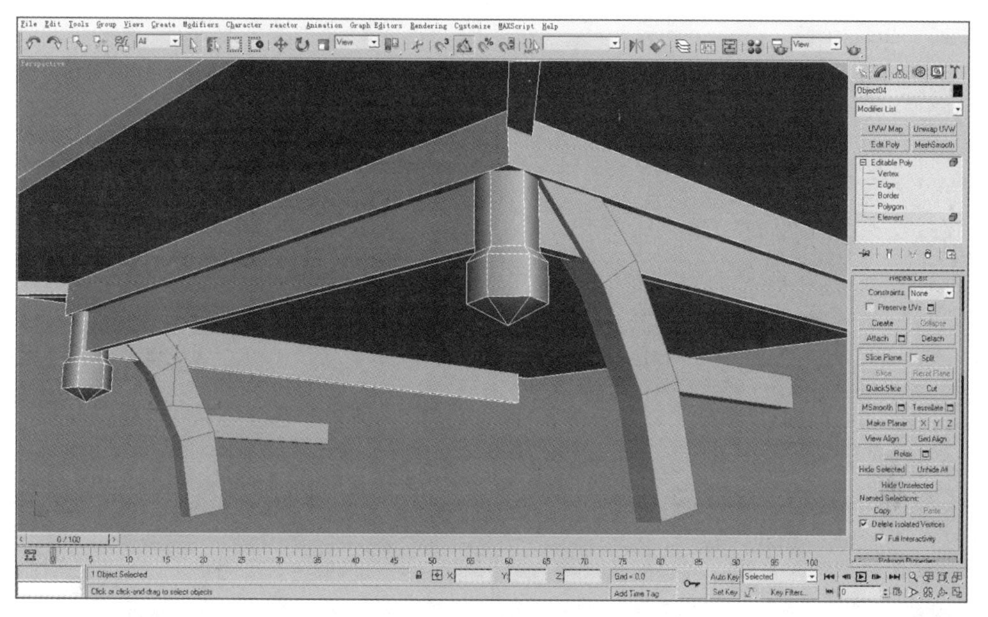

· 图5-72 | 制作支撑结构

（7）将制作好的屋顶突出结构整体复制一份，分别放置到宫殿主体模型的两侧，如图5-73所示。

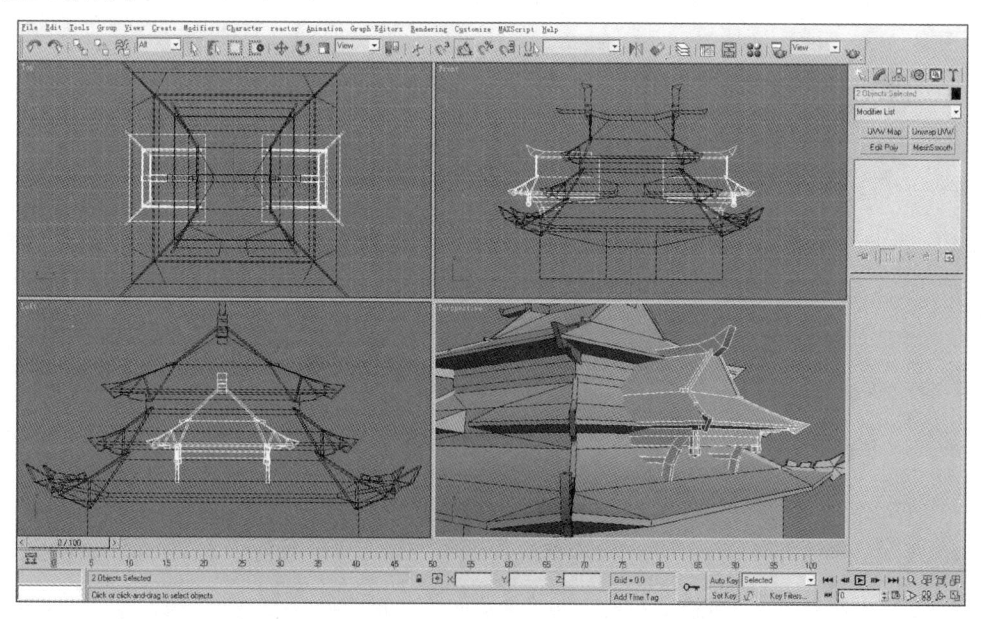

· 图5-73 | 放置侧面屋顶突出结构

（8）将制作好的屋顶突出结构整体复制一份，放置到宫殿中层正面，同时增加房檐底下的横梁和垂柱结构，以便让正面和侧面的模型结构有所区别（见图5-74），从而突出正面模型结构的复杂性。

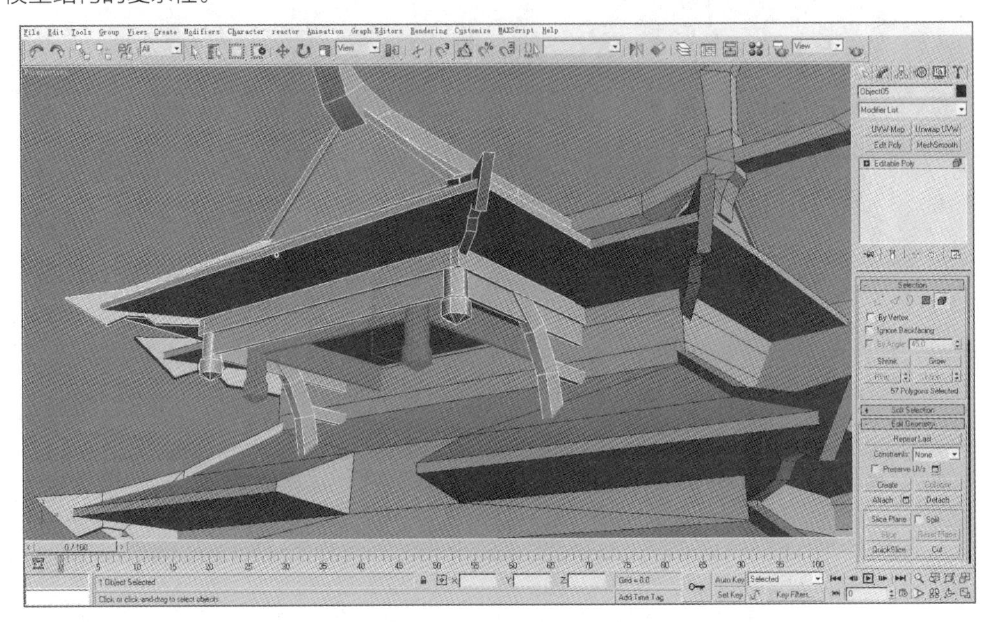

· 图5-74 | 放置正面屋顶突出结构

（9）利用“Editable Poly”命令制作宫殿正面的匾额模型，将其放置在正面屋顶突出结构的下方，如图5-75所示。

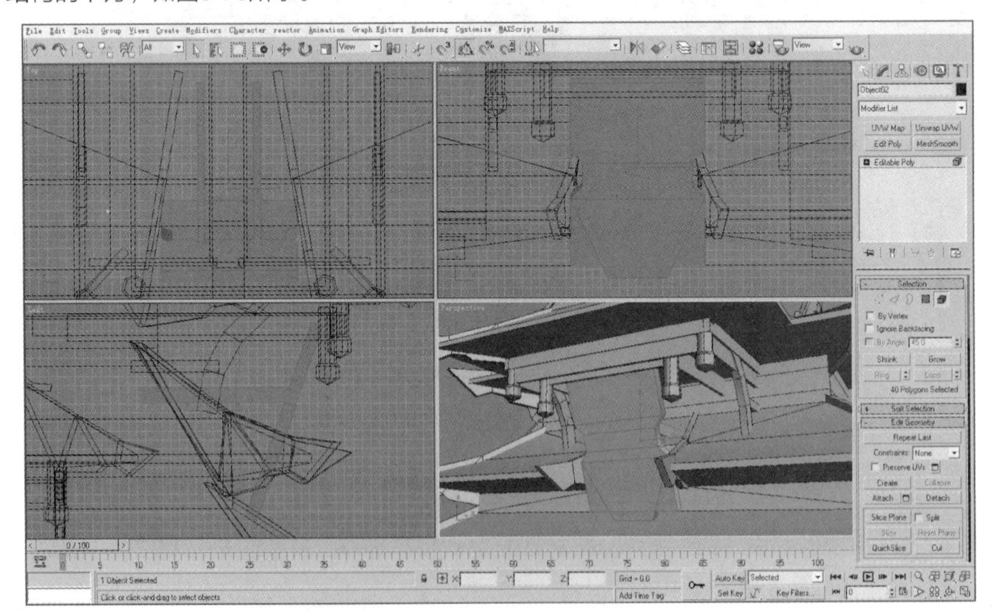

· 图5-75 | 制作并放置宫殿正面的匾额模型

（10）制作斗拱结构。“斗拱”是我国传统建筑特有的榫卯交错而成的承重构件，一般位于柱子顶部、额枋和屋顶之间的立柱与梁架的结合处。场景中古代建筑模型的屋檐下方通常都存在斗拱结构，且在一般模型的制作中，通常用贴图来表现斗拱结构。这里为了展现宫殿结构的复杂性，将底层四角大型立柱顶上的斗拱结构改用模型来制作。首先制作一个拱结构，如图5-76所示。

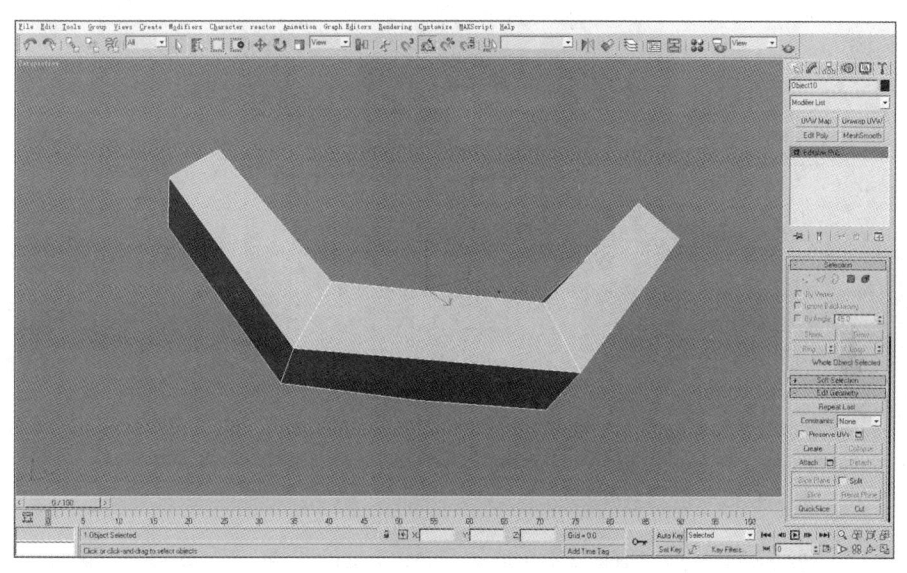

· 图5-76｜制作拱结构

（11）将步骤（10）制作的拱结构复制多份并按照一定的顺序交错排列，即可制作斗拱结构，如图5-77所示。

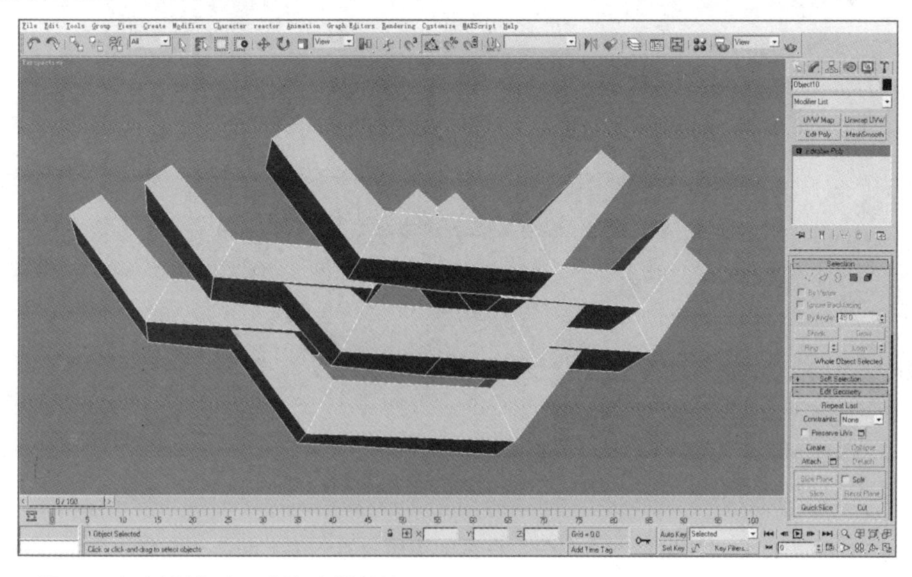

· 图5-77｜交错排列而成的斗拱结构

（12）利用六边形柱体编辑制作宫殿主体模型转角的大型立柱，将斗拱结构放置在柱子上方，如图5-78所示。

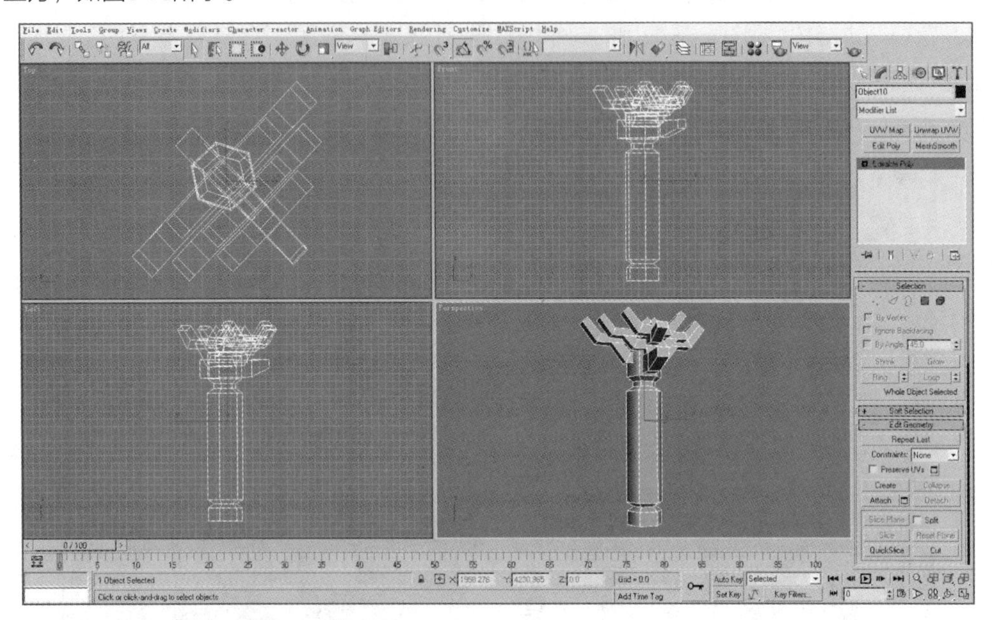

· 图5-78 | 制作立柱并放置斗拱结构

（13）将立柱复制4份，放置在宫殿底层墙面转折处的四角，如图5-79所示。

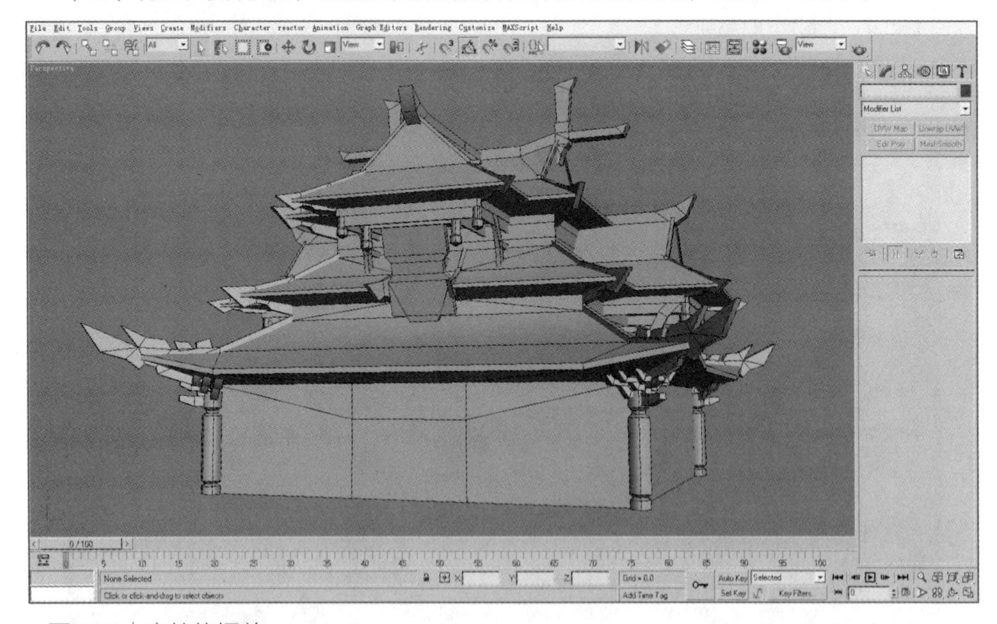

· 图5-79 | 立柱的摆放

（14）利用"Editable Poly"命令，在宫殿下层屋檐的下方制作一个有一定坡度的包围

结构，这是之后斗拱结构贴图所在的模型面，如图5-80所示。

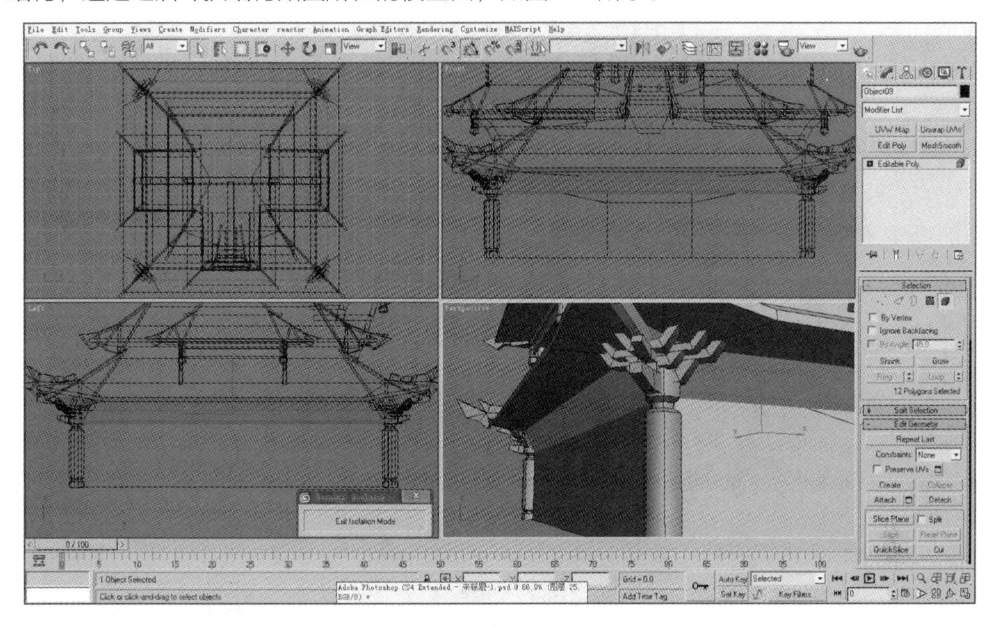

·图5-80｜制作一个有一定坡度的包围结构

（15）在宫殿下层屋檐两侧的下方放置垂柱结构，如图5-81所示。

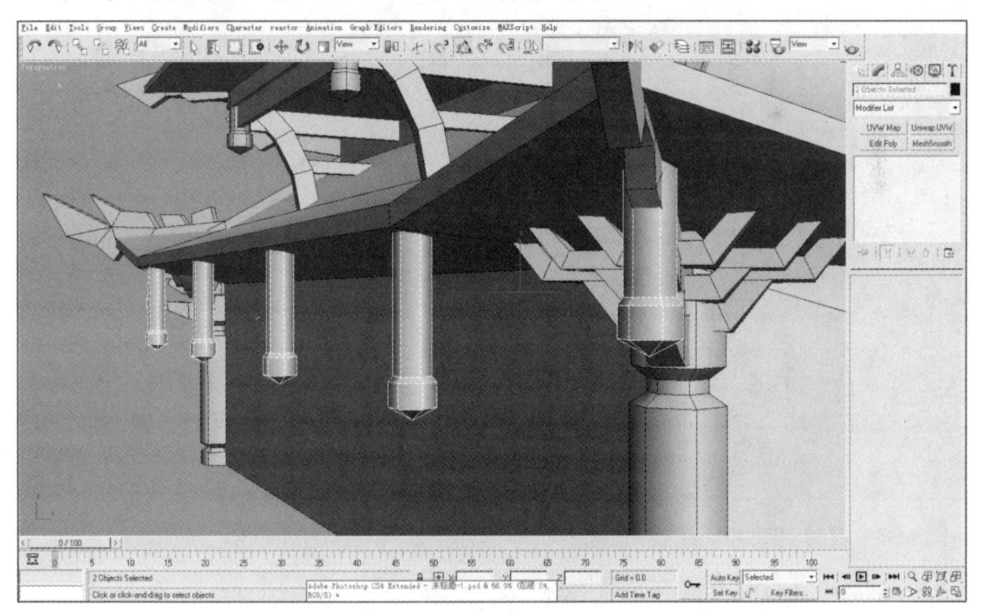

·图5-81｜在宫殿下层屋檐两侧的下方放置垂柱结构

（16）在包围结构和垂柱结构之间制作支撑结构，如图5-82所示。这里制作的木质横梁起装饰作用，而且在后面的制作中，还要在横梁上搭上黄色的布帘。

（17）将步骤（16）制作的支撑结构做稍许改动，复制到宫殿正面，如图5-83所示。

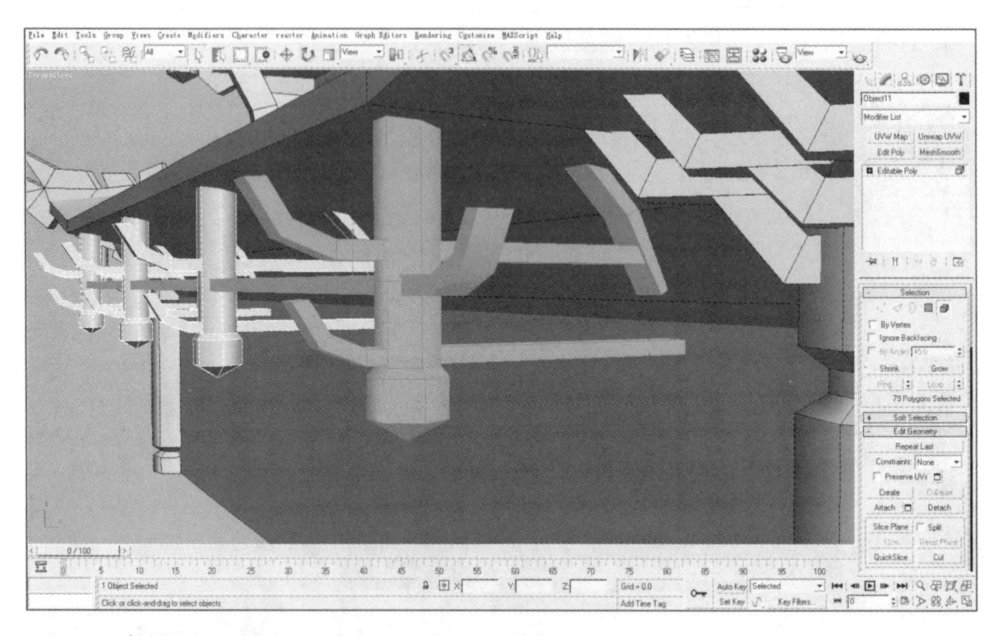

· 图5-82 | 制作包围结构和垂柱结构之间的支撑结构

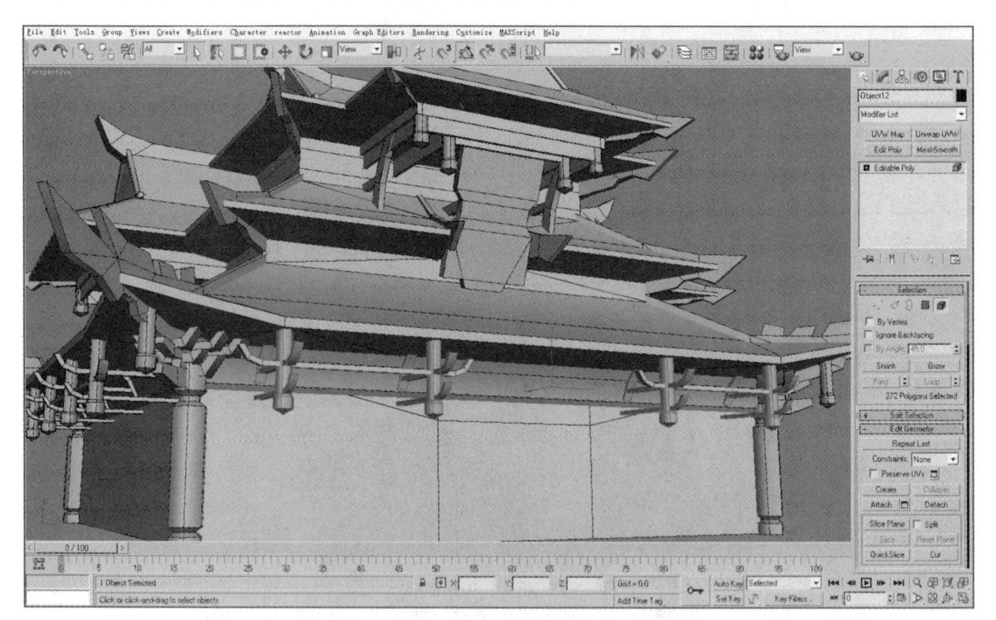

· 图5-83 | 复制支撑结构到宫殿正面

（18）在正面墙体的正中制作宫殿的正门，主要包括门两侧的立柱、门框、横梁及上方的匾额，如图5-84所示。

（19）利用“Plane”命令编辑制作装饰布帘，并将其搭在支撑横梁上，如图5-85所示。

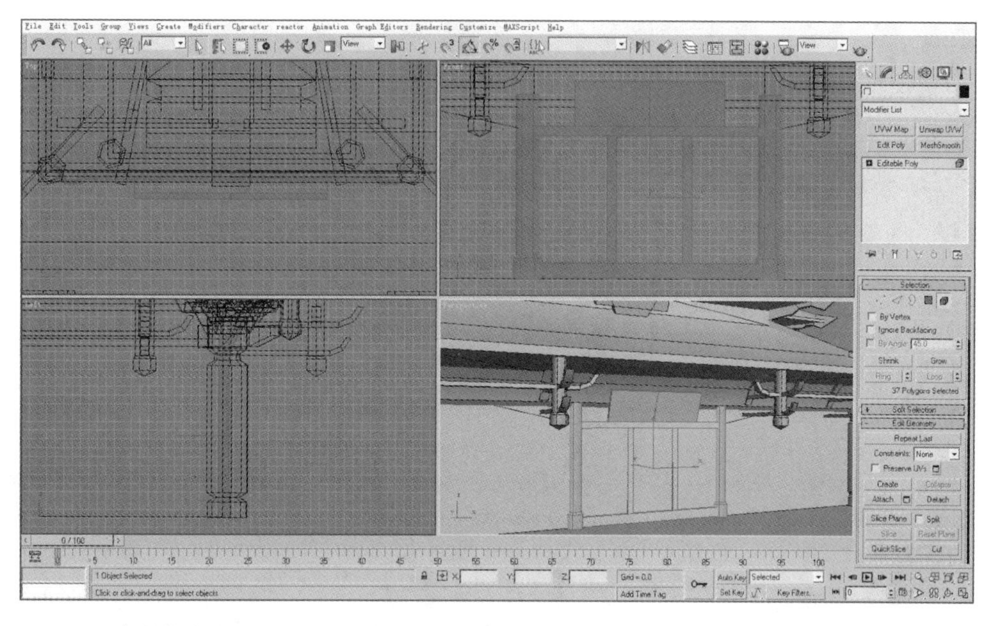

·图5-84｜制作宫殿的正门

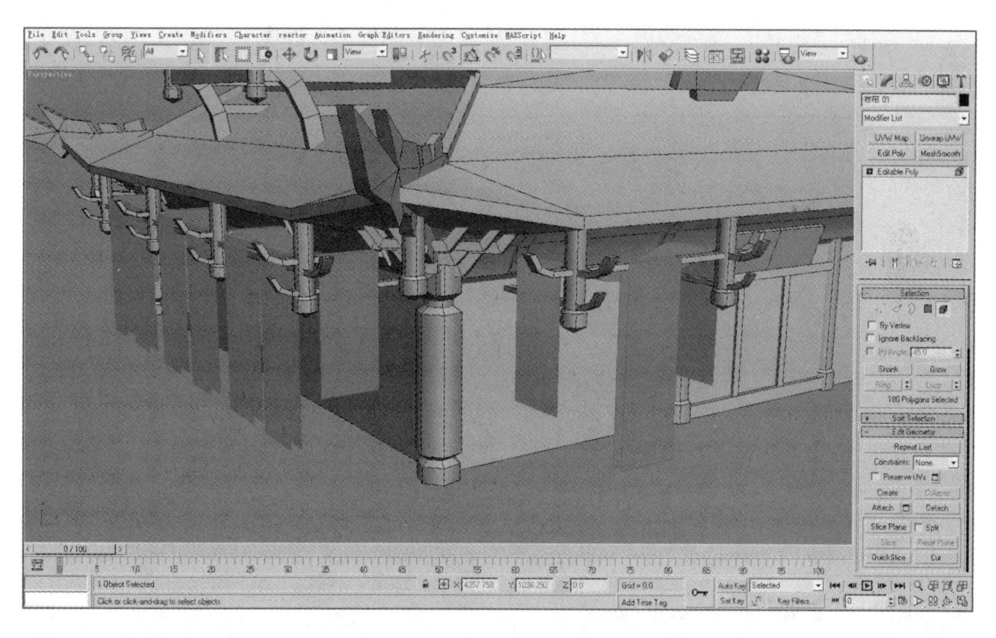

·图5-85｜制作装饰布帘

5.3.3 宫殿石质平台的制作

（1）利用“Editable Poly”命令制作平台的基本结构，在平台上方和下方分别利用“Chamfer”命令制作相应的结构，如图5-86所示。

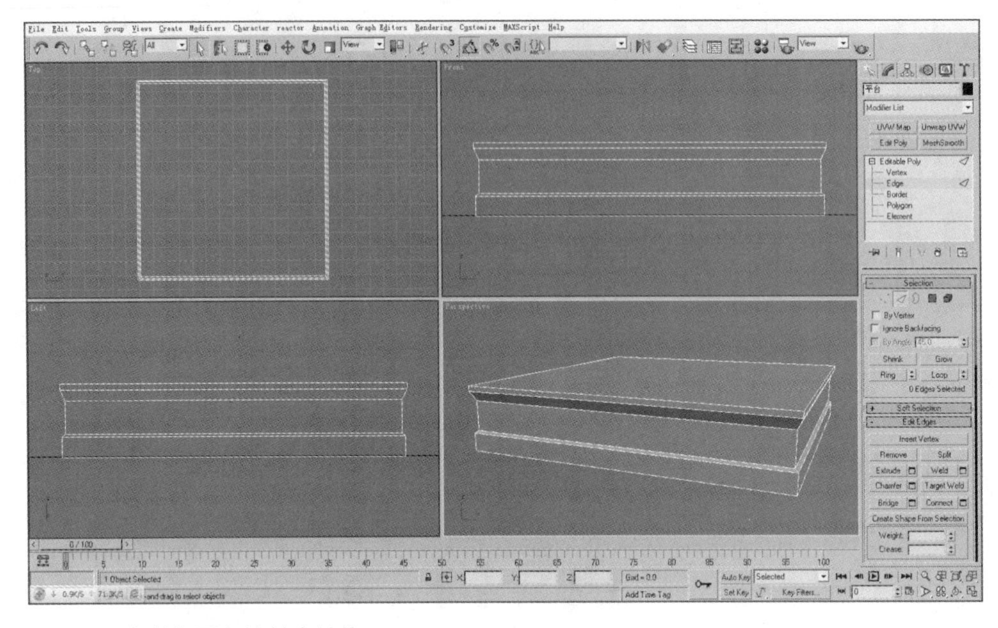

· 图5-86 | 制作平台的基本结构

（2）利用“Inset”命令收缩平面，制作平台边缘的包边，如图5-87所示，以方便贴图过渡。关于包边的内容在前文已经具体讲解过，这里就不重复讲解。

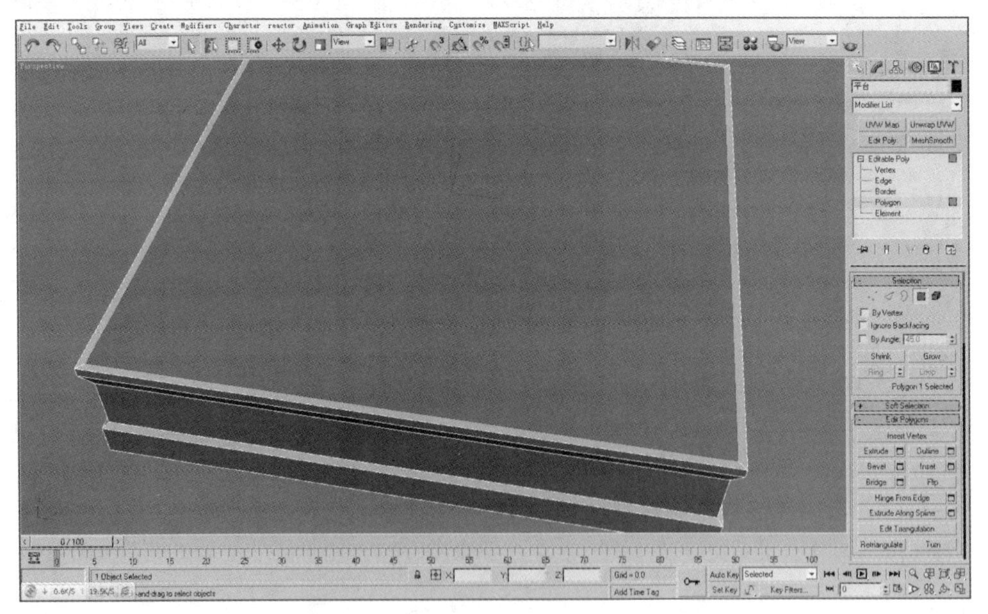

· 图5-87 | 制作平台边缘的包边

（3）根据平台的尺寸制作3列石阶，中间的主阶梯稍宽，两侧的较窄。注意，为了与平台突出的结构相衔接，这里也要在石阶两侧制作突出结构，如图5-88所示。

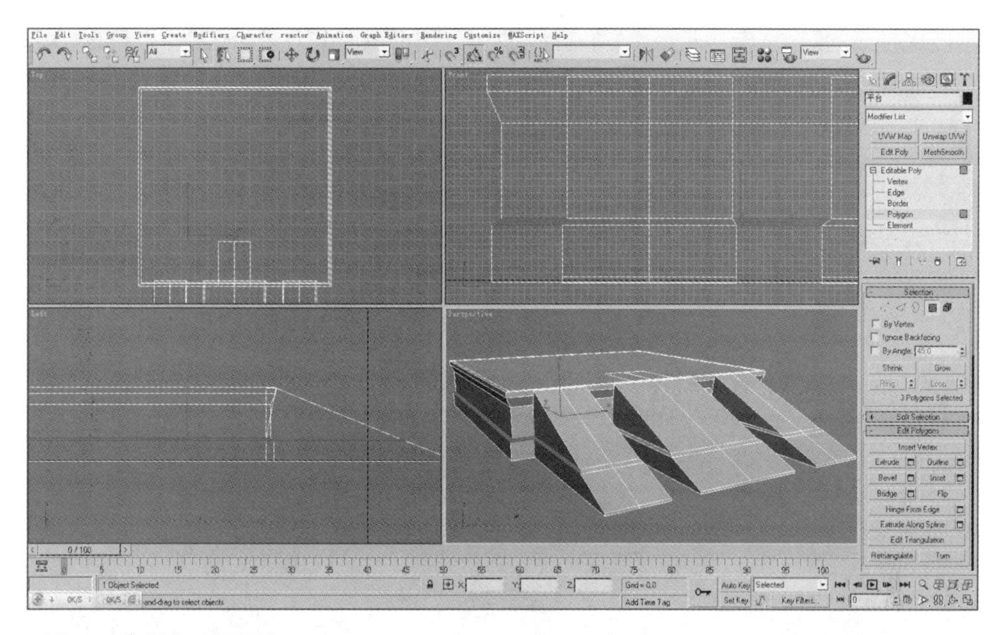

·图5-88｜制作3列石阶

（4）在石阶两侧制作突出结构后，石阶表面两侧的线条就会显得不规整，为了掩盖这个缺点，同时为了让石阶模型更加精细，这里需要制作石阶表面两侧的牙石。只需要制作一个模型，其余模型通过复制即可得到，如图5-89所示。

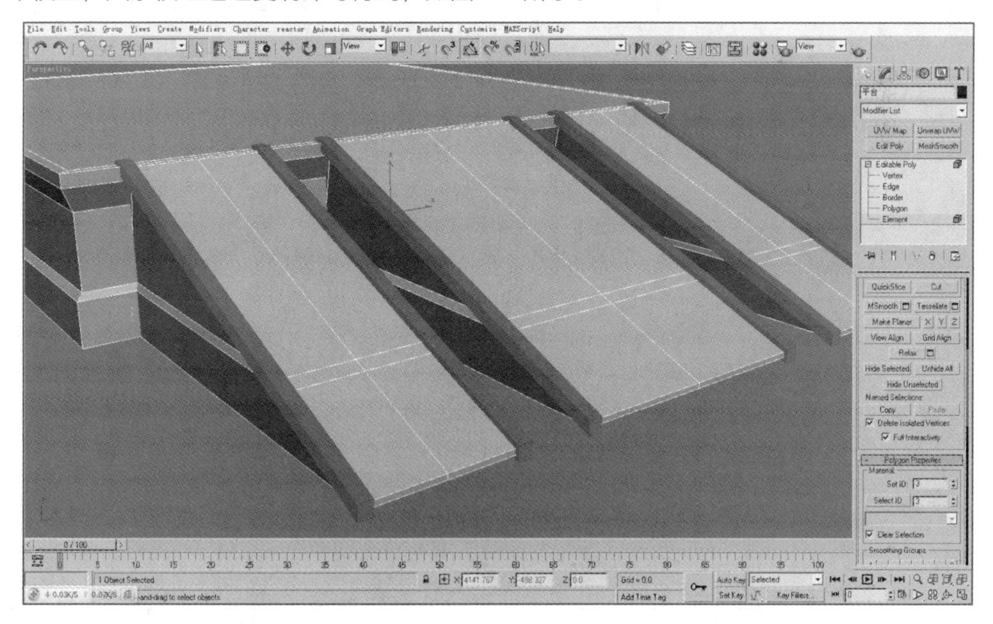

·图5-89｜制作石阶表面两侧的牙石

（5）开始制作平台表面周边的围栏。建立立方体模型，利用“Editable Poly”命令制作图5-90所示的结构，其中每个单位的基本结构都是由两侧的石柱、中间的栏杆和石壁构成的，这里可以制作一组以供复制使用。

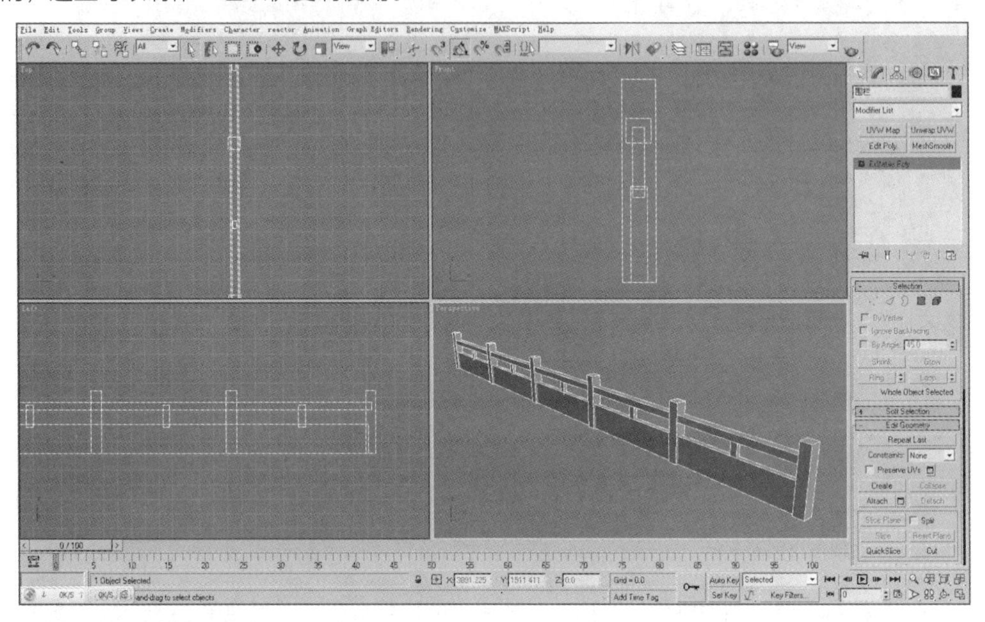

·图5-90 | 制作平台表面周边的围栏

（6）将制作好的围栏模型复制并添加到平台周边和石阶两侧，如图5-91所示。

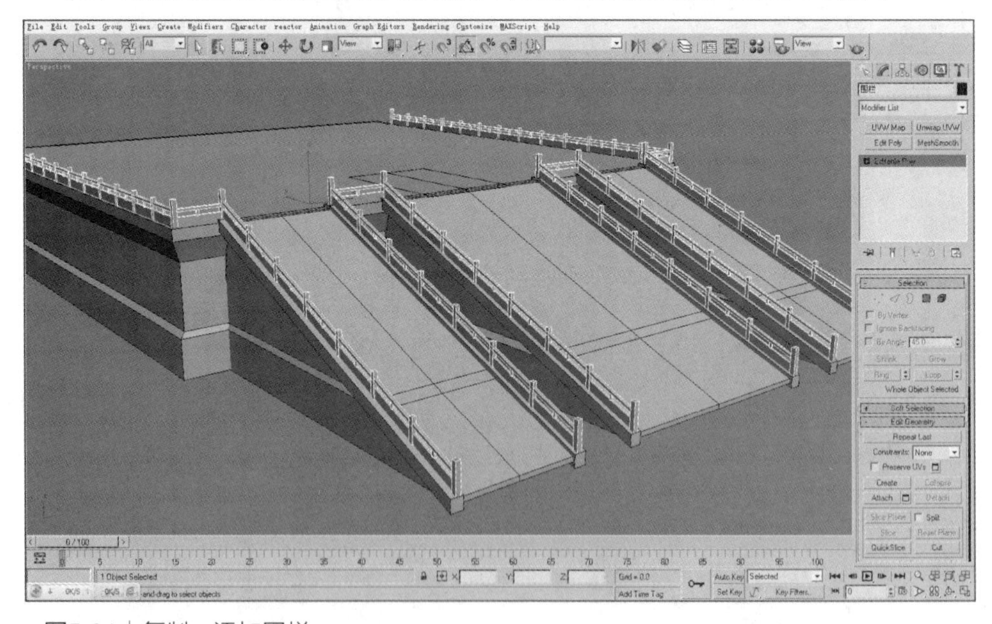

·图5-91 | 复制、添加围栏

（7）在石阶之间添加之前制作好的龙雕塑模型，这样主体宫殿模型就制作完成了，如图5-92所示。

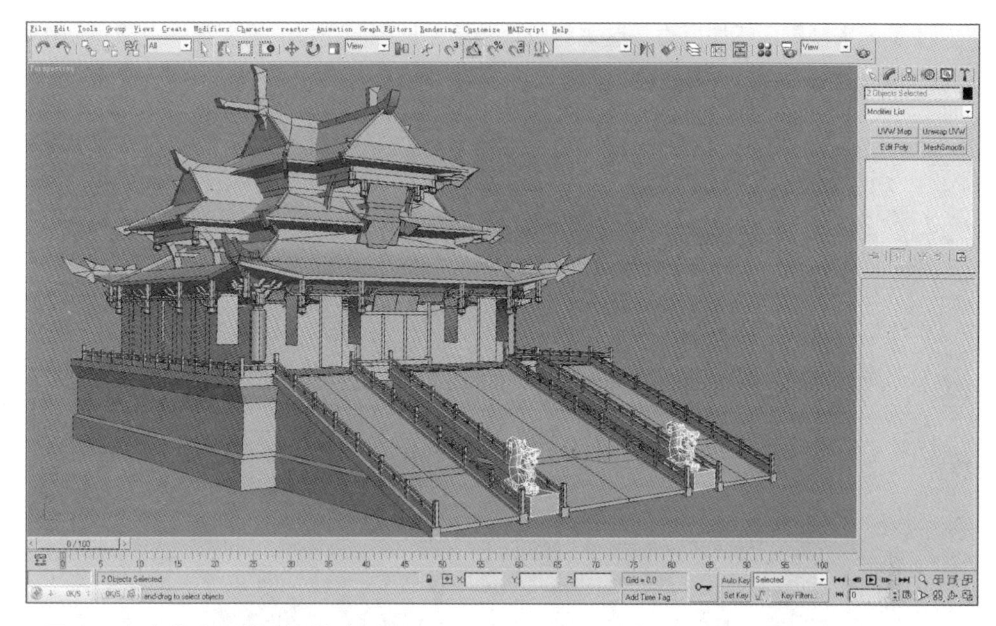

·图5-92 | 主体宫殿模型制作完成

5.3.4 塔楼的制作

（1）制作塔楼屋顶的基本模型。该模型的制作方法与前文主体宫殿模型的制作方法大致相同，这里还是要注意飞檐的制作，如图5-93所示。

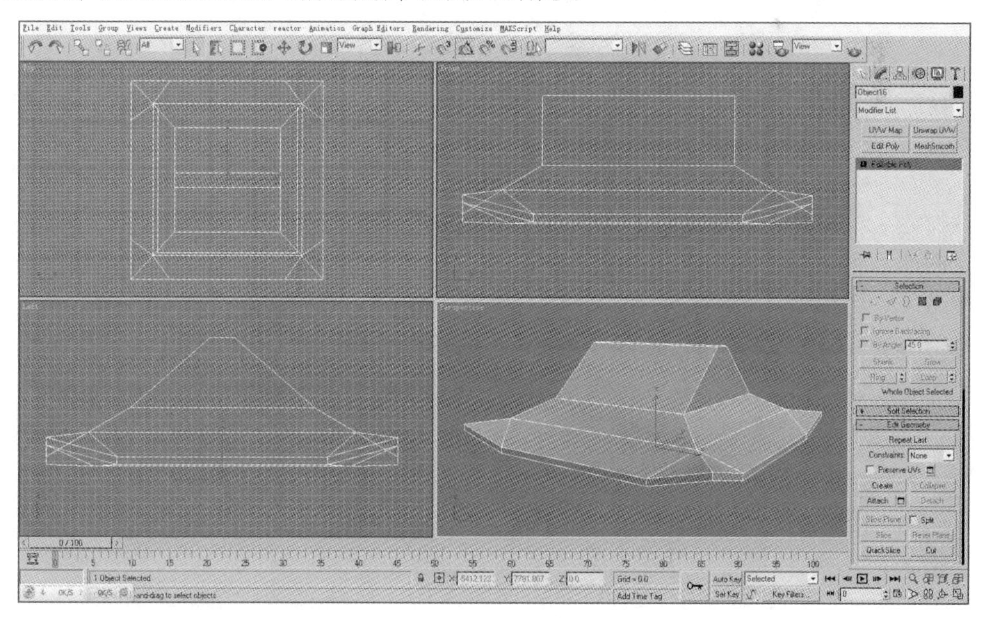

·图5-93 | 制作塔楼屋顶的基本模型

（2）为塔楼屋顶添加屋脊，这里可以直接复制已经制作好的模型部件以节省制作时间，如图5-94所示。

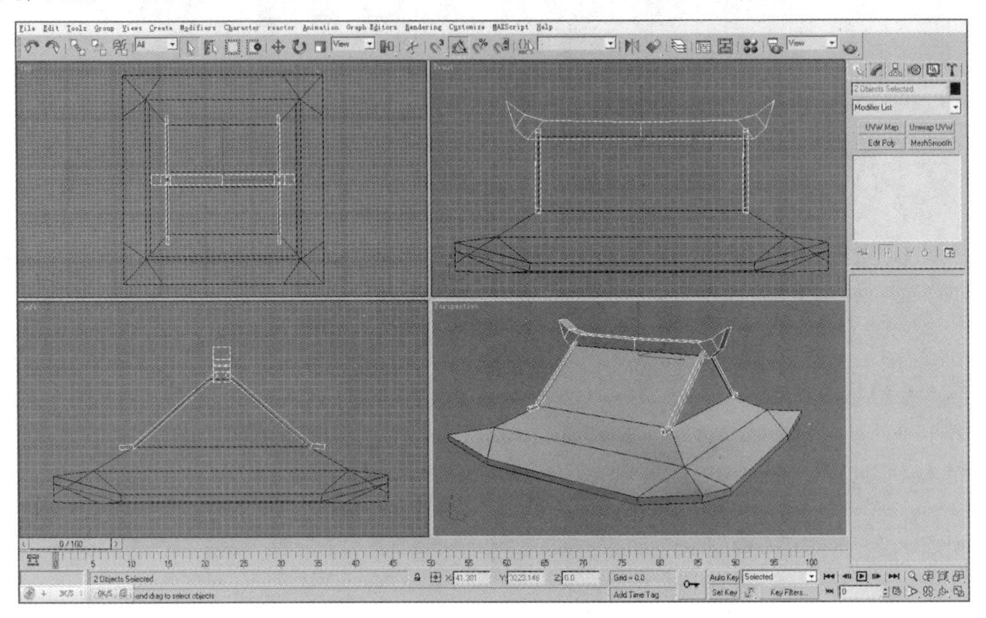

· 图5-94 | 为塔楼屋顶添加屋脊

（3）从屋顶的模型结构向下制作主体墙面的模型结构，在房檐下面多次利用“Extrude”“Chamfer”等命令制作装饰结构，如图5-95所示。

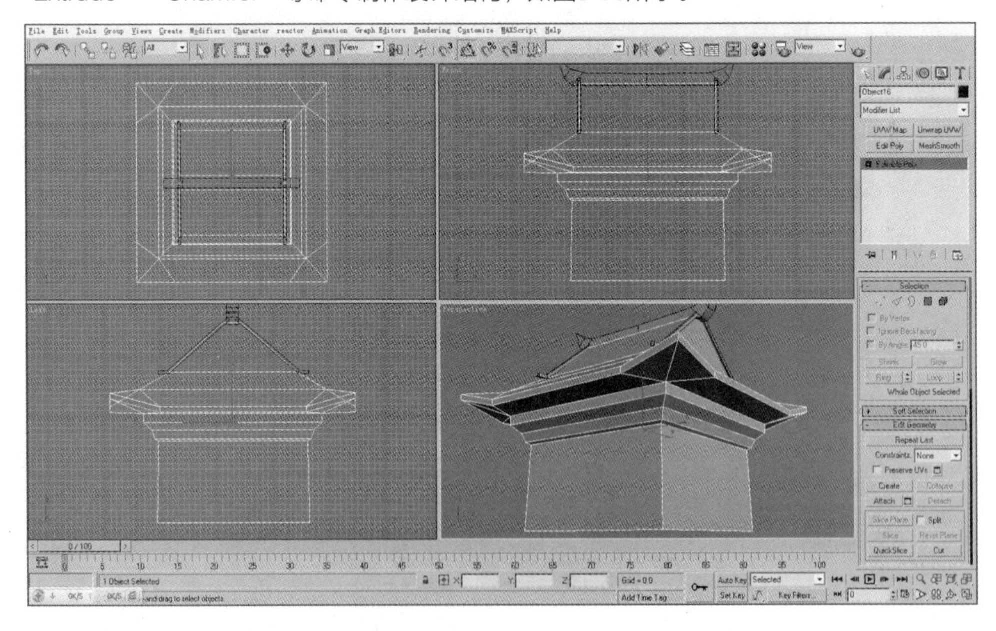

· 图5-95 | 制作主体墙面及装饰结构

（4）按照类似的方法，继续向下制作塔楼下层的屋顶和墙体结构，如图5-96所示。

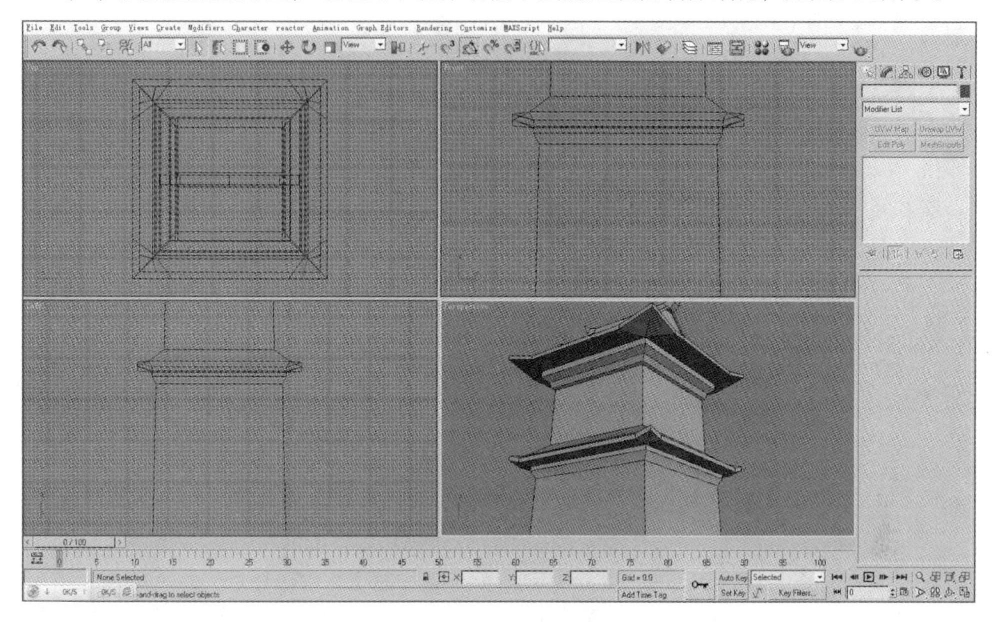

· 图5-96 | 制作塔楼下层的屋顶和墙体结构

以俯视角度来观察塔楼上下两层狭窄的房檐结构上的飞檐结构，会觉得其看起来更加精致，如图5-97所示。

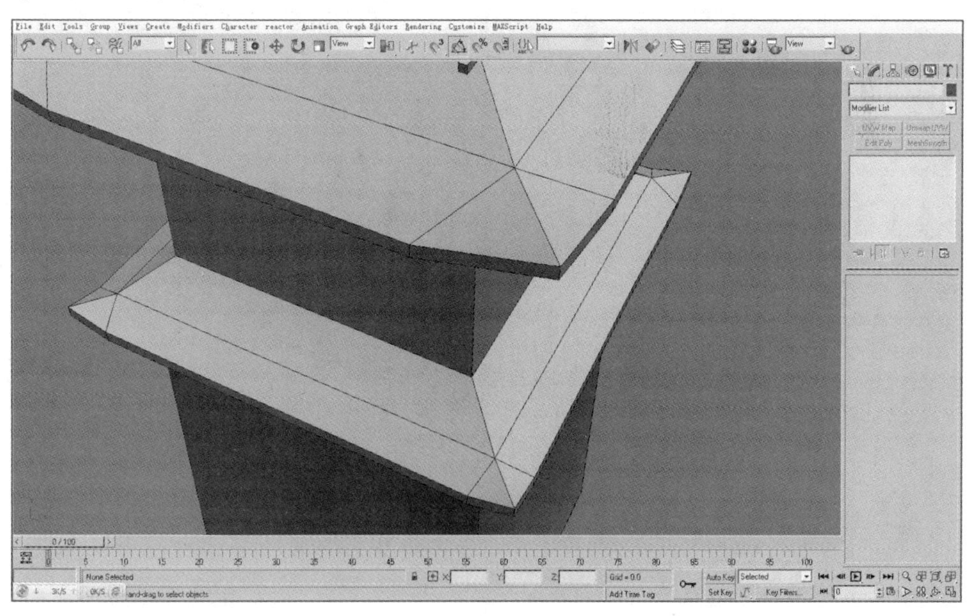

· 图5-97 | 俯视飞檐结构

（5）为每层屋顶添加垂脊，这里仍然可以使用已经制作好的屋脊模型，利用“Mirror”

命令复制添加即可，如图5-98所示。

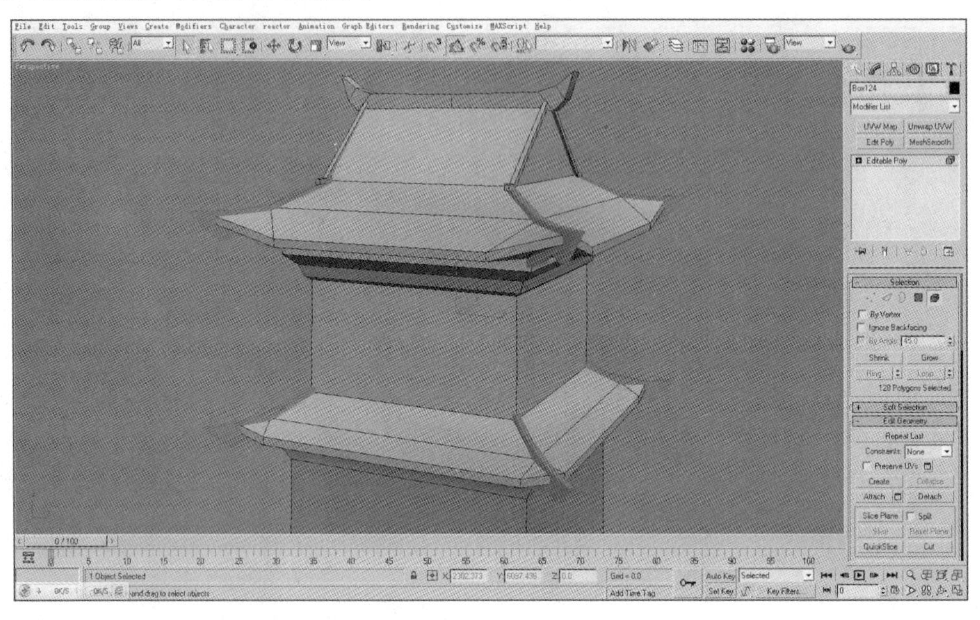

·图5-98｜为每层屋顶添加垂脊

（6）在上层和下层墙面转折处添加立柱，一方面是为了模型过渡得更加自然，另一方面是为了展示模型结构。这里下层的立柱更长，在结构上也有所变化，如图5-99所示。

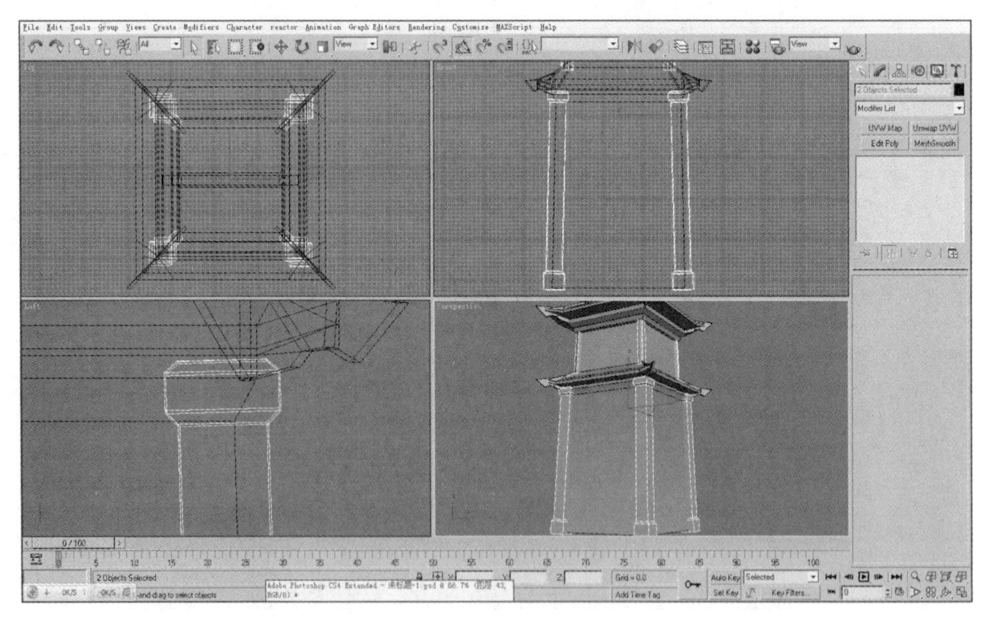

·图5-99｜添加立柱

（7）为塔楼制作石质平台。这个平台与主体宫殿的平台结构相同，其水平高度也要与宫殿的平台保持一致。同样利用“Inset”命令收缩其表面，制作平台的包边结构，如

图5-100所示。

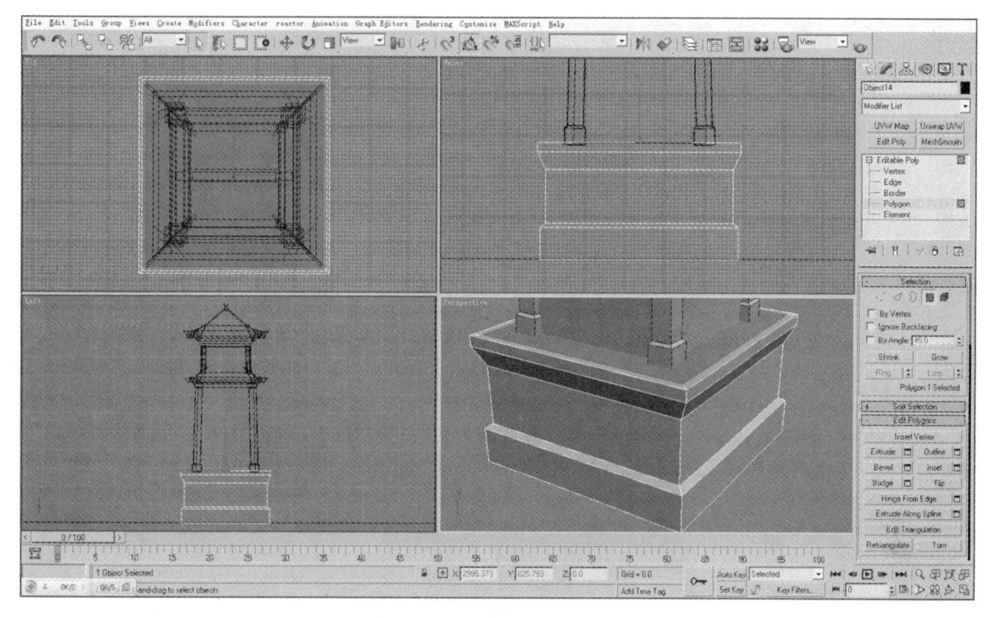

· 图5-100 | 为塔楼制作石质平台及平台的包边结构

（8）在平台四周添加围栏，这里可以直接复制已经制作好的围栏，如图5-101所示。

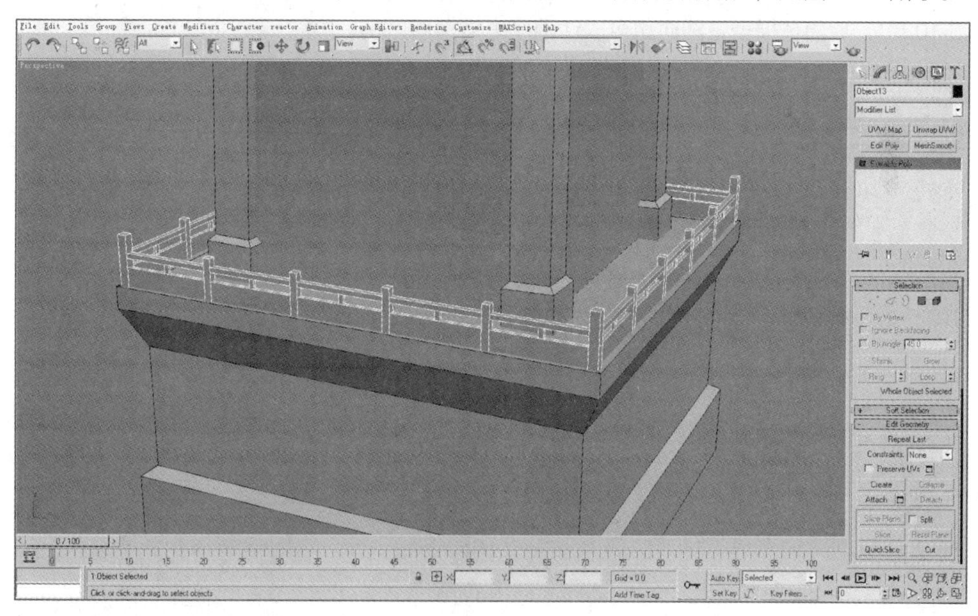

· 图5-101 | 在平台四周添加围栏

至此，一座塔楼的模型就制作完成了，如图5-102所示。由于其中大多数模型结构都可以直接复制使用已经制作好的相同结构，所以塔楼整体的制作十分简单，这也是复合场景制作的方便之处。

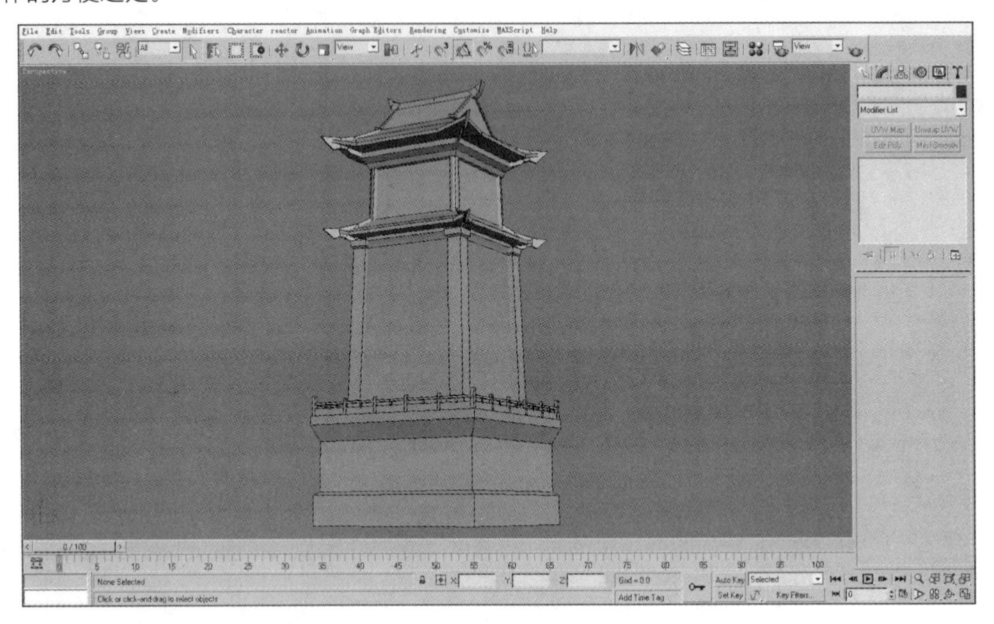

· 图5-102 | 塔楼制作完成

（9）将塔楼模型整体复制一份，修改下层墙体的结构，制作一个更高的塔楼模型（见图5-103），后面在模型贴图时也可以让两座塔楼有所区别。

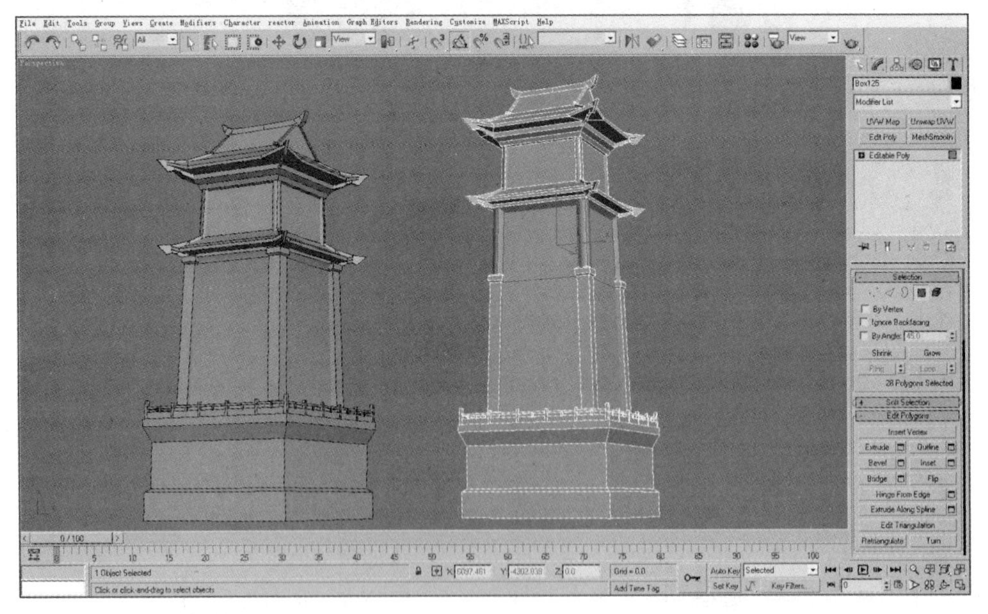

· 图5-103 | 制作更高的塔楼

（10）复制两座塔楼，共制作4座塔楼。将稍矮一些的两座塔楼分别放置在宫殿两侧，将稍高一些的两座塔楼分别放置在宫殿后方，整体分布如图5-104所示。

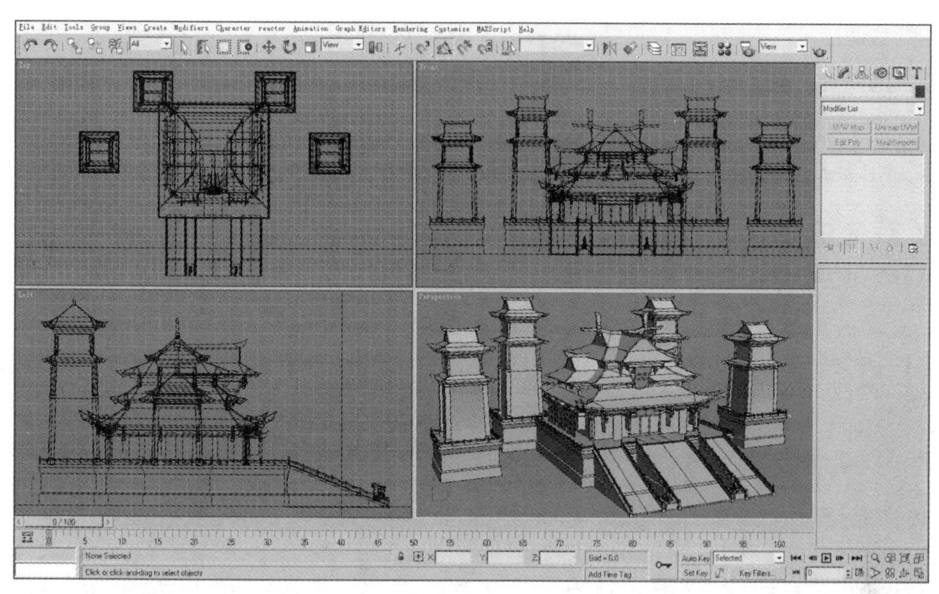

·图5-104｜塔楼分布

（11）放置后方塔楼时要注意利用塔楼平台上的围栏封堵宫殿两侧长廊的尽头，形成封闭的场景区域，这样也可以减少宫殿后方围栏的使用。在放置塔楼模型时，操作要十分仔细，以避免模型“穿帮”，如图5-105所示。

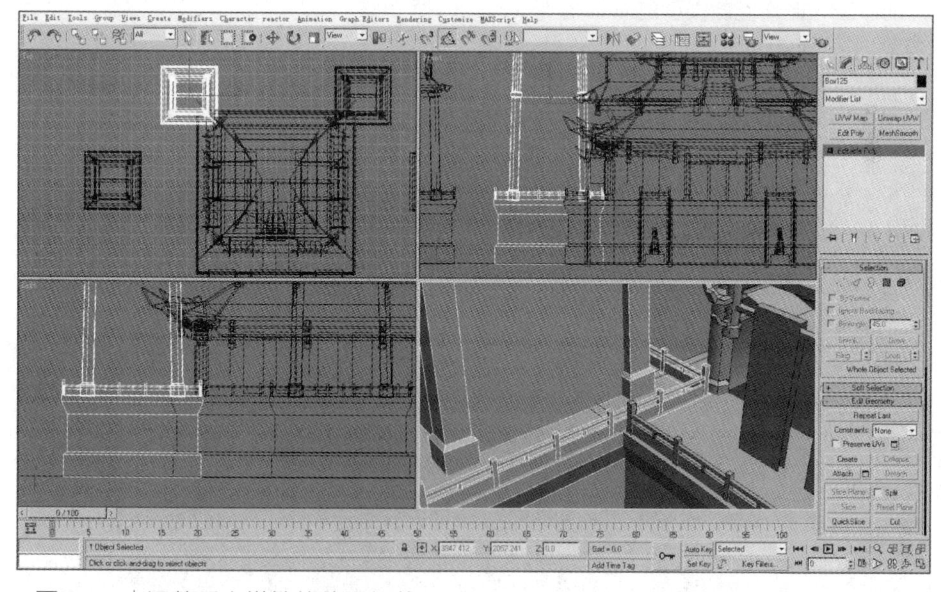

·图5-105｜调整后方塔楼的放置细节

此时主体宫殿和4座塔楼的建筑模型虽然有对应的位置排列关系，但每个建筑都相对独立。下面来制作它们之间的连接结构，将所有单体建筑串联成一个整体建筑，形成复合建筑模型。连接结构一般要求在形式上和结构上要综合考虑，不能仅仅为了形式上的连接而放弃结构的合理性，也不能只为保证结构关系而让模型显得过于突兀。这里制作一个空中回廊的连接结构，使其架设在塔楼之间，让塔楼与宫殿形成一个完整的复合建筑模型。

（12）利用“Editable Poly”命令编辑回廊模型的基本结构，由于回廊模型的位置远离玩家，所以应减少模型面数，尽量通过后期贴图来表现，如图5-106所示。

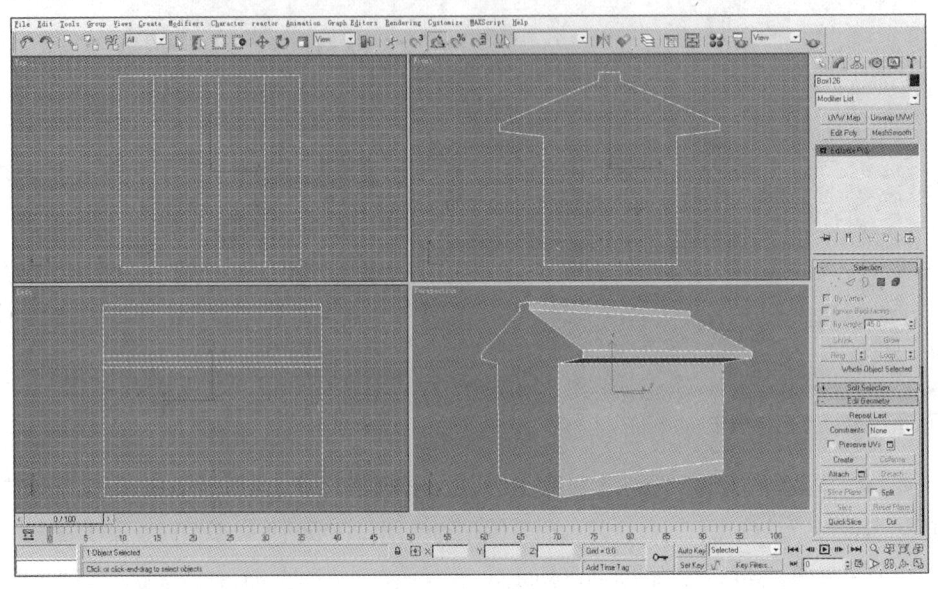

·图5-106 | 制作回廊模型的基本结构

（13）利用复制拖曳多边形边缘的操作拉伸回廊模型基本结构，形成图5-107所示的转折结构，这就是连接两侧塔楼与后方塔楼的回廊模型。

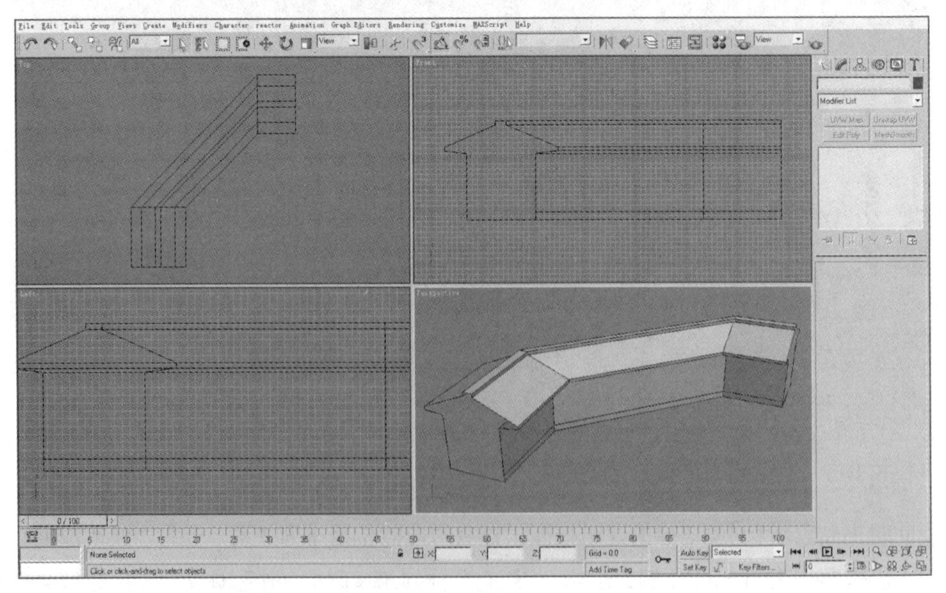

·图5-107 | 连接两侧塔楼与后方塔楼的回廊模型

（14）复制最初制作的回廊模型的基本结构，编辑制作成拱形连接结构，将其作为后方两座塔楼之间的连接回廊，如图5-108所示。

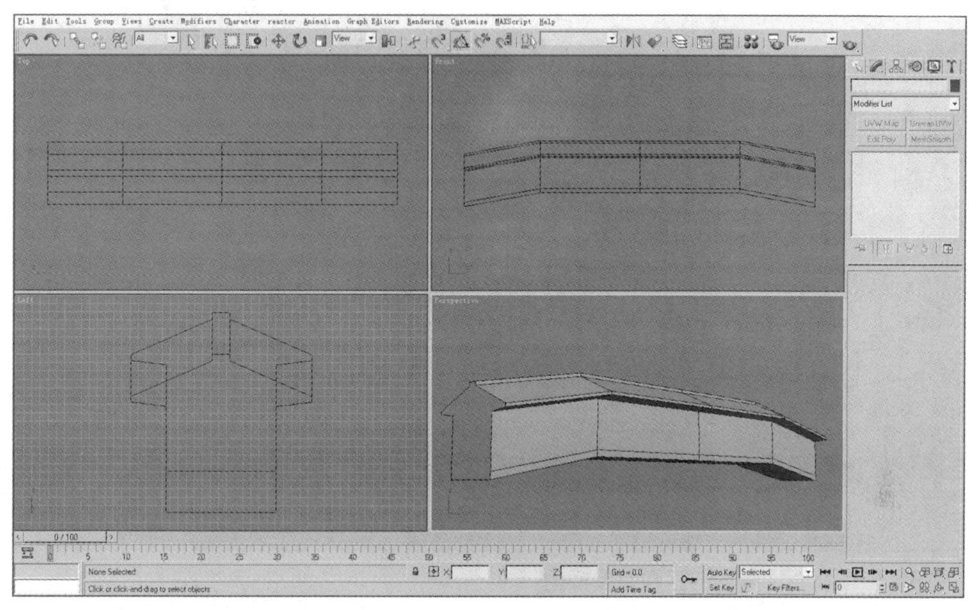

· 图5-108 | 制作拱形连接回廊

（15）将制作好的回廊模型放置到塔楼之间，形成完整的连接结构，这样宫殿整体模型就制作完成了，如图5-109所示。

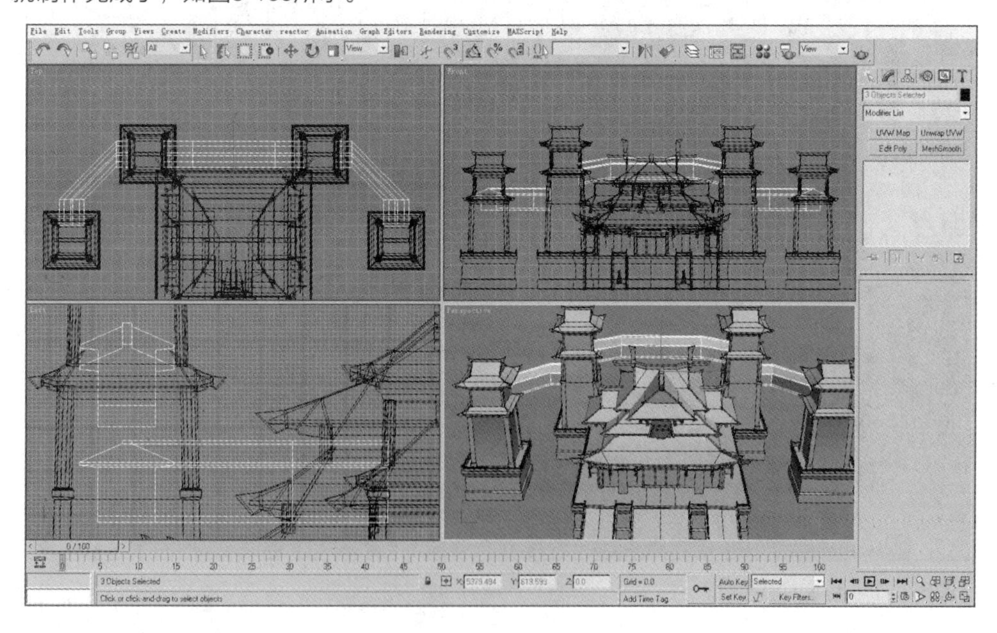

· 图5-109 | 宫殿整体模型制作完成

从背面观察宫殿整体模型，如图5-110所示。

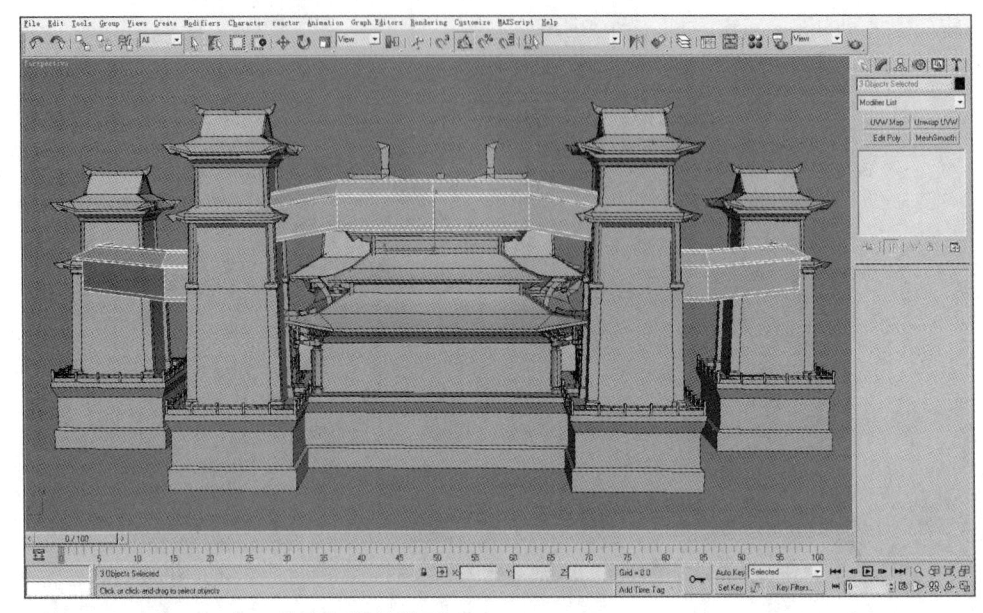

·图5-110｜背面视角下的宫殿整体模型

选择Polygon Counter工具查看模型面数（见图5-111），整个宫殿复合建筑模型用了15000余面，将这种大型复合建筑模型的面数能控制在20000面以内已属不易。

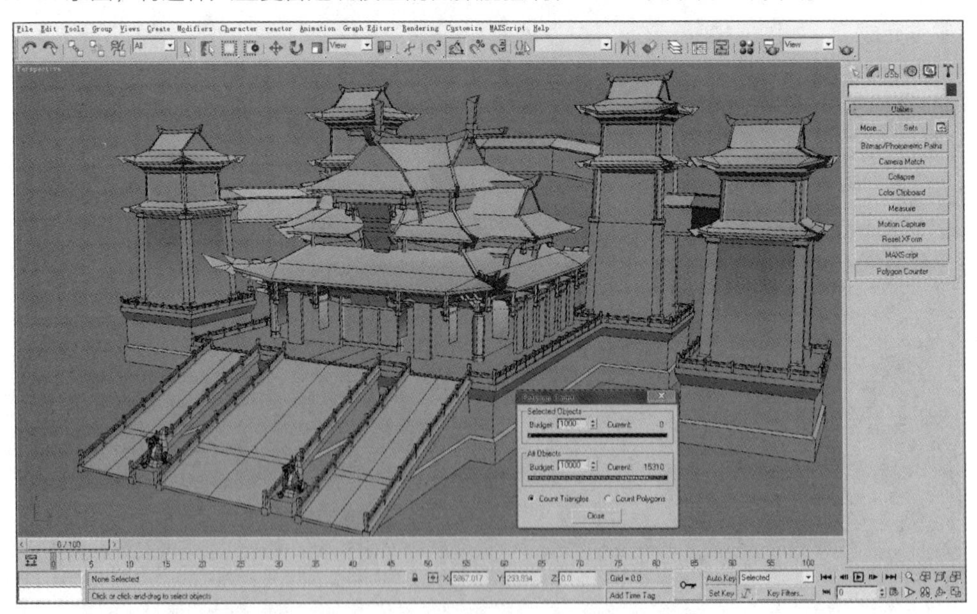

·图5-111｜查看模型面数

接下来就是模型贴图的工作。建筑模型的贴图方法基本一致，经过对前文几个实例的学习，相信大家都比较熟悉了，下面只针对一些重点进行讲解。

5.3.5 宫殿模型贴图要点和技巧

这里要注意顶层的屋顶采用的是双层瓦片的贴图模式（见图5-112），需要将贴图坐标多向上或向下延伸一个贴图单位，充分利用循环贴图的特点。另外要注意屋脊边面的细节贴图，要细心展开每一个面的贴图坐标，以避免贴图拉伸、堆积，所有屋脊侧面雕刻细节的UV网格都要平展到一张贴图上，规划好贴图内的利用面积，尽量减少贴图张数。

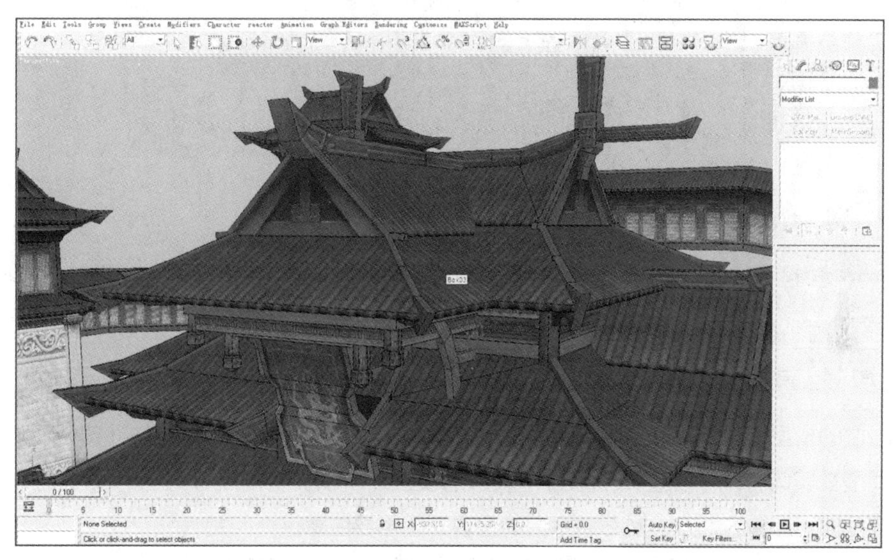

· 图5-112 | 宫殿屋顶模型的贴图

基于宫殿本身的建筑特点，墙体、正门和各种建筑装饰的贴图都要尽量华丽、复杂，如图5-113和图5-114所示。

· 图5-113 | 宫殿正面墙体的贴图

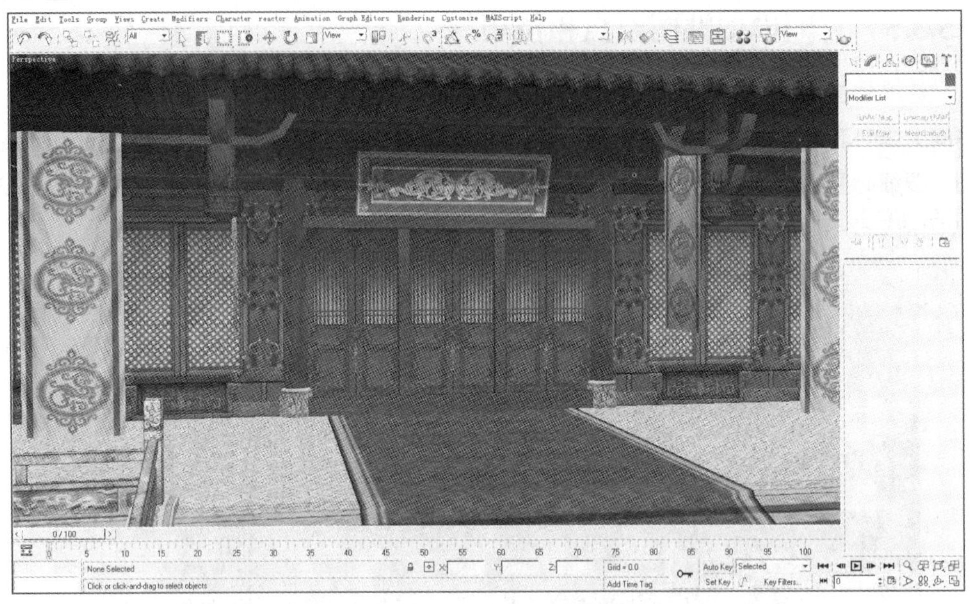

· 图5-114 | 宫殿正门的贴图

围栏的模型相对简单，要尽量利用贴图来表现各种雕刻和纹饰，如图5-115所示。因为这些模型在实际游戏中都是离玩家视角较近的模型，所以要特别注意贴图的UV网格，一定不要有拉伸、压缩的地方，对石质平台的包边贴图也要注意这个问题。

· 图5-115 | 围栏模型的贴图

斗拱、垂柱和侧面横梁装饰等细节的贴图也要注意。另外还要注意房檐底部的结构特点，通常用紧密排列的木板条状贴图去模拟房檐底部的结构，如图5-116所示。

· 图5-116 | 房檐底部的贴图

为了减少模型面数，阶梯表面没有制作成立体模型，而是利用楼梯的循环贴图将其UV网格平展到一个平面之上，这也是建筑模型中阶梯的主要制作方法，如图5-117所示。如果模型中阶梯的层数较少，则可以制作成立体模型，但对于这种层数较多的阶梯模型，一般利用贴图的方法来制作。对三维游戏场景设计师来说，学会如何在模型和贴图之间寻找最佳的结合点，是需要着重培养的专业技能之一。

· 图5-117 | 阶梯的贴图

塔楼和连接回廊的模型贴图与宫殿主体的模型贴图基本相同，但仍然要注意细节，其效果如图5-118～图5-120所示。

·图5-118 | 塔楼的模型贴图（1）

·图5-119 | 塔楼的模型贴图（2）

· 图5-120 │ 连接回廊的模型贴图

复合建筑模型贴图完成后的整体效果如图5-121所示，用到的全部贴图只有20余张。

· 图5-121 │ 贴图完成后的复合建筑模型整体效果

在制作好的宫殿复合建筑模型的基础上继续制作，可以再添加一些城墙、角楼、门楼、阙塔、地面和装饰，将模型组建成一个宫城模型，如图5-122所示。这也是复合建筑模型的特点，即通过不断添加连接模型可以将其扩展为新的复合建筑模型。而如果再将这些建筑继续扩展，可能就会形成游戏中的主城建筑群。所以在三维场景模型制作的学习过程中，必须贯彻“由小及大”的理念，认真做好每一个模型，为日后大型主城和高级地下城的制作打下基础。

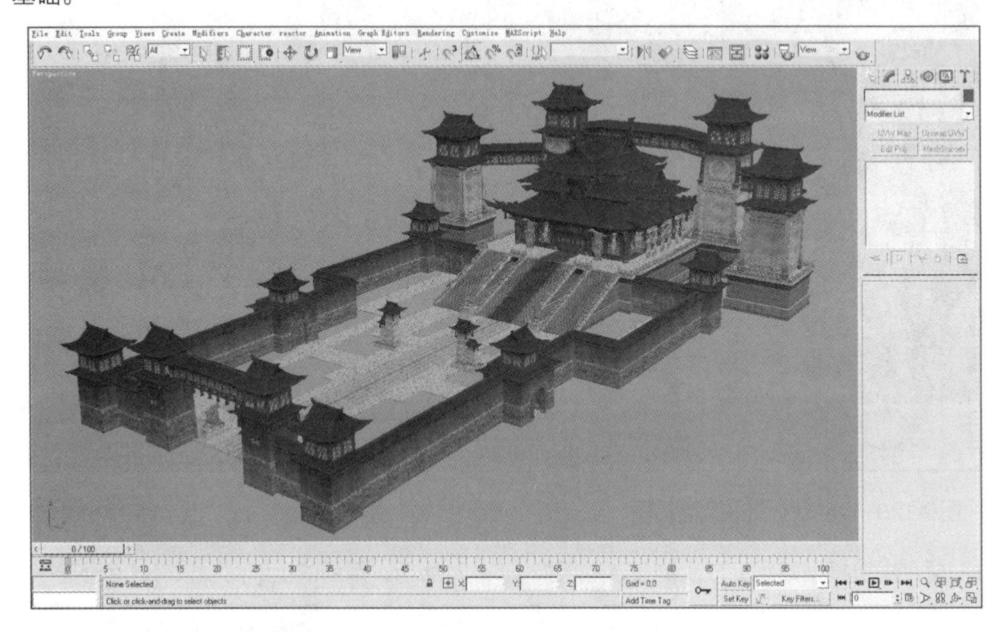

· 图5-122 | 组建成宫城模型

图5-123所示为宫城模型的细节。

· 图5-123 | 宫城模型的细节

·图5-123｜宫城模型的细节（续）

5.4 场景建筑模型制作要点和技巧总结

在游戏场景中，建筑模型就是主角，所以提高建筑模型的制作技巧就是大家努力的方向。本章介绍了从单体建筑模型到复合建筑模型的制作，但仅仅通过几个实例的制作并不足以涵盖场景建筑模型制作的方方面面，这里只是把经典模型的制作要点和技巧介绍给大家，希望大家能举一反三。下面对场景建筑模型的制作要点和技巧做简单总结。

（1）在制作之前要根据原画设定分析模型的基本建筑结构，善于把握特定的建筑结构，并将其归纳为几个主要的制作部分，使之后的实际制作更具条理性、更加快捷。

（2）对古代建筑模型来说，总体可分为屋顶、墙体和装饰3部分：屋顶和墙体可以分开制作，也可制作成一体化模型；同类型的建筑装饰通常只需制作一个，然后用“Mirror”“Clone”等命令重复使用，以节省制作时间、提高工作效率。

（3）模型的布线要合理、简约，在一个多边形平面内除了贴图需要的布线，尽量避免出现多余的边线。

（4）如果不是主体建筑和重要建筑，过于复杂的结构尽量用贴图来表现，要时刻控制好多边形的面数。

（5）除了特定的建筑装饰结构，场景建筑模型的贴图基本都是二方连续贴图和四方连续贴图。要善于利用循环贴图技术，用尽量少的贴图完成模型中复杂结构的贴图工作。

（6）对于复制出的相同模型，可以通过拖曳复制堆栈窗口中的UV命令，来快速完成新模型UV的整理工作。

（7）避免模型转折处缺点暴露的两种处理方法：一是可以在模型转折处添加模型结构，二是利用贴图来制作包边结构。应根据不同的场景和模型选择合适的方法。

（8）对复合建筑模型来说，要善于制作模型之间的连接结构，连接结构的好坏直接关系到模型整体的合理性。

除了以上总结的制作要点和技巧，还有非常重要的一点，就是作为场景建筑模型设计师一定要利用平时的时间多学习建筑学知识，欣赏优秀的建筑图片，并且在实际制作中要善于应用这些知识。只有这样才能让制作出的模型作品更加真实、合理，具备更高的完成度。

虽然本章以写实风格的场景建筑模型作为实例，但整体制作流程和方法同样适用于Q版风格的场景建筑模型。Q版场景建筑模型最大的特点就是夸张，将正常比例的建筑通过夸张的艺术手法改变为Q版风格的建筑，这就是“Q化”的过程。对新手来说，要制作Q版场景建筑模型，可以先将其制作成写实风格的建筑模型，然后通过调整其结构和比例关系以实现“Q化”。下面就来学习一下实现“Q化”的基本方法。

图5-124所示为场景建筑的3种柱子模型，左侧为正常写实风格的建筑结构，中间和右侧

为Q版风格的建筑结构。场景建筑整体结构“Q化”的基本方法就是“收放”。中间的柱子就是将中部放大，同时收缩顶、底而形成的；右侧的柱子则恰恰相反，是将其中部收缩，同时放大顶部和底部。经过这两种方法的处理，正常的柱子都变成了Q版风格。这些方法对于建筑墙体结构也同样适用，如图5-125所示。

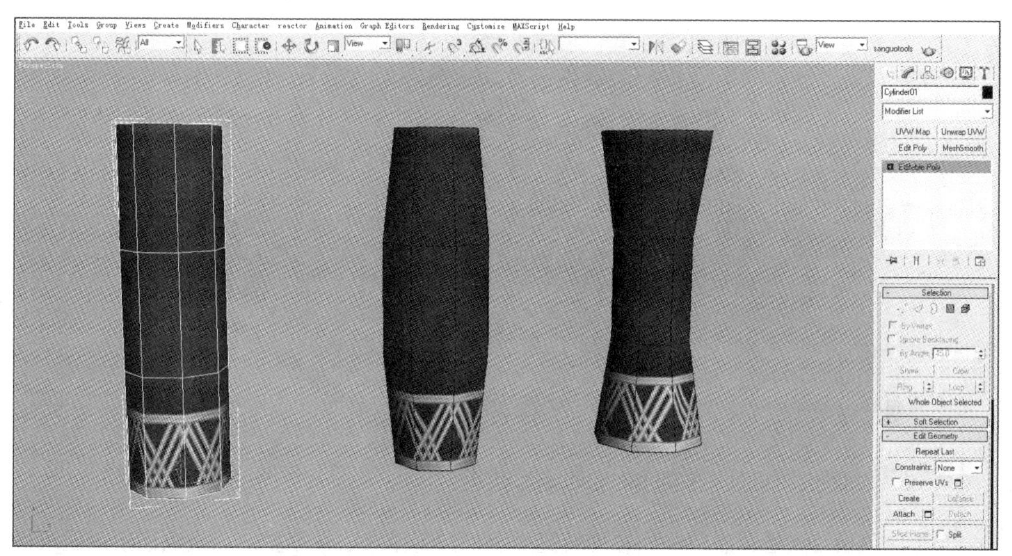

· 图5-124 | 场景建筑的3种柱子模型

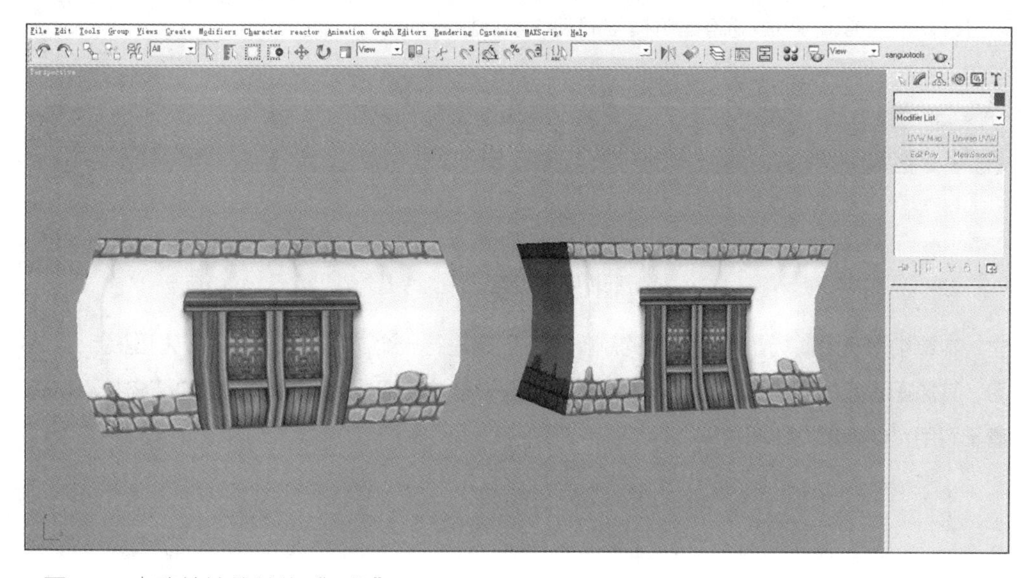

· 图5-125 | 建筑墙体结构“Q化”

以上介绍的“Q化”方法只是最基本的方法，其实Q版场景建筑还有更多的特点需要大家去把握。图5-126所示为一座完整的Q版场景建筑，建筑整体基本是下小上大的倒梯形结构；

屋脊结构夸张、巨大，柱子和墙体采用了上面介绍的“Q化”方法来制作；建筑模型的细节结构，如瓦片、门窗、装饰等多表现出简约、紧凑的结构特点；地基、围墙也紧紧地贴在建筑周围。另外，从模型贴图来说，Q版建筑模型的贴图基本是纯手工绘制的，大多采用亮丽的颜色，应尽量避免使用纹理叠加的方式，细节部分的结构纹饰多为“回”字纹和云卷纹。

·图5-126 | 一座完整的Q版场景建筑

Q版建筑是游戏场景建筑中比较独特的类别，其制作方法并不复杂，重点在于对建筑特点和风格的把握。只要大家善于观察，多多参考相关的建筑素材，同时进行大量的练习，假以时日，一定能掌握Q版场景建筑模型的制作技巧和要领。

拓展训练

制作要点

本章学习了游戏场景建筑模型的制作，下面来进行一个游戏场景单体建筑模型的制作练习，其原画设定如图5-127所示。在制作时要善于总结和把握单体建筑模型的结构特点，并善于利用“Clone”命令。

· 图5-127 | 单体建筑模型原画设定

制作思路

根据原画设定，该建筑整体可分为3部分：主体建筑、底座平台和附属结构。首先按照中国古代建筑模型的制作方法和流程来制作两层式的主体建筑模型，然后制作主体建筑下方的平台结构，最后制作屋顶四角外延的附属结构及场景道具模型。

第6章

复合游戏场景实例制作

复合游戏场景比一般的场景建筑模型的制作更为复杂。本章利用两个实例——村落和驿站场景的制作来介绍复合游戏场景的制作，讲解侧重于复合游戏场景的组合与拼接的设计技巧和方法。

知识技能目标

- 熟练掌握村落、驿站等复合游戏场景的制作方法和操作技巧。

素养目标

- 培养创新思维和开拓精神。
- 培养综合分析问题、解决问题的能力。

在第5章中讲解了游戏场景建筑模型的制作，本章将要讲解如何利用建筑模型拼接构成复合游戏场景。所谓的复合游戏场景，是指在三维游戏场景制作中，通过多种场景道具、单体建筑等基本单位拼接构成的相对完整的组合式场景。从某种意义上来说，复合场景本身就可以算作一个小范围的完整场景，在不同的复合场景模型之间通过添加衔接结构可以构成规模更大的复合场景。所以制作复合场景模型的关键就是模型间的相互衔接，其衔接方式不一定要求多么复杂，但巧妙的衔接设计却能够起到画龙点睛的作用。

6.1 实例制作——复合游戏场景之村落

复合游戏场景之村落

村落是三维游戏地图中常见的建筑场景，在每一张野外地图中通常都有一个以上的村落场景，村落场景中包含基本的建筑模型和各类非玩家角色。对玩家来说，村落是任务集中地和补给中转站。村落场景中的建筑形式比较简单，通常由基本的民居单体建筑构成，并且可以根据不同的游戏地图场景赋予建筑不同的风格特点。图6-1所示为民居院落模型的原画设定。

· 图6-1 | 民居院落模型的原画设定

设定图中的民居单体建筑、围墙和院门是构成场景的基础模型。制作时，首先通过摆放这些基础模型来确定场景的布局，然后添加各种场景道具模型来烘托场景的整体氛围。这种布局方法不仅适用于单个的院落场景，同样可以运用到整个村落场景的建筑布局中。有些村落场景也会用围墙进行整体的包围和分割布局。

图6-2所示为村落场景的最终效果。对村落场景进行归纳概括，可以发现该村落主要包含以下几种模型元素：几种不同形式的民居单体建筑、围墙、塔楼、牌坊及各种场景道具模型。首先需要分别制作这些基本的模型元素，然后根据地形、地表来进行布局摆放，最后通过添加场景道具模型、山石模型及场景植物模型来进一步烘托场景的整体氛围，最终完成整个村落场景的制作。下面开始具体制作。

·图6-2｜村落场景最终效果

6.1.1 场景建筑模型的制作

（1）制作民居单体建筑模型。打开3ds Max，创建立方体模型并设置合适的分段数，将其作为民居单体建筑屋顶主脊的基本结构，如图6-3所示。

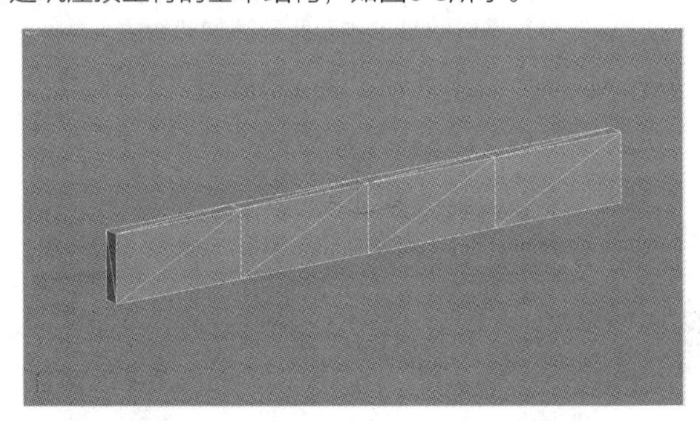

·图6-3｜创建立方体模型

（2）将创建的立方体模型塌陷为可编辑的多边形，进入“Vertex”层级编辑和调整模型的顶点，制作出主脊的基本形态（见图6-4）。然后通过“Polygon”层级下的“Extrude”命令进一步编辑模型，完成主脊模型的制作，如图6-5所示。

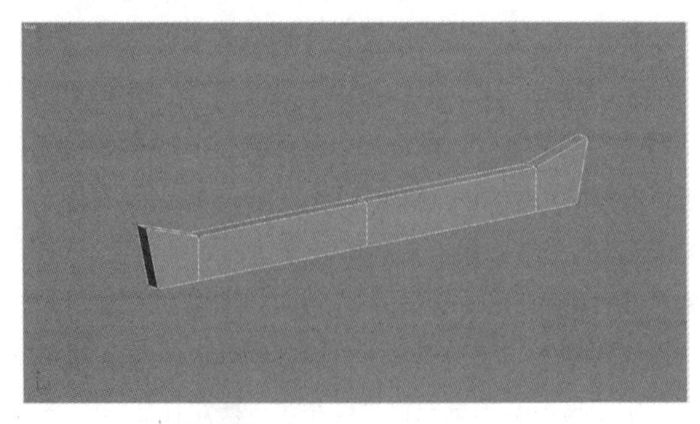

·图6-4｜调整模型形态

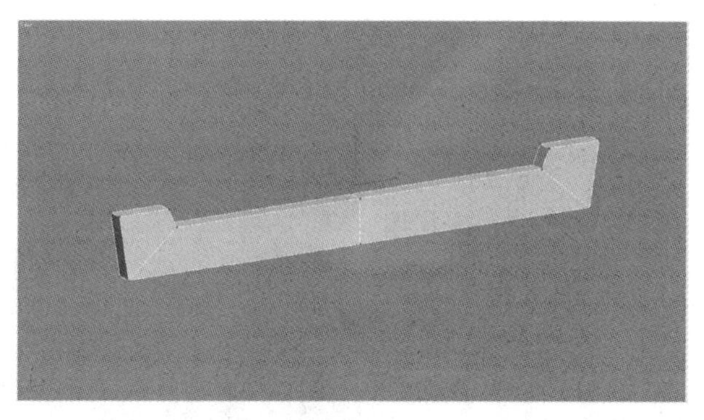

· 图6-5 | 完成主脊模型的制作

（3）利用类似的方法编辑制作建筑的侧脊模型（见图6-6）。本实例中的民居单体建筑采用的是悬山式建筑风格，所以将制作完成的一条侧脊模型进行镜像复制，即可得到完整的悬山式侧脊模型（见图6-7）。整体复制出另一侧的侧脊模型，然后将其与主脊模型进行拼接，得到房屋屋脊的框架模型，如图6-8所示。

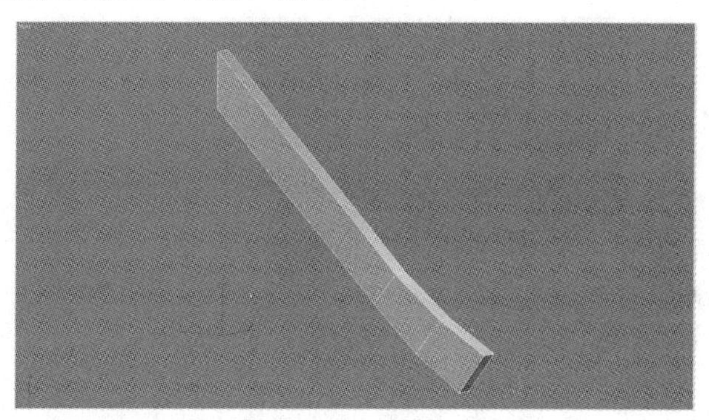

· 图6-6 | 制作侧脊模型

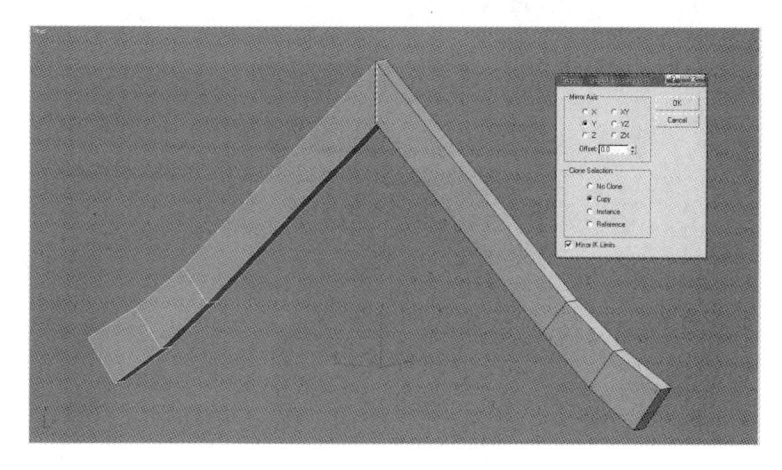

· 图6-7 | 镜像复制

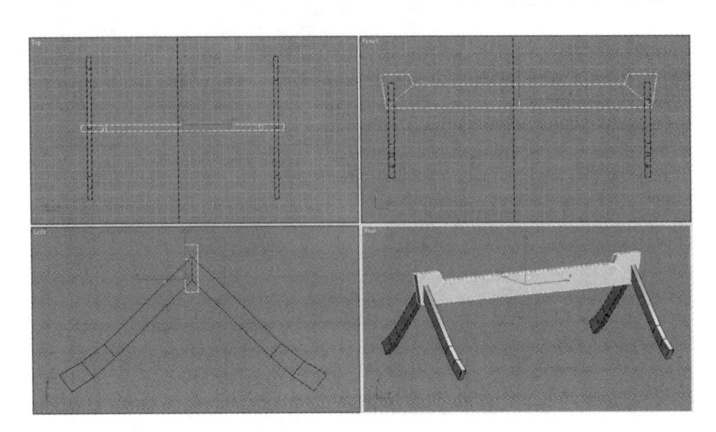

·图6-8 | 组合成屋脊模型

（4）沿着屋脊模型，利用平面模型编辑制作房屋的屋顶模型（见图6-9）。然后在屋顶下方创建立方体模型，通过“Editable Poly”命令制作房屋外墙的基本结构，如图6-10所示。

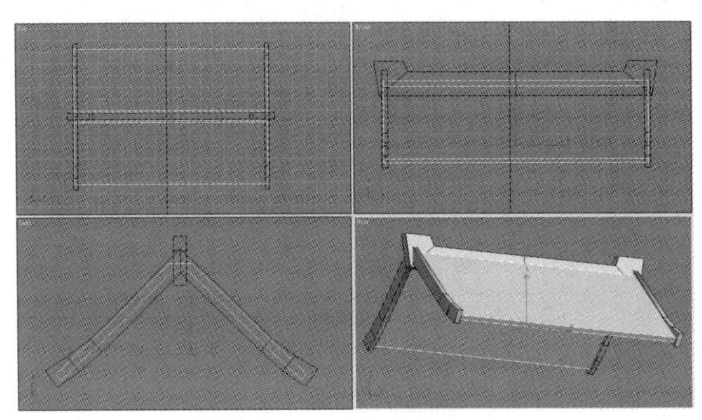

·图6-9 | 制作屋顶模型

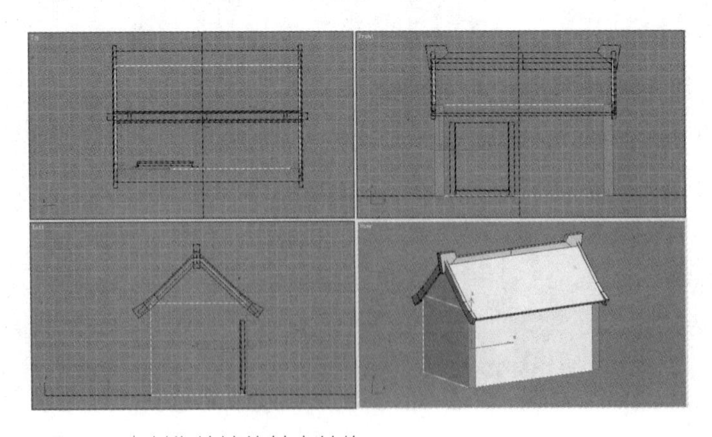

·图6-10 | 制作外墙的基本结构

（5）在外墙模型的侧面利用“Polygon”层级下的“Inset”和“Extrude”命令，制作房屋侧面的窗户结构，如图6-11所示。运用类似的方法制作房屋墙体正面的窗户和房门结构（见图6-12）。为了增加模型的细节，在视图中创建细长的方体，将其放置在房门四周，作为门框和门槛，如图6-13所示。至此，民居单体建筑模型就制作完成了。

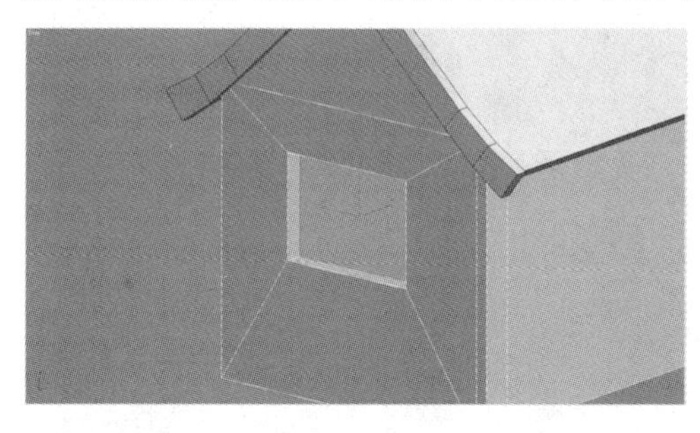

·图6-11｜制作窗户结构

·图6-12｜制作门窗结构

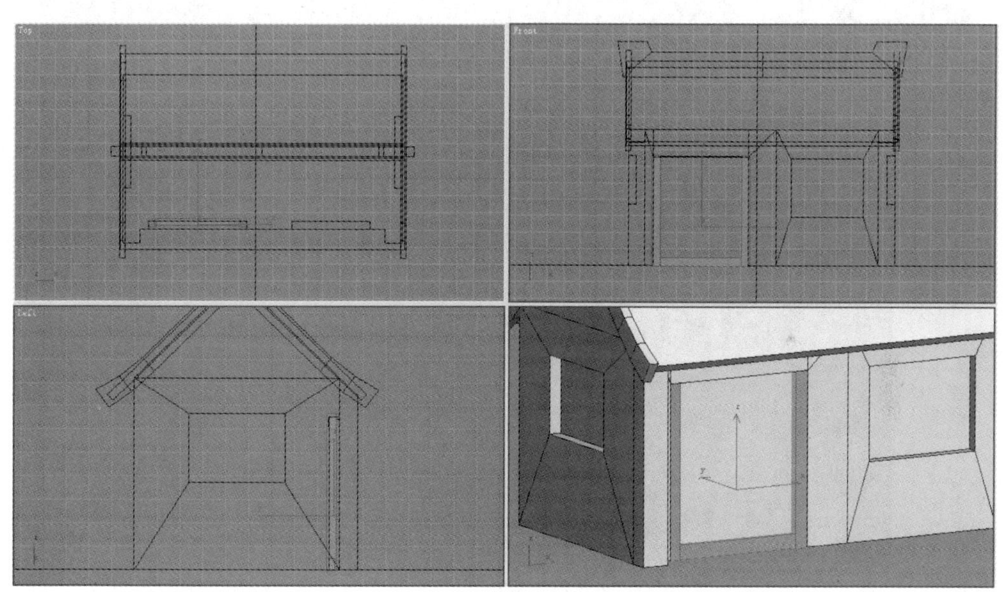

·图6-13｜增加细节

6.1.2 为建筑模型添加贴图

模型制作完成后开始为其添加贴图。对单体建筑模型来说，贴图的方式都比较简单，这里只以房屋侧面墙体为例介绍一下贴图的基本流程和方法。

（1）在“Polygon”层级下选择墙体侧面的多边形面，如图6-14所示。

（2）将含有墙面贴图的材质球指定给模型的多边形面，然后选择添加堆栈命令列表中的UVW Mapping修改器，接着选择Planar投影方式及合适的贴图投射轴向，如图6-15所示。

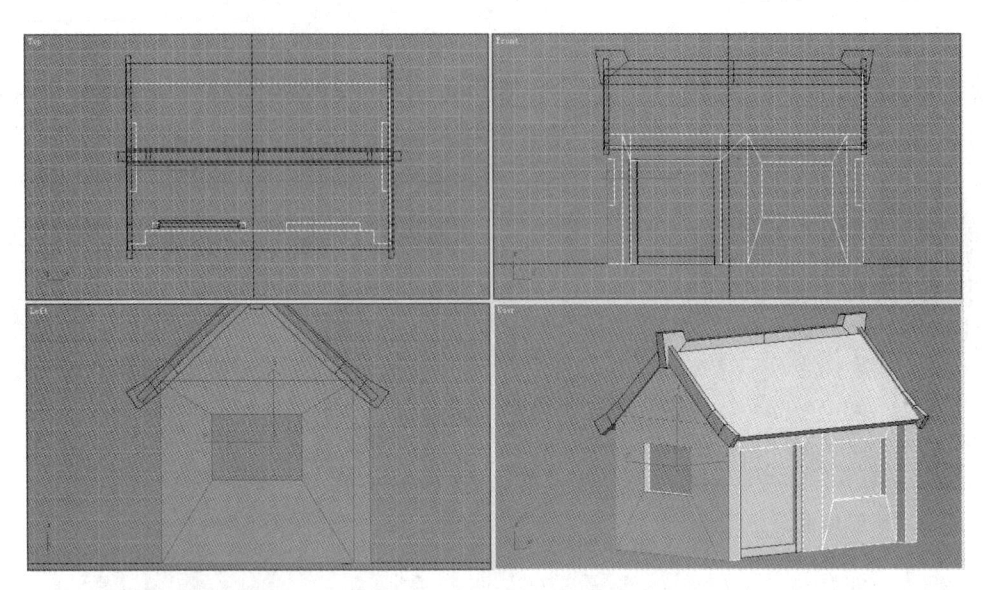

·图6-14｜选择模型面

·图6-15｜添加UVW Mapping修改器

（3）此时的墙面贴图并没有按照要求添加到模型的表面，所以接下来在堆栈窗口中添加Unwrap UVW修改器，通过UVW编辑器对模型的贴图坐标进行适当的调整。这里选中多边形的顶点或面进行整体旋转操作，这样贴图就以正确的方式添加到模型表面上了（见图6-16）。

（4）可以按照类似的方法对房屋屋脊、屋顶、四周墙面、窗户和房门进行贴图处理。图6-17所示为建筑模型正确添加贴图后的效果。将制作完成的民居单体建筑模型整体复制，通过修改制作另外两种样式的建筑模型（见图6-18和图6-19）。

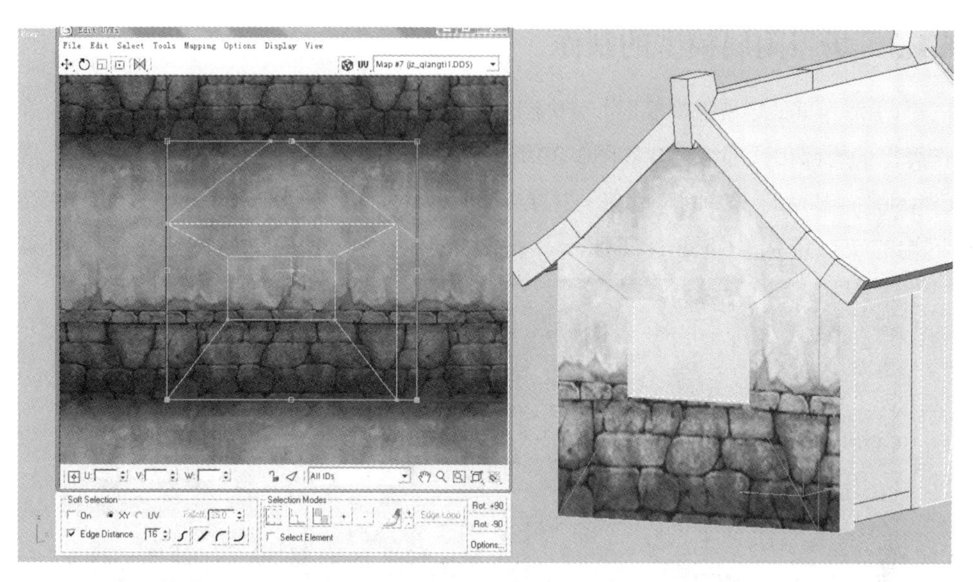

· 图6-16 | 调整模型UV

· 图6-17 | 制作完成的民居单体建筑模型

· 图6-18 | 通过修改制作的建筑模型

· 图6-19 | 通过修改制作的双层建筑模型

6.1.3 场景附属模型的制作

（1）制作其他场景附属模型。首先制作村口的牌坊模型，通过“Editable Poly”命令制作牌坊的脊部和顶部结构，如图6-20所示。然后在视图中创建六边形柱体模型，通过“Extrude”“Bevel”命令制作牌坊的立柱结构（见图6-21）。最后制作牌坊的顶部、脊部和立柱下端的支撑结构，如图6-22所示。图6-23所示为添加贴图后的牌坊模型效果。

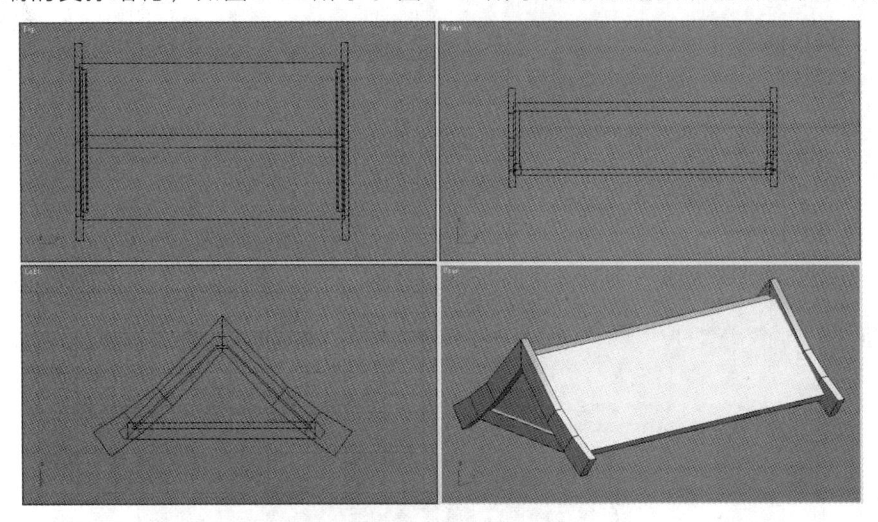

· 图6-20 | 制作牌坊的脊部和顶部结构

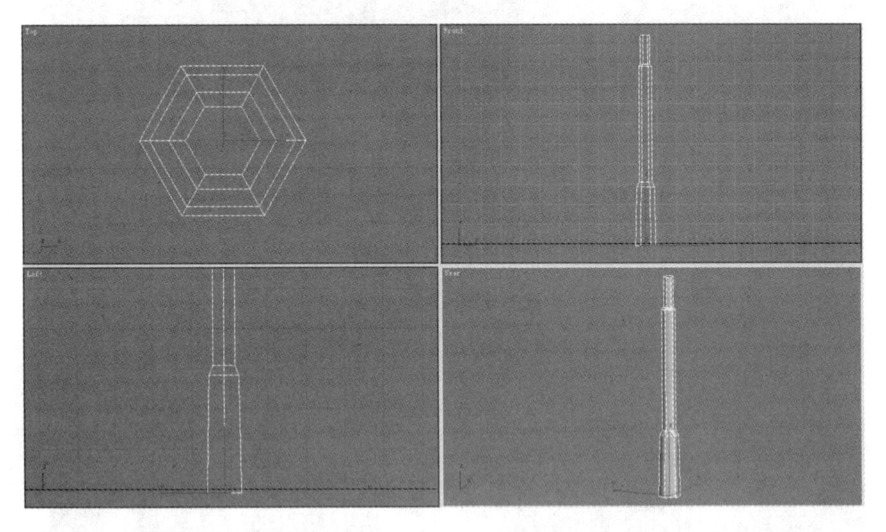

· 图6-21 | 制作牌坊的立柱结构

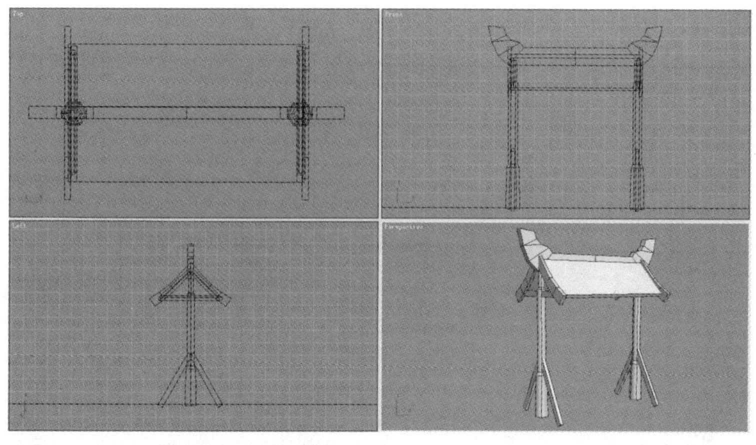

· 图6-22 | 制作完成的牌坊模型

· 图6-23 | 添加贴图后的牌坊模型效果

（2）制作塔楼模型。塔楼模型在村落场景中的作用有两个：一是用于场景装饰，二是用来衔接围墙。因为在实际的游戏制作中，所有场景元素最终都在引擎地图编辑器中进行整体拼合，很难通过手动操作对墙体进行无缝衔接。利用比墙体模型大的结构来进行衔接、过渡能很好地解决这个问题。首先在视图中创建立方体模型，通过“Polygon”层级下的“Extrude”“Bevel”等命令制作塔楼的底部结构，如图6-24所示。然后为塔楼添加屋顶结构，并为整体模型添加贴图（见图6-25）。

（3）制作村落四周的围墙模型，仍然利用“Extrude”“Bevel”等命令对立方体模型进行编辑，如图6-26所示，然后为制作完成的围墙模型添加贴图。这里制作了两种不同长度的围墙模型，可以根据不同的地形使用合适的模型（见图6-27）。图6-28所示为已经制作完成的所有村落场景模型元素，包括民居单体建筑、牌坊、围墙和塔楼。

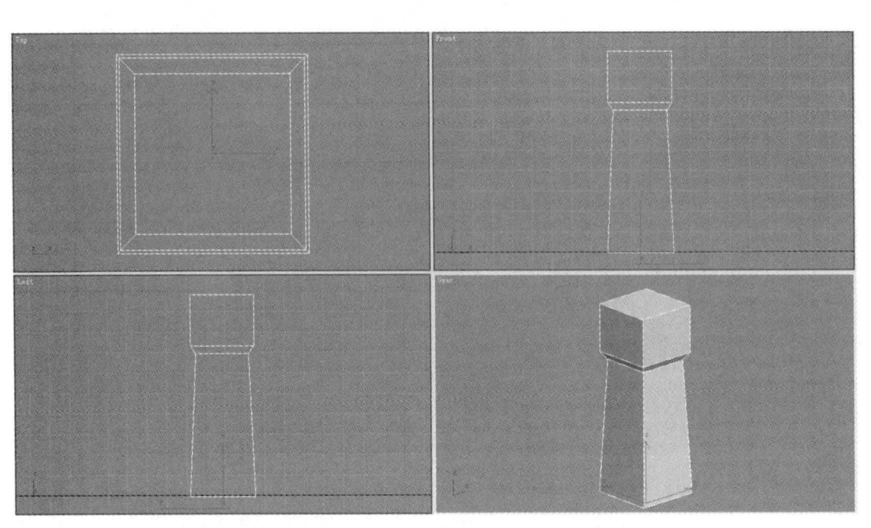

·图6-24｜制作塔楼的底部结构

·图6-25｜制作完成的塔楼模型

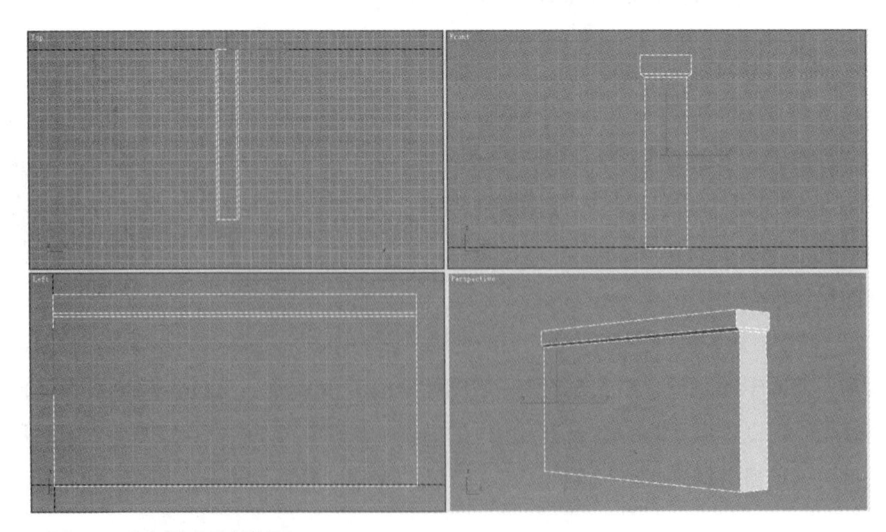

·图6-26｜制作围墙模型

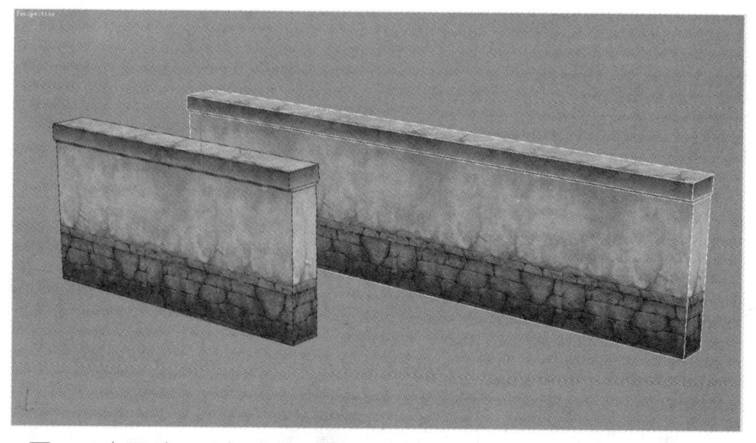

·图6-27 | 两种不同长度的围墙模型

·图6-28 | 所有制作完成的村落场景模型元素

6.1.4 场景的组合与拼接

在实际的游戏制作中，接下来的工作就是将场景模型元素导入游戏引擎中，然后利用引擎地图编辑器导入模型进行整体场景的组合与拼接。这里利用3ds Max来模拟这一过程。

（1）在视图中创建横纵分段数均为50的平面模型，将其作为模拟地表的平面模型，如图6-29所示。

（2）将平面模型塌陷为可编辑的多边形，进入“Polygon”层级，利用Paint Deformation工具模拟绘制地表（见图6-30）。然后将围墙、塔楼、牌坊模型导至地表之上，利用围墙和塔楼拼接出村落的基本布局（见图6-31）。这里要充分利用塔楼的衔接、过渡作用，制作时要注意墙体与塔楼的衔接方式，如图6-32所示。

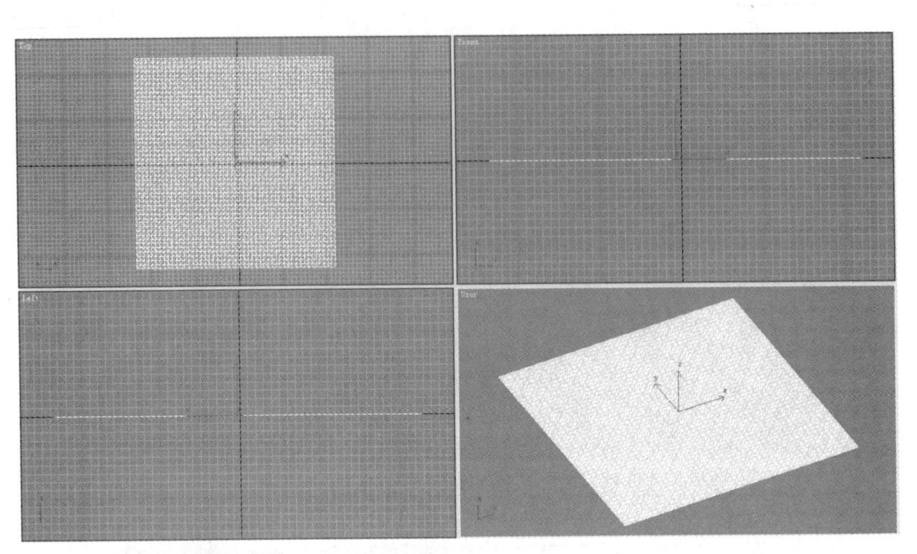

· 图6-29 | 创建平面模型

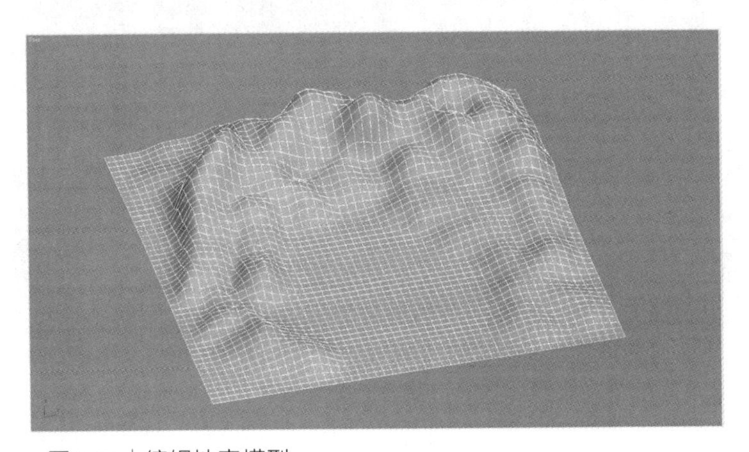

· 图6-30 | 编辑地表模型

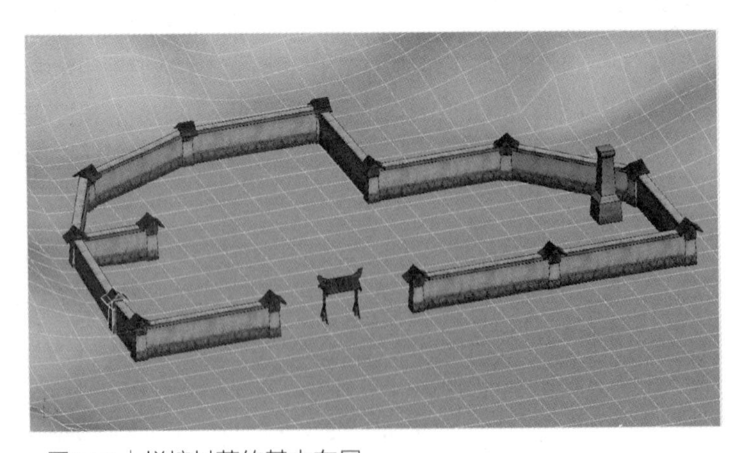

· 图6-31 | 拼接村落的基本布局

·图6-32｜利用塔楼衔接围墙

（3）将之前制作完成的民居单体建筑模型分别导入场景中，利用“Clone”命令将民居单体建筑模型穿插放置，如图6-33所示。可以对不同的民居单体建筑模型进行拼接处理，模拟复合建筑模型的效果（见图6-34）。最后将摊铺、木箱等场景道具模型导入村落场景中，并在村落外围导入山石模型和植物模型，来烘托游戏中野外村落场景的整体氛围。图6-35所示为最终的场景效果。虽然这里只是利用3ds Max来进行模拟，但其场景制作流程和方法与在引擎地图编辑器中基本一致，希望大家通过本节的实例触类旁通。

·图6-33｜摆放民居单体建筑模型

·图6-34｜拼接民居单体建筑模型

· 图6-35 | 最终的村落场景效果

6.2 | 实例制作——复合游戏场景之驿站

拓展阅读
中国古代驿站文化

6.2.1 场景构成与制作流程分析

图6-36所示为本节制作的驿站场景最终效果，这是一个中国古代风格游戏中的驿站场景。从效果图来看，整体场景是由基本的单体建筑模型组合拼接而成的，其建筑风格为中国古代传统的歇山式建筑，屋顶框架一般由1条主脊和4条侧脊构成。整个场景中的单体建筑包括双层主建筑、附属房屋建筑、塔楼及后院的马厩等。除此以外，场景中还包括围墙、塔楼、幡旗及各种装饰用的场景道具模型。

复合场景建筑模型制作（1）

复合场景建筑模型制作（2）

· 图6-36 | 驿站场景最终效果

下面通过顶视图来具体了解一下整个场景中各单体建筑的衔接和排列组合方式（见图6-37）。从顶视图来看，中间深色图块区域为双层主建筑，其两侧和背面有附属房屋建筑与之衔接，图中长方形图块区域的附属房屋建筑都可以通过复制得到，所以在制作时只需要制作一个即可。双层主建筑侧后方是塔楼，后院的角落里是马厩，除此以外还有连接各房间的道路。

在制作时，首先制作场景中的双层主建筑模型；然后制作与双层主建筑模型相接的附属房屋建筑模型，这类建筑模型可以只制作一个，然后通过复制得到多个模型；接下来制作塔楼、马厩及各种小型装饰类场景道具模型，再将所有模型进行组合、拼接；最后制作围墙和道路。以上就是驿站场景的基本制作思路和流程，下面开始具体制作。

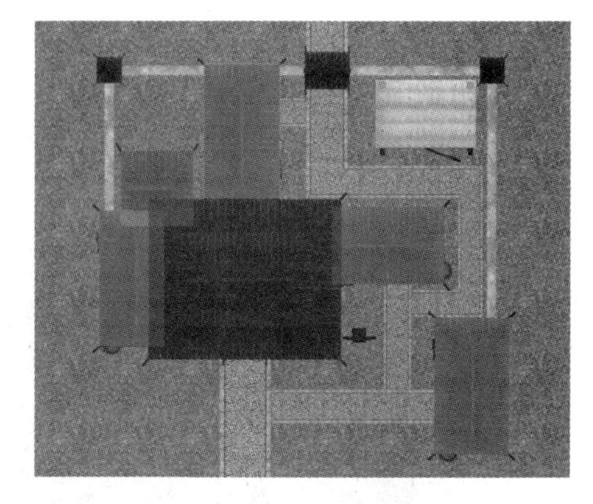

·图6-37｜顶视图下的排列布局

6.2.2 场景建筑模型的制作

（1）制作双层主建筑模型。打开3ds Max，首先在视图中创建方体模型，将其作为制作建筑屋顶的基础模型（见图6-38）；然后将模型塌陷为可编辑的多边形，使方体模型的顶面收缩，形成屋顶结构；最后利用“Connect”命令添加分段，将屋顶制作得更加圆滑（见图6-39）。

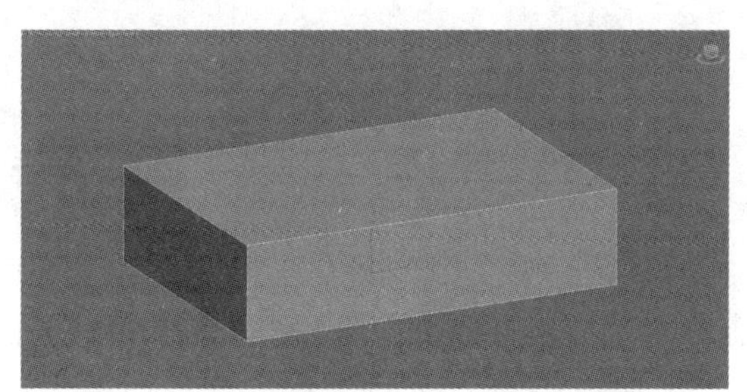

·图6-38｜创建方体模型

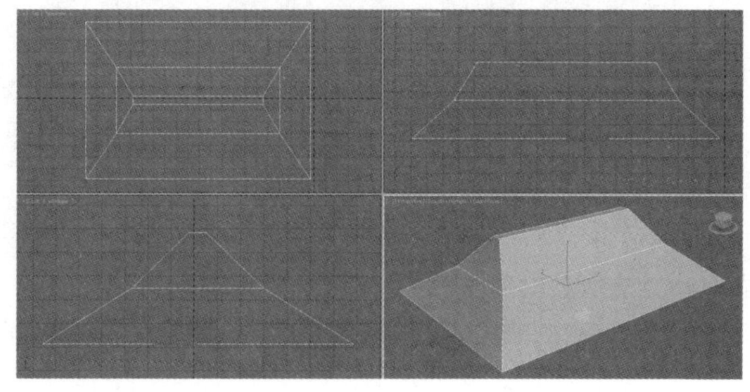

·图6-39｜编辑屋顶模型

（2）选中模型底面，利用“Extrude”命令向下挤压，制作瓦檐的厚度；继续向下挤压并收缩，制作瓦檐底部的结构（见图6-40）；沿着模型继续向下挤压模型面，制作上层墙体结构和下层屋顶模型结构（见图6-41）。按照类似的方法，制作下层建筑的模型结构（见图6-42）。

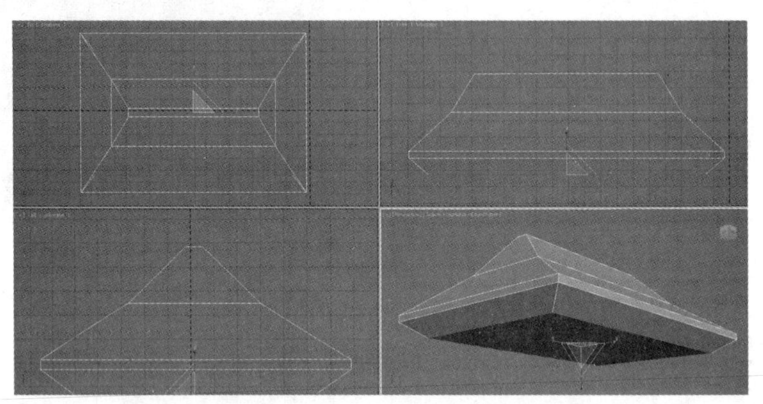

· 图6-40 | 制作瓦檐底部的结构

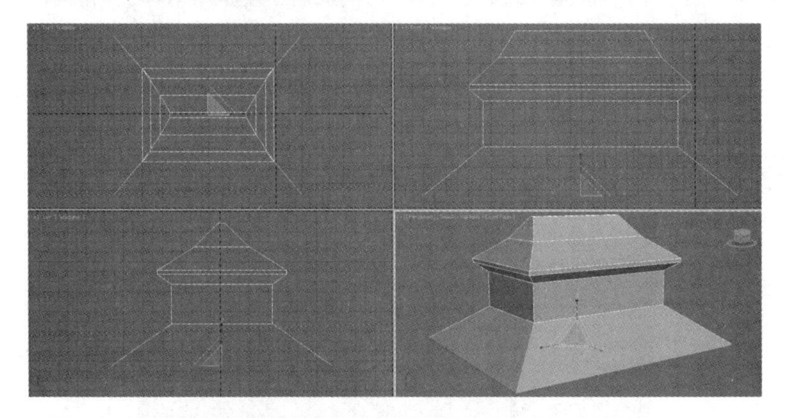

· 图6-41 | 制作上层墙体和下层屋顶模型结构

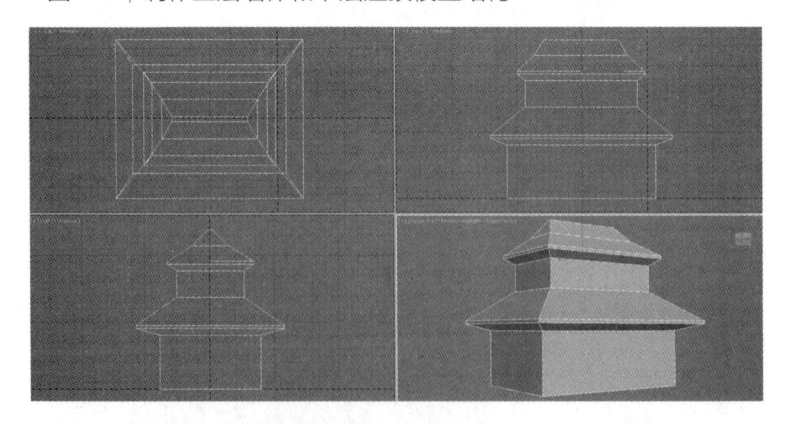

· 图6-42 | 制作下层建筑的模型结构

（3）制作侧脊模型，同样利用多边形模型来制作，侧脊的弯曲弧度要根据屋顶的坡度来确定（见图6-43）。将侧脊模型放置在上层屋顶上，首先将侧脊放置在屋顶的一角，同时将侧脊的轴心与主体模型的正中心对齐；然后通过镜像复制的方式完成其他侧脊的制作，这是制作屋脊结构的常用技巧（见图6-44）。侧脊制作完成后继续制作上层屋顶的主脊模型，主脊中间通常要添加分段，从而让其成为左右对称的结构（见图6-45）。

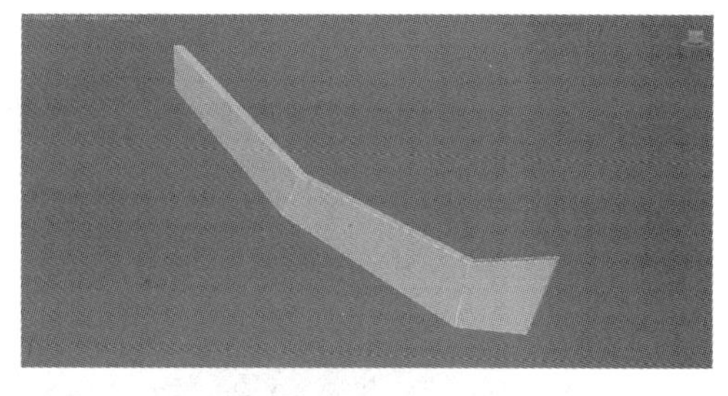

·图6-43｜制作侧脊模型

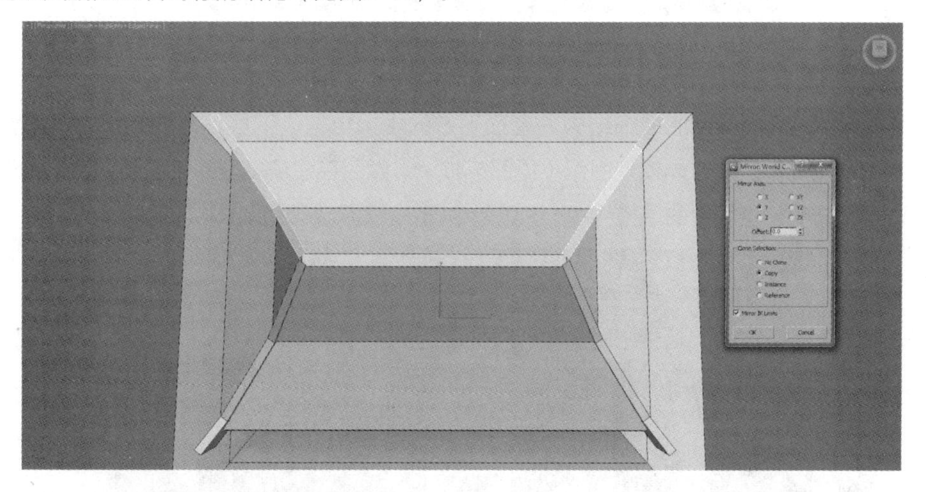

·图6-44｜通过镜像复制放置侧脊

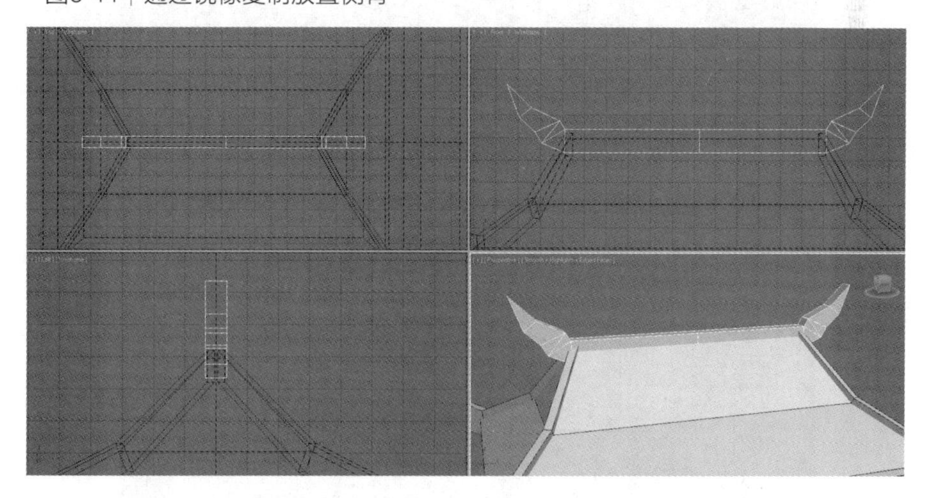

·图6-45｜制作上层屋顶的主脊模型

（4）为建筑模型的墙体四角添加立柱模型。上层的立柱模型利用立方体模型来制作，下层的利用六边形柱体模型来制作（见图6-46）。

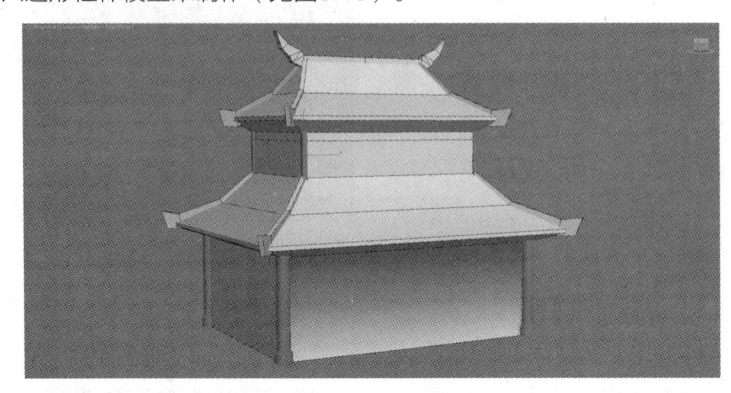

·图6-46 | 制作立柱模型

（5）为建筑模型添加装饰结构。屋顶下方的木梁结构、下层墙体的装饰木梁和窗户等，都可利用简单的立方体模型制作（见图6-47）。然后在建筑模型的正面制作房门和窗户结构。门上方有一个简单的屋檐结构，这也是中国古代建筑常见的结构（见图6-48）。

·图6-47 | 制作装饰结构

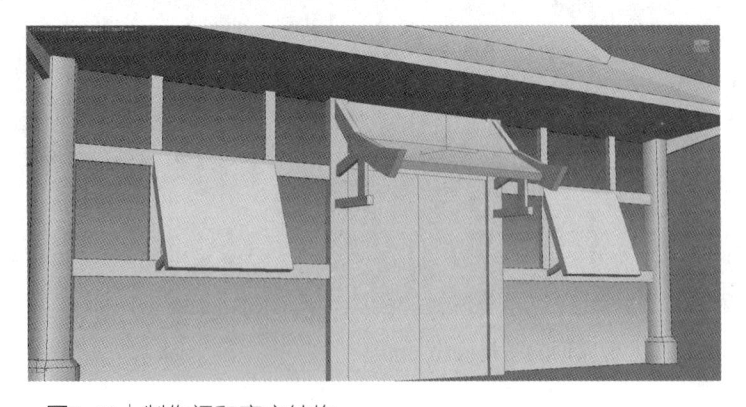

·图6-48 | 制作门和窗户结构

（6）双层主建筑的模型基本制作完成后，开始制作附属房屋建筑模型。首先制作房屋的屋顶和墙体结构，其建模的方法跟双层主建筑基本一致（见图6-49）。然后为房屋添加屋脊结构（见图6-50）及门窗等装饰结构（见图6-51）。这里的屋脊可以通过直接复制双层主建筑的屋脊得到，以节省制作时间。

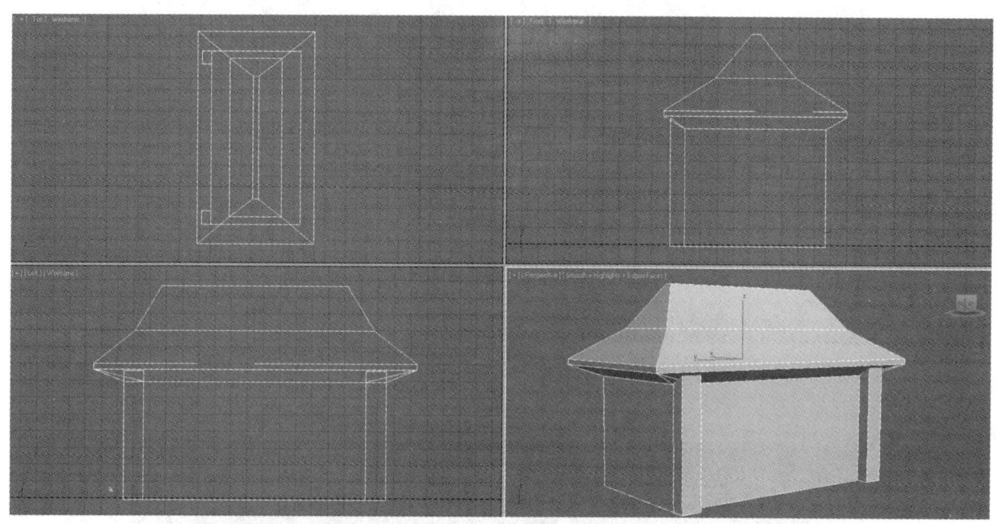

· 图6-49 | 制作屋顶和墙体结构

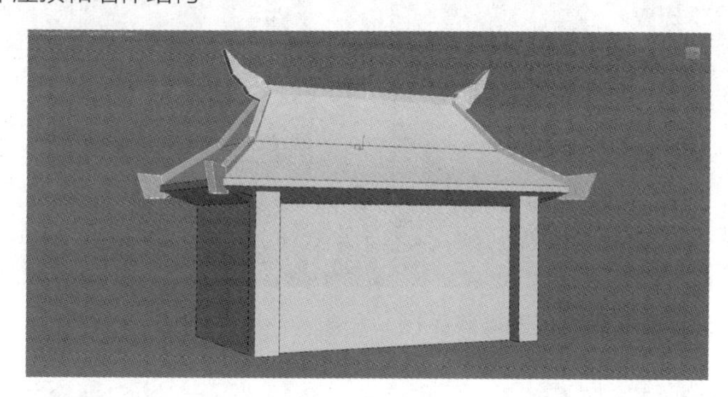

· 图6-50 | 制作屋脊结构

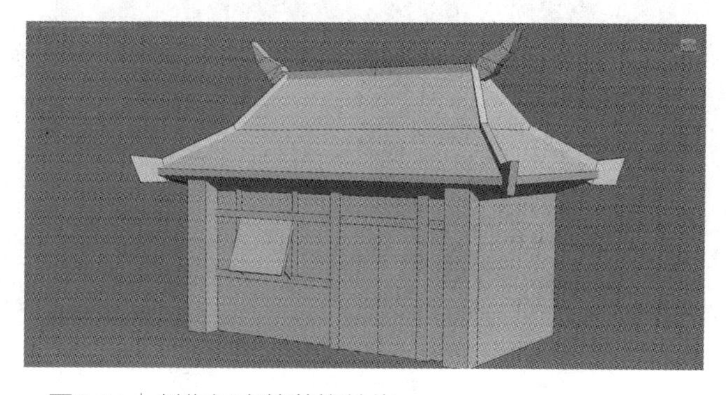

· 图6-51 | 制作门窗等装饰结构

（7）制作塔楼模型。首先制作塔楼的屋顶和屋脊结构（见图6-52）；然后向下延伸，制作塔楼的墙体结构（见图6-53）；最后制作窗户、木梁、立柱等装饰结构（见图6-54和图6-55）。

· 图6-52｜制作塔楼的屋顶和屋脊结构

· 图6-53｜制作塔楼的墙体结构

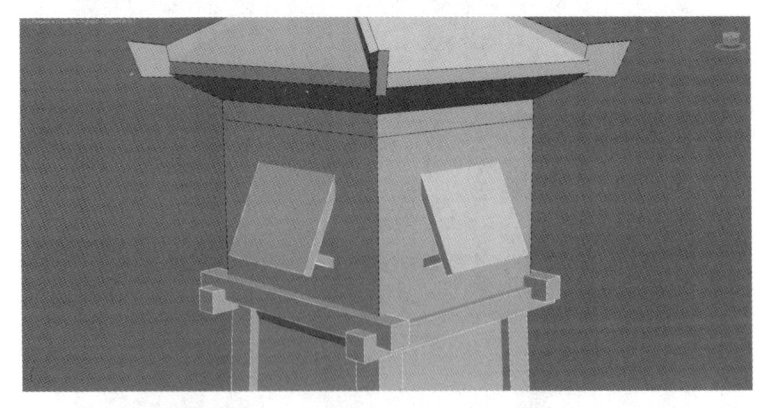

· 图6-54｜制作窗户

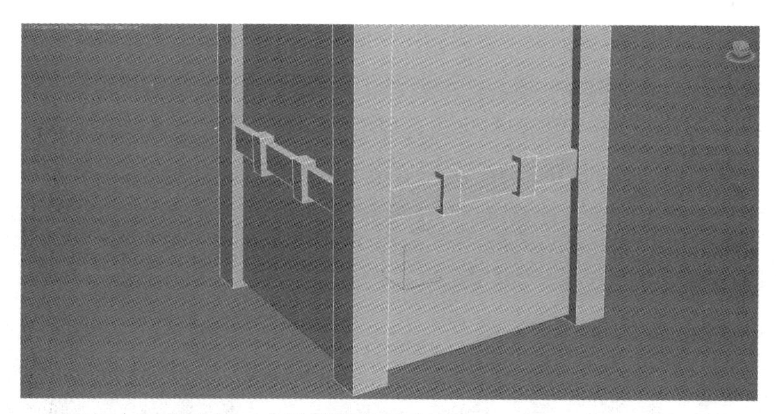

·图6-55｜制作木梁、立柱等装饰结构

（8）制作剩下的单体建筑模型——马厩。

① 利用圆柱体模型和立方体模型制作马厩的基本框架（见图6-56）。在框架的基础上添加木栏，让马厩的结构更丰富（见图6-57）。

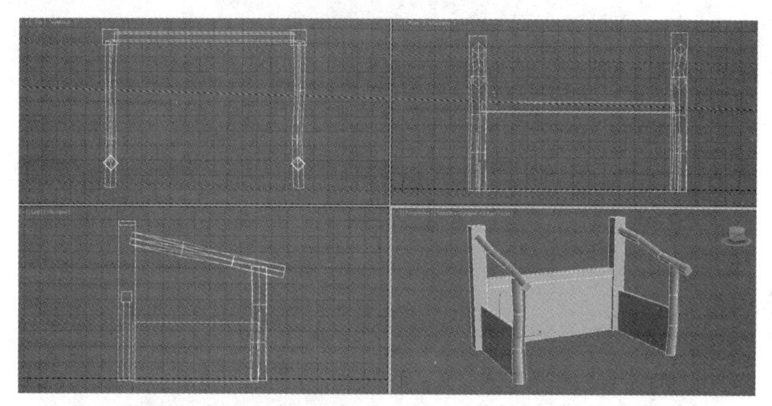

·图6-56｜制作马厩的基本框架

·图6-57｜丰富马厩的结构

② 在框架顶部制作草棚模型，这里利用平面模型进行编辑制作，需要在草棚表面表现出凹凸不平的自然效果（见图6-58）。在马厩的正面制作围栏结构，其起着类似于门的作用（见图6-59）。在马厩内部添加各种场景道具模型以丰富环境效果，包括草堆、马槽、木轮、马套等（见图6-60）。图6-61所示为马厩模型的最终效果。

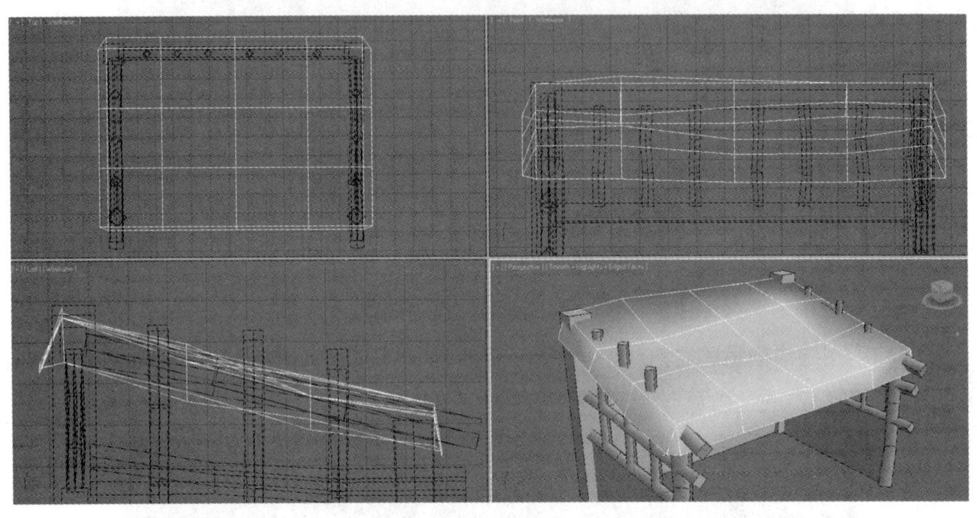

· 图6-58｜制作草棚

· 图6-59｜制作围栏

· 图6-60｜添加场景道具模型

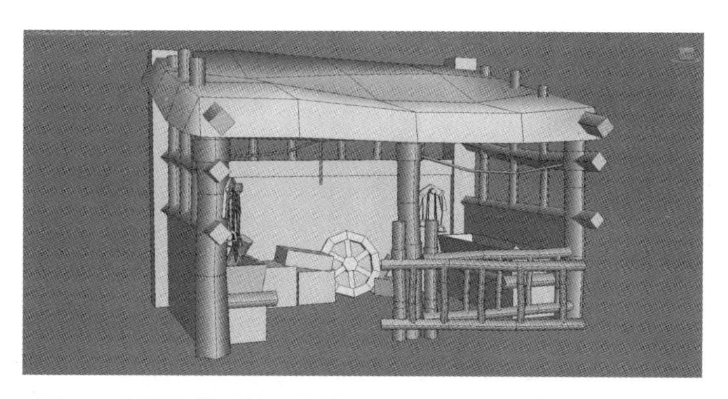

· 图6-61 | 马厩模型的最终效果

（9）各单体建筑模型制作完成后，开始为模型添加贴图。房屋建筑的墙体和屋顶的贴图都为相同的二方连续贴图，其他的屋脊、立柱、横梁、门窗等结构贴图都为木质贴图，塔楼模型除了屋顶和地基基本都为木质贴图，马厩模型的贴图基本也为木质贴图。大多数木质贴图都可以使用同一张，以节省贴图张数。图6-62～图6-65所示分别为双层主建筑模型、附属房屋建筑模型、塔楼模型和马厩模型的贴图效果。

· 图6-62 | 双层主建筑模型的贴图效果

· 图6-63 | 附属房屋建筑模型的贴图效果

· 图6-64 | 塔楼模型的贴图效果

· 图6-65 | 马厩模型的贴图效果

6.2.3 场景建筑的组合与拼接

下面将单体建筑模型进行组合、拼接，以形成复合建筑模型。首先将附属房屋建筑与双层主建筑侧面的墙体进行拼接；然后复制附属房屋建筑，将其侧面与双层主建筑的另一侧墙体进行拼接（见图6-66）；其次复制附属房屋建筑，将其纵向放在双层主建筑背面，在这座附属房屋建筑背面与双层主建筑形成的角落里放置塔楼模型（见图6-67）；再次制作院墙模型，将驿站场景围出一个后院，同时复制附属房屋建筑，将其放在双层主建筑的左前方并使其背面与院墙相接，然后在院墙上留出院门的位置（见图6-68）；最后在院墙转折处添加塔楼模型，在院门处添加门，同时在后院内放置马厩模型（见图6-69）。这样就基本完成了场景建筑的组合与拼接。

· 图6-66 | 双层主建筑与附属房屋建筑的拼接

·图6-67｜放置塔楼模型

·图6-68｜制作院墙模型等

·图6-69｜添加塔楼、院门并放置马厩模型

6.2.4 场景中道路的制作方法

对于小型复合场景，尤其是由建筑构成的游戏场景，通常会在建筑模型组合、拼接完成后再制作道路模型，起到连通和衔接场景建筑的作用。

（1）在制作道路模型前，首先在视图中创建平面模型并为其添加草地贴图，作为场景的地表平面，以方便后面道路模型的制作与观察（见图6-70）。

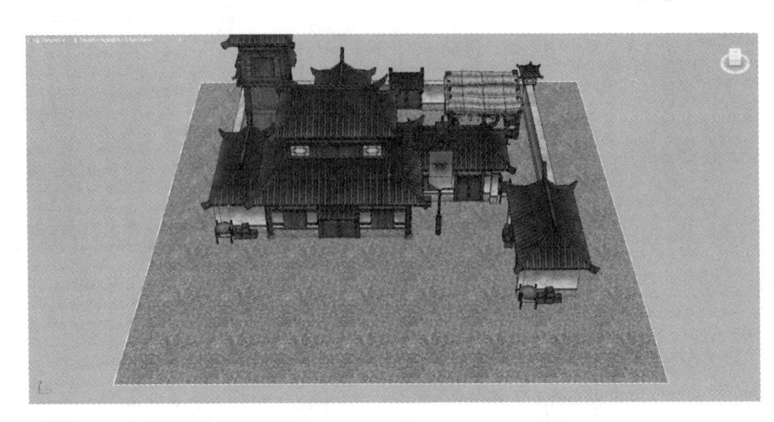

· 图6-70 | 制作地表平面

（2）在双层主建筑门前创建方体模型，调整其高度，使其稍高出地表平面即可（见图6-71）。将方体模型塌陷为可编辑的多边形，选中模型侧面的边线，利用“Connect”命令添加两条分段边线，如图6-72所示。进入“Polygon”层级，选中两条分段边线围成的区域一侧的模型面，利用“Extrude”命令将其挤压（见图6-73）。

· 图6-71 | 创建方体模型

· 图6-72 | 添加分段边线

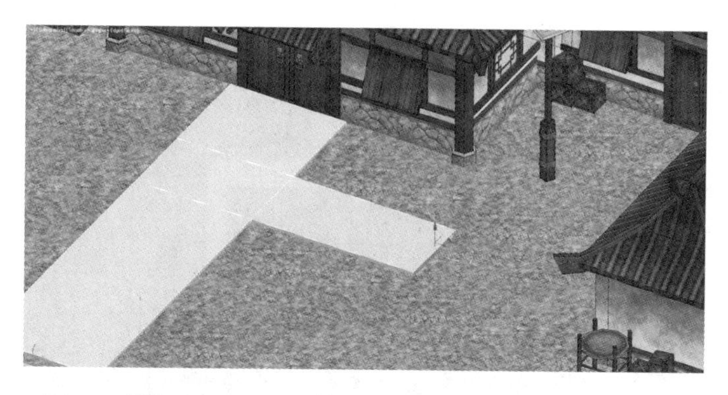

·图6-73 | 挤压模型面

（3）利用上述添加分段边线和挤压模型面的制作方法制作其余道路模型。要让道路延伸到每一个建筑模型的门口，同时道路也要按照整个场景的布局合理分布，如图6-74所示。要注意道路转折处的布线处理，如图6-75所示，这种布线方式是为了方便后期贴图的添加与衔接。制作完成的道路模型如图6-76所示。最后为道路模型添加贴图，如图6-77所示。图6-78所示为驿站场景的最终效果，整个场景面数仅为6000余面。

·图6-74 | 让道路延伸到每一个建筑模型的门口

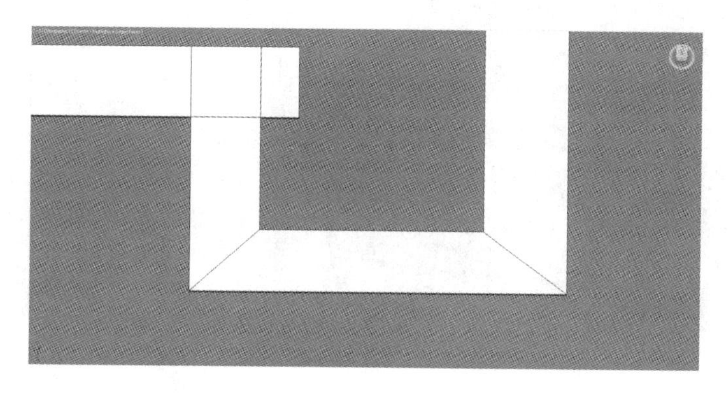

·图6-75 | 道路转折处的布线处理

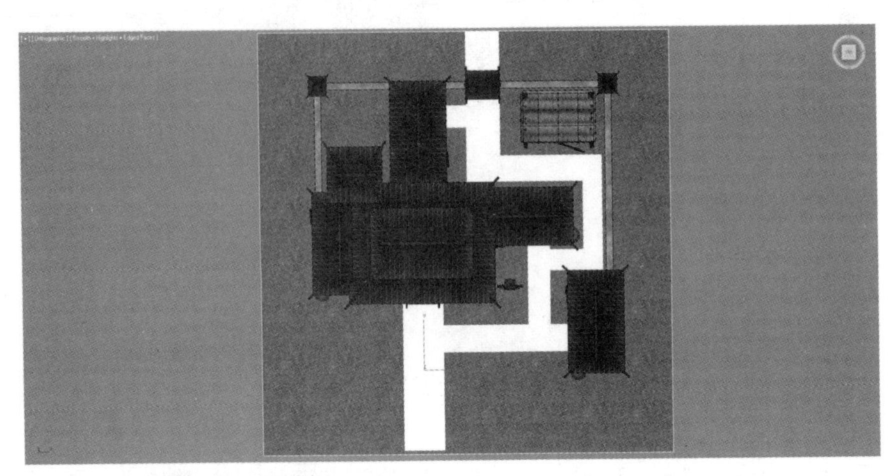

· 图6-76 | 制作完成的道路模型

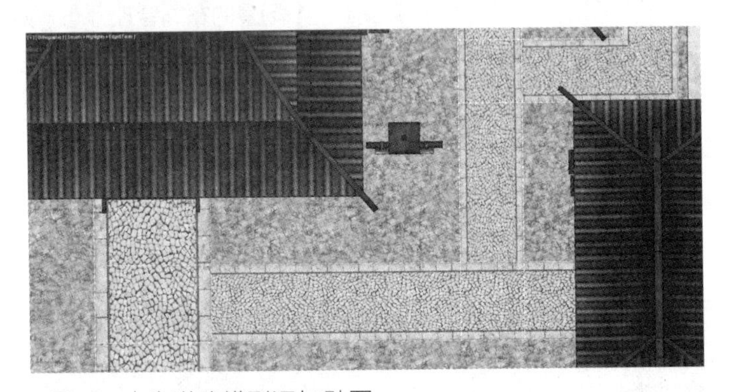

· 图6-77 | 为道路模型添加贴图

· 图6-78 | 驿站场景的最终效果

拓展训练

制作要点

本章学习了游戏复合场景的制作流程和方法，下面要求大家根据图6-79所示的原画设定，利用驿站场景中的模型元素重新搭建和制作新的复合场景。本练习的制作要点在于对场景整体布局、结构比例的把握及场景模型元素之间的衔接处理。

· 图6-79 | 驿站复合场景

制作思路

根据原画设定，首先摆放场景建筑模型，确定主体模型的整体布局；然后制作外围的围墙模型；最后制作场景内部的细节，同时摆放各种场景道具模型等。制作时要注意场景建筑间的位置、比例关系。

第7章

游戏室内场景实例制作

本章主要讲解三维游戏室内场景的设计和制作，包括游戏室内场景的特点、游戏室内场景整体框架模型的制作、室内场景模型贴图的处理、场景道具模型的导入及游戏室内场景模型的优化和调整。

知识技能目标

- 熟练掌握大型游戏场景的制作方法和操作技巧。

素养目标

- 培养全局观，培养全方位思考问题的习惯。
- 培养大国工匠精神。

 7.1 | 游戏室内场景的特点

三维游戏项目中场景的制作，除了场景道具模型和建筑模型，还有另外一个大的分类项目，那就是游戏室内场景的制作。如果把场景道具模型的制作看作三维游戏场景制作的入门内容，那么场景建筑模型的制作是中级内容，而室内场景的制作就是高级内容。对刚进入游戏公司的新人来说，公司一般也会按照由低级内容到高级内容的顺序为其安排工作任务。

在三维游戏尤其是网络游戏中，对于一般的场景建筑，设计师仅仅需要用它的外观去营造场景氛围，通常不会制作建筑模型的室内部分；但对于一些场景中的重要建筑和特殊建筑，有时也需要为其制作内部结构，这就是室内场景部分。除此以外，游戏室内场景的另一大应用就是游戏地下城和副本。所谓游戏副本，是指游戏服务器为玩家开设的独立游戏场景，只有副本创建者和被邀请的游戏玩家才允许出现在这个独立的游戏场景中。副本中的所有怪物、BOSS、道具等游戏内容不与副本以外的玩家共享。2004年，暴雪娱乐公司出品的大型MMORPG《魔兽世界》正式确立了游戏副本的定义（见图7-1），为日后的MMORPG树立了副本化游戏模式的标杆。游戏副本的出现解决了MMORPG中游戏资源分配紧张的问题，所有玩家都可以通过创建游戏副本平等地享受游戏资源，从根本上解除了游戏对玩家人数的限制。

·图7-1 | 《魔兽世界》中的副本场景

地下城和游戏副本场景由于具有独立性，所以在设计和制作时必定有别于一般的游戏场景。地下城和游戏副本场景没有外观建筑模型的概念，玩家的整个体验过程都是在封闭的室内场景中完成的，这种全室内场景的制作方法也与室外建筑模型有着很大的不同。那么室外建筑模型和室内场景在制作上究竟有什么区别呢？

首先来看制作的对象和内容。室外建筑模型主要是制作建筑的整体外观，它强调建筑模型的整体性，在模型效果上也偏向于以“大结构”为主的外观效果；而室内场景主要是制作和营造建筑的室内模型效果，它更加强调模型的结构性和真实性，不仅要求模型结构制作更

加精细，同时对于模型的比例也有更高的要求。

然后来看在实际游戏中两者与玩家的交互关系。室外建筑模型相对玩家来说都十分高大，在游戏场景的实际运用中也多用于中景和远景，即便玩家站在建筑下面也只能看到建筑下层的部分，建筑的上层结构在玩家眼中等同于中景或远景。正是由于这些原因，室外建筑模型在制作时无论是在模型面数上还是在精细程度上，都要求精简，以效果取胜。而对室内场景来说，在实际游戏环境中，玩家始终与场景模型保持着十分近的距离，场景中所有的模型结构都在玩家的视野范围之内，这就要求场景中的模型比例必须与玩家使用的角色相匹配，同时在贴图的制作上要求更加精细与真实。

综上所述，总结游戏室内场景的特点如下。

（1）整体场景多为全封闭结构，将玩家与场景之外阻断、隔绝（见图7-2）。

·图7-2｜全封闭的游戏场景

（2）更加注重模型结构的真实性和细节效果（见图7-3）。

·图7-3｜游戏室内场景的细节效果

（3）更加强调角色与场景模型的比例关系（见图7-4）。

· 图7-4 | 角色与室内场景模型的比例关系

（4）更加注重场景光影效果的展现（见图7-5）。

· 图7-5 | 游戏场景中的光影效果

（5）对于模型面数的限制可以适当放宽（见图7-6）。

· 图7-6 | 有着复杂模型（更多面数）的室内场景

在游戏公司中，室外建筑模型和室内场景的设定工作有着较大的区别：室外建筑模型的原画设定往往是一张建筑效果图，以清晰和流畅的笔触展现出建筑的整体外观和结构效果；而室内场景的原画设定，除了主房间通常不会有很具体的整体效果展示。游戏美术原画设计师更多的时候会为三维美术设计师提供室内结构的平面图，还有室内装饰风格的美术概念设定图，除此之外并没有太多的原画参考。这就要求三维美术设计师在保持基本美术风格的前提下，根据自己对建筑结构的理解进行发挥和创造，同时参考相关的建筑图片来进一步完善模型作品。

因此，对三维美术设计师来说，掌握相关的建筑学知识是非常有必要的。不仅如此，三维美术设计师本身就是一个综合性很强的技术职业岗位，从事相关职业的人还要利用业余时间多学习与游戏美术相关的外延知识，只有这样才能不断取得进步，创作出更好的作品。

7.2 | 实例制作——游戏室内场景

三维游戏室内场景制作（1）

三维游戏室内场景制作（2）

本节是制作一个封闭的游戏室内场景，整体制作过程如下：第一步是在3ds Max中制作出场景的整体框架模型，并通过添加场景贴图丰富场景细节；第二步是导入游戏场景道具模型，进行整体场景的整合。

7.2.1 室内场景整体框架模型的制作

（1）制作室内场景的基本墙体结构。打开3ds Max，创建一个十八边形柱体模型，将其塌陷为可编辑的多边形，删除其顶面和底面，然后将剩余的所有圆柱侧面的法线反转，利用“Editable Poly”命令制作上下两层的墙体结构（见图7-7）。

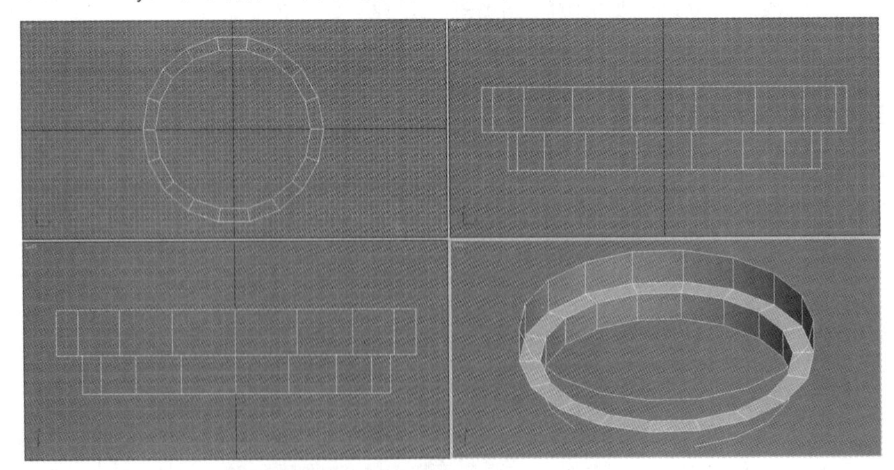

·图7-7 | 利用柱体模型制作墙体结构

（2）进入“Edge”层级，选中下层墙体的所有纵向边线，利用“Connect”命令添加横向分段，然后利用“Editable Poly”命令制作围墙基石的模型结构（见图7-8）。

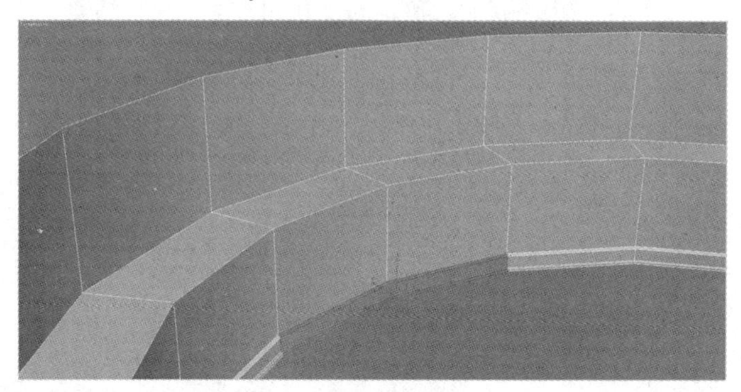

·图7-8｜制作围墙基石的模型结构

（3）制作室内的地面模型结构。利用柱体模型得到面片结构，然后对其进行多边形编辑。在“Polygon”层级下利用“Inset”命令逐级向内收缩，制作地面的分段层次结构，将中间的环形面利用“Bevel”命令向下挤压，让地面结构富有凹凸起伏变化。对每一个地面结构都要注意包边的制作，以便后期利用贴图来丰富结构细节（见图7-9）。

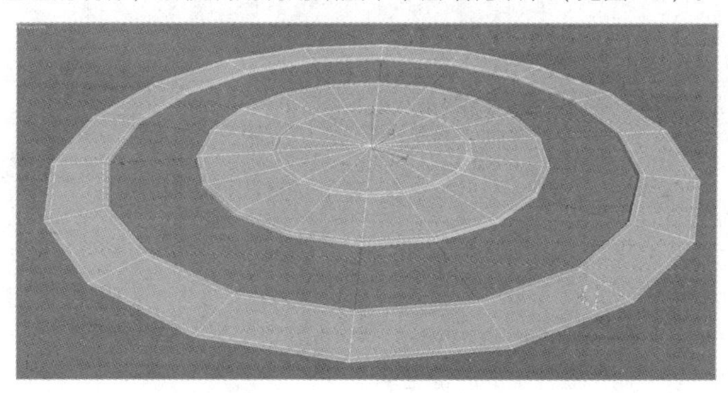

·图7-9｜制作地面模型结构

（4）制作场景内部的立柱模型。在视图中创建八边形柱体模型，将其塌陷为可编辑的多边形，利用“Connect”“Extrude”“Bevel”等命令制作立柱下方的柱墩及上方的立柱结构（见图7-10）。然后将制作完成的立柱结构复制一份，在其上方及两侧添加装饰结构，并在立柱正面的中间制作出内凹的模型结构（见图7-11）。将图7-11左侧的立柱模型作为室内下层的支撑立柱，将右侧的立柱作为上层的支撑立柱。场景中的立柱结构一方面可作为支撑结构，让整体建筑具有客观性和真实性；另一方面可作为装饰结构，增加和丰富场景细节。

（5）将场景的墙体和地面模型对齐拼接到一起。将两个立柱模型分别与上下层墙体的一条纵向边线对齐，在层级面板中将立柱的Pivot与地面中心对齐，通过旋转复制的方式快速制作其他立柱模型（见图7-12）。创建管状体模型，利用“Editable Poly”命令制作下层立柱之间的横梁结构及上层立柱下方的墙面基石结构（见图7-13）。

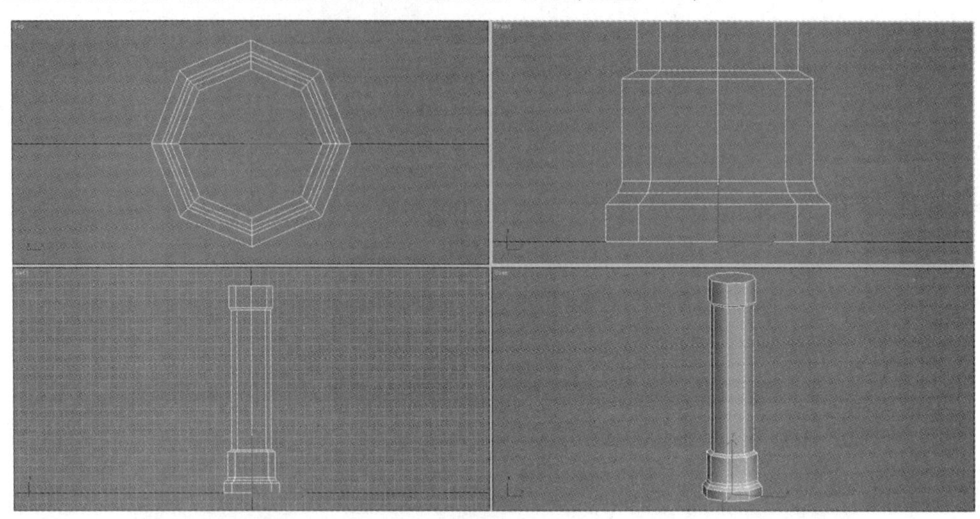

·图7-10｜制作立柱结构

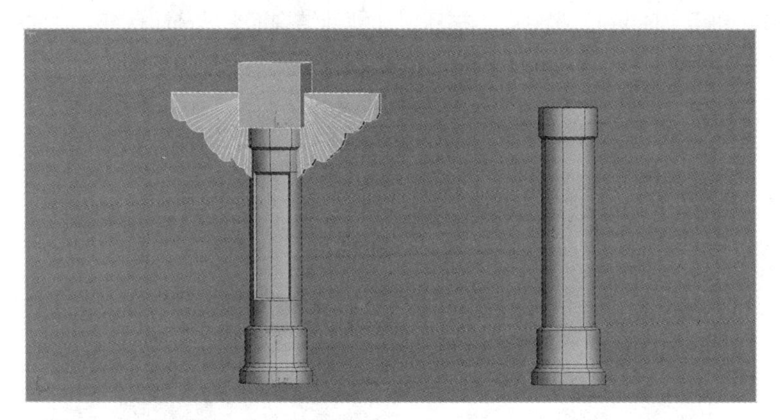

·图7-11｜制作立柱上的装饰结构

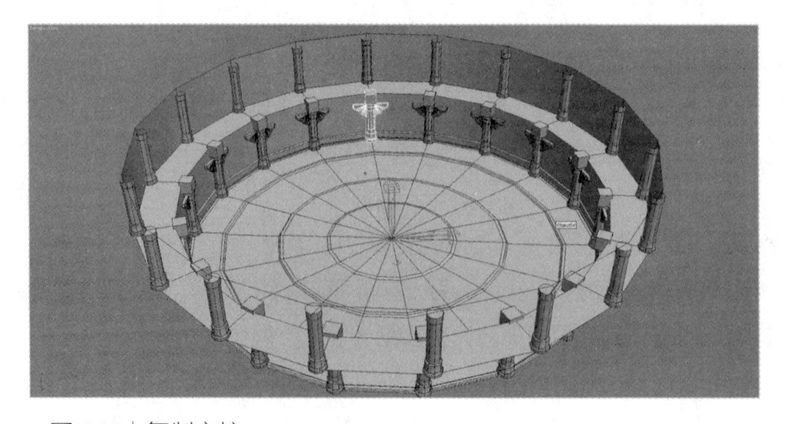

·图7-12｜复制立柱

·图7-13｜制作横梁结构和墙面基石结构

（6）制作室内的屋顶结构。创建一个半球模型，将半球下部的多边形面删除，在上方再创建一个完整的半球模型，对两个半球模型之间的接缝利用管状体模型来衔接（见图7-14）。因为要制作室内结构，所以还要将模型整体进行法线反转，这样室内屋顶的模型结构就制作完成了。

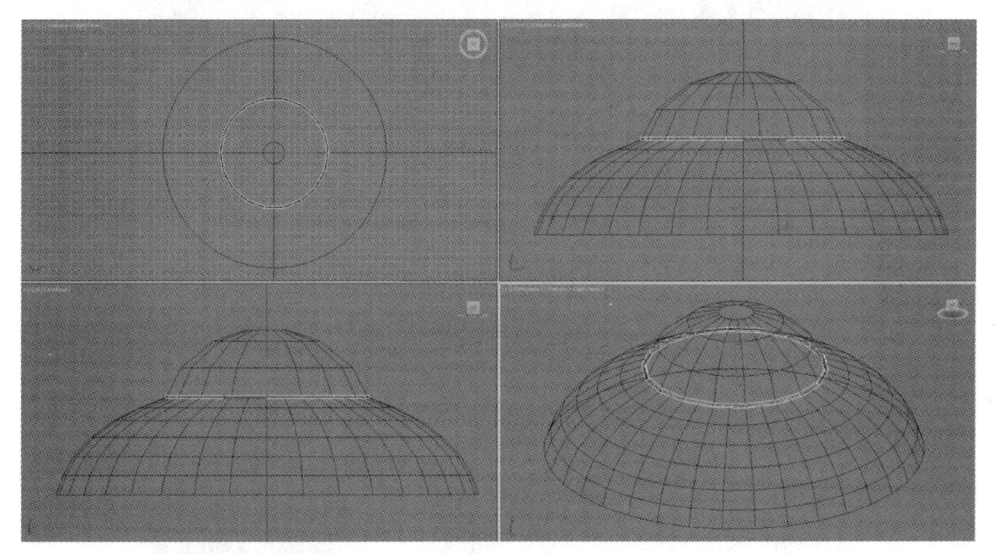

·图7-14｜制作屋顶模型结构

7.2.2 室内场景模型贴图的处理

室内的整体框架模型已制作完成，接下来为模型添加贴图。墙面为四方连续的石砖贴图，立柱和横梁都为带有雕刻纹理的贴图（见图7-15）。地面外围为木质贴图，中间为石砖贴图，内圈为带有雕刻纹理的石质贴图，中心是一张带有完整图案的独立贴图（见图7-16）。

·图7-15｜墙面、立柱及横梁模型的贴图

·图7-16｜地面的贴图

（1）在上层墙体的立柱之间添加窗口装饰模型（见图7-17）。图7-18所示为地面和墙体贴图完成后的效果。

·图7-17｜添加窗口装饰模型

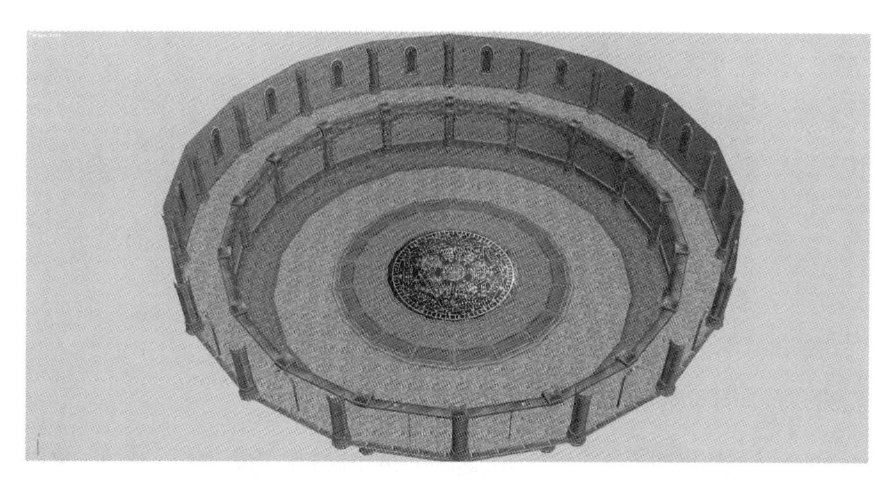

·图7-18｜地面和墙体贴图完成后的效果

（2）为屋顶模型添加贴图。先为下层半球添加一张带有雕刻纹理的四方连续的石砖贴图，再为顶层半球添加一张带有星空图案的独立贴图（见图7-19）。

·图7-19｜屋顶模型的贴图效果

7.2.3 导入场景道具模型

在视图中导入一个已经制作完成的望远镜场景道具模型。整个模型非常大，主要由镜筒和底座两部分构成（见图7-20）。在3ds Max中，场景道具模型通常并不能被直接导入室内场景，一般需要在引擎地图编辑器中进行场景拼合。为了在3ds Max中制作完成全部场景，这里直接导入场景道具模型。

· 图7-20 | 望远镜模型

（1）导入望远镜模型后，在镜筒与墙面相交的位置制作窗体结构，让望远镜模型可以合理地延伸到室外（见图7-21）。

· 图7-21 | 制作窗体结构

（2）制作室内正门结构（见图7-22），然后制作并导入一些其他场景道具模型，如水晶、地球仪、石像雕塑、书橱等（见图7-23）。

· 图7-22 | 制作室内正门结构

·图7-23｜水晶、地球仪、石像雕塑、书橱等场景道具模型

7.2.4 游戏室内场景模型的优化与调整

室内场景模型制作完成后，还需要对其进行优化和调整。在该模型的制作过程中，是利用完整的几何体来进行编辑和制作的，当这些模型真正拼合到场景中时会由于室内场景的空间和结构发生相互遮挡，如模型与室内场景地面相接的底部，又如模型靠近墙面的多边形面。这些多边形的面片结构会出现在玩家不会看到的死角区域，需要对这些模型面进行删除，以保证模型导入游戏引擎后的优化显示。每个模型中被删除的多边形面片可能并不是很多，但随着模型数量的增加，这些优化处理会很有必要。

（1）选中上层立柱和横梁插入墙壁的多边形面片结构，这里可以利用顶视图来快速选取（见图7-24）。全部被选择的多边形面有300余面，而这仅是对于场景上层结构的优化，所以累计来看，删除废面是非常必要的一步。然后利用类似的方法选择场景下层立柱和横梁与墙面相交的多边形面并进行删除操作（见图7-25）。除了室内场景模型，对场景道具模型也需要进行优化处理，如望远镜模型延伸到场景外面的镜头部分，应将其选中并删除（见图7-26）。

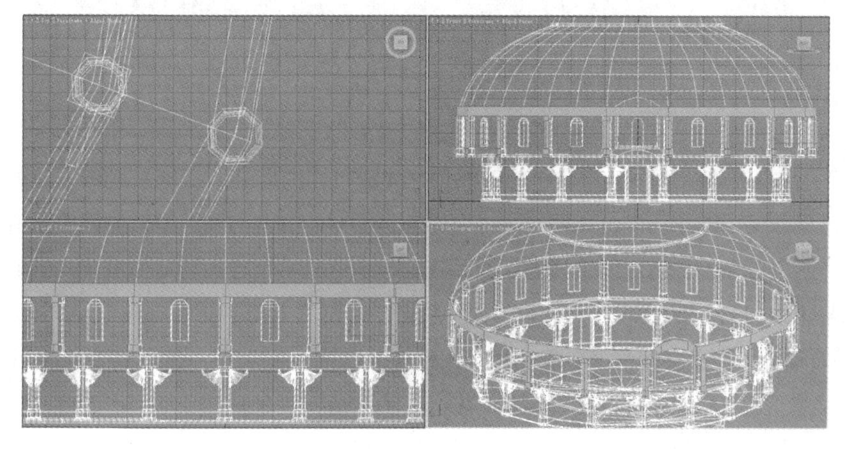

·图7-24｜删除上层立柱与横梁的废面

· 图7-25 | 删除下层立柱和横梁的废面

· 图7-26 | 优化望远镜模型

（2）模型优化结束后，需要对场景模型整体进行比例调整。在场景制作开始时并没有将模型与玩家使用的角色进行比例对照，所以制作出来的模型与实际游戏中所需要的很可能不一致。所以，在最终游戏场景模型制作完成前，也就是将其导入游戏引擎前，需要对场景模型的整体比例进行调整。

① 对模型所在视图的系统单位及比例大小进行设置。选择3ds Max“Customize”（自定义）菜单下的“Units Setup”选项，在弹出的对话框中单击“System Unit Setup”按钮，将系统单位设置为Centimeters（厘米）（见图7-27）。

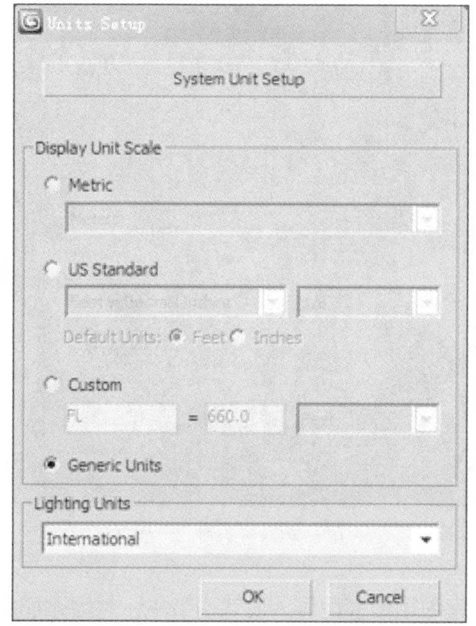

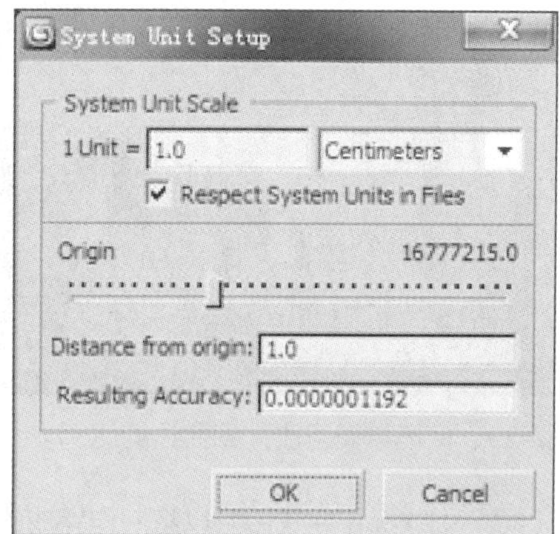

· 图7-27 | 设置3ds Max的系统单位

② 在室内场景视图中创建一个长、宽、高分别为50厘米、50厘米、180厘米的立方体模型，用来模拟男性的人体模型（见图7-28）。这时发现相较于模拟的人体模型，场景显得太小了，所以需要利用缩放工具对所有场景模型进行等比例放大（见图7-29）。

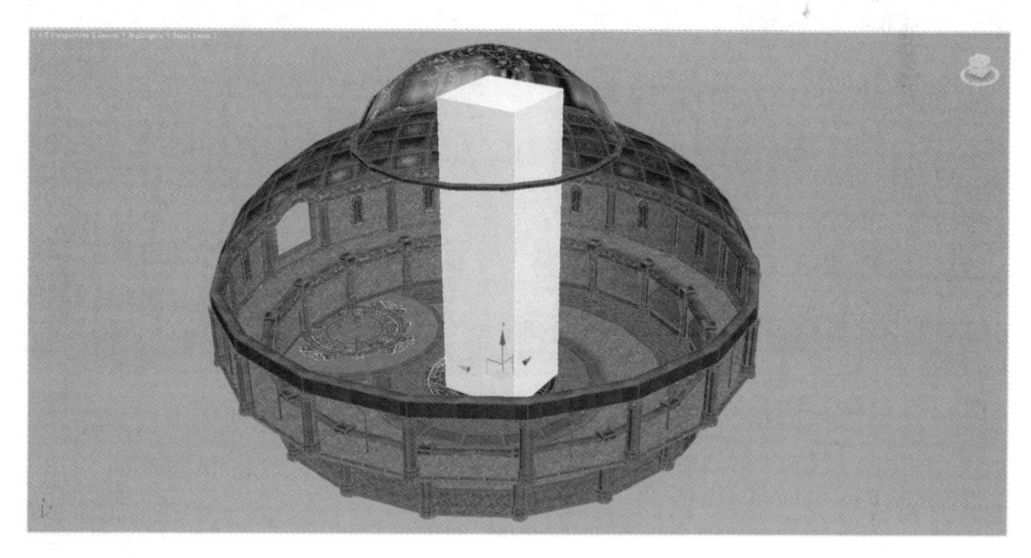

· 图7-28 | 创建立方体模型

·图7-29 | 将场景模型放大到合适的比例

（3）上述操作完成后可以将制作完成的室内场景模型导入游戏引擎中，然后添加各种光源特效和环境效果。图7-30所示为最终的游戏室内场景效果。

·图7-30 | 最终的游戏室内场景效果

附录　3ds Max常用快捷键列表

快捷键	功能
F1	帮助
F2	加亮所选物体的面（开关）
F3	线框显示（开关）/光滑加亮
F4	在透视图中线框显示（开关）
F5	约束到*x*轴
F6	约束到*y*轴
F7	约束到*z*轴
F8	约束到*xy*/*yz*/*zx*平面（切换）
F9	用前一次的配置进行渲染（渲染先前渲染过的视图）
F10	打开渲染菜单
F11	打开脚本编辑器
F12	打开移动/旋转/缩放等精确数据输入对话框
`	刷新所有视图
1	进入物体层级 1层
2	进入物体层级 2层
3	进入物体层级 3层
4	进入物体层级 4层
Shift + 4	进入有指向性灯光的视图
5	进入物体层级 5层
Alt + 6	显示/隐藏主工具栏
7	计算选择的多边形的面数（开关）
8	打开环境效果编辑框
9	打开高级灯光效果编辑框
0	打开“渲染到纹理”窗口
Alt + 0	锁住用户定义的工具栏界面
-（主键盘）	减小坐标显示

续表

快捷键	功能
+（主键盘）	增大坐标显示
[	以鼠标指针所在位置为中心放大视图
]	以鼠标指针所在位置为中心缩小视图
‘	打开自定义（动画）关键帧模式
\	声音
,	跳到前一帧
。	跳后前一帧
Insert	切换次物体集的层级（同【1】键、【2】键、【3】键、【4】键、【5】键）
Home	跳到时间线的第一帧
End	跳到时间线的最后一帧
Page UP	选择当前子物体的父物体
Page Down	选择当前父物体的子物体
Ctrl + Page Down	选择当前父物体以下所有的子物体
A	旋转角度捕捉开关（默认为5° ）
Ctrl + A	选择所有物体
Alt + A	使用对齐（Align）工具
B	切换到底视图
Ctrl + B	子物体选择（开关）
Alt + B	视图背景选项
Alt + Ctrl + B	背景图片锁定（开关）
Shift + Alt + Ctrl + B	更新背景图片
C	切换到摄像机视图
Shift + C	显示/隐藏摄像机物体（Cameras）
Ctrl + C	使摄像机视图对齐透视图
Alt + C	在多边形物体的“Polygon”层级中进行面剪切
D	冻结当前视图（不刷新视图）
Ctrl + D	取消所有的选择

续表

快捷键	功能
E	旋转模式
Ctrl + E	切换缩放模式（切换等比、不等比、等体积），同【R】键
Alt + E	挤压多边形物体的面
F	切换到前视图
Ctrl + F	显示渲染安全方框
Alt + F	切换选择的模式（矩形、圆形、多边形、自定义）
Ctrl + Alt + F	调入缓存中所存场景（Fetch）
G	隐藏当前视图的辅助网格
Shift + G	显示/隐藏所有几何体（Geometry）
H	显示选择物体列表菜单
Shift + H	显示/隐藏辅助物体（Helpers）
Ctrl + H	使用灯光对齐（Place Highlight）工具
Ctrl + Alt + H	把当前场景存入缓存中（Hold）
I	平移视图到鼠标指针所在位置
Shift + I	间隔放置物体
Ctrl + I	反向选择
J	显示/隐藏所选物体的虚拟框（在透视图、摄像机视图中）
K	设置关键帧
L	切换到左视图
Shift + L	显示/隐藏所有灯光（Lights）
Ctrl + L	在当前视图使用默认灯光（开关）
M	打开材质编辑器
Ctrl + M	光滑多边形物体
N	打开自动（动画）关键帧模式
Ctrl + N	新建文件
Alt + N	使用法线对齐（Place Highlight）工具
O	降级显示（移动时使用线框方式）
Ctrl + O	打开文件

续表

快捷键	功能
P	切换到等大的透视图（Perspective）视图
Shift +P	隐藏/显示离子（Particle Systems）物体
Ctrl + P	平移当前视图
Alt + P	在“Border”层级下使选择的多边形物体封顶
Shift + Ctrl + P	百分比（Percent Snap）捕捉（开关）
Q	选择模式（切换矩形、圆形、多边形、自定义）
Shift + Q	快速渲染
Alt + Q	隔离选择的物体
R	缩放模式（切换等比、不等比、等体积）
Ctrl + R	旋转当前视图
S	捕捉网络格（方式需自定义）
Shift + S	隐藏线段
Ctrl + S	保存文件
Alt + S	捕捉周期
T	切换到顶视图
U	改变到等大的用户视图（User）
Ctrl + V	原地克隆所选择的物体
W	移动模式
Shift + W	隐藏/显示空间扭曲（Space Warps）物体
Ctrl + W	根据框选进行放大
Alt + W	最大化当前视图（开关）
X	显示/隐藏物体的坐标（Gizmo）
Ctrl + X	专业模式（最大化视图）
Alt + X	半透明显示所选择的物体
Y	显示/隐藏工具条
Shift + Y	重做对当前视图的操作（平移、缩放、旋转）
Ctrl + Y	重做场景（物体）的操作
Z	放大各个视图中选择的物体

续表

快捷键	功能
Shift + Z	还原对当前视图的操作（平移、缩放、旋转）
Ctrl + Z	还原对场景（物体）的操作
Alt + Z	对视图的拖放模式（放大镜）
Shift + Ctrl + Z	放大各个视图中所有的物体
Alt + Ctrl + Z	放大当前视图中所有的物体（最大化显示所有物体）